海洋天然气水合物开采基础理论与技术丛书

# 海洋天然气水合物开采岩石物理模拟及应用

胡高伟　吴能友　卜庆涛　等　著

科学出版社

北　京

# 内 容 简 介

本书主要介绍海洋天然气水合物开采岩石物理模拟及应用。第一章绪论，主要对海洋天然气水合物储层特征和海洋天然气水合物岩石物理特征进行介绍。第二章天然气水合物岩石物理模型分析，主要对天然气水合物岩石物理模型进行介绍。第三章岩石物理模拟实验技术的开发，主要介绍了水合物岩石物理模拟实验技术。第四章不同类型沉积物的水合物声学实验及岩石物理模型验证，介绍了在不同沉积物类型条件下，开展的岩石物理实验及模型验证。第五章不同实验体系的水合物声学实验及模型验证，介绍了针对不同的实验条件进行的实验模拟。第六章孔隙充填型与裂隙充填型水合物声学实验及模型验证，对两种类型水合物进行室内模拟实验和岩石物理模型分析。第七章海洋天然气水合物岩石物理模型的应用，通过有效的岩石物理模型对水合物储层的水合物饱和度和水合物类型进行预测。

本书可为科研院所、高校、石油公司等从事天然气水合物勘探开发研究的科研人员、研究生提供参考。

**图书在版编目 ( CIP ) 数据**

海洋天然气水合物开采岩石物理模拟及应用／胡高伟等著 . —北京：科学出版社，2023.11

（海洋天然气水合物开采基础理论与技术丛书）

ISBN 978-7-03-073710-6

Ⅰ.①海… Ⅱ.①胡… Ⅲ.①海洋–天然气水合物–气田开发–物理模拟 Ⅳ.①TE5

中国版本图书馆 CIP 数据核字（2022）第 208544 号

责任编辑：焦　健／责任校对：何艳萍
责任印制：肖　兴／封面设计：北京图阅盛世

**科学出版社** 出版

北京东黄城根北街 16 号
邮政编码：100717
http://www.sciencep.com

**北京中科印刷有限公司** 印刷
科学出版社发行　各地新华书店经销

\*

2023 年 11 月第 一 版　开本：787×1092　1/16
2023 年 11 月第一次印刷　印张：16
字数：380 000

定价：**218.00 元**
（如有印装质量问题，我社负责调换）

# "海洋天然气水合物开采基础理论与技术丛书"
# 编 委 会

# 丛书序一

为了适应经济社会高质量发展，我国对加快能源绿色低碳转型升级提出了重大战略需求，并积极开发利用天然气等低碳清洁能源。同时，我国石油和天然气的对外依存度逐年攀升，目前已成为全球最大的石油和天然气进口国。因此，加大非常规天然气勘探开发力度，不断提高天然气自主供给能力，对于实现我国能源绿色低碳转型与经济社会高质量发展、有效保障国家能源安全等具有重大意义。

天然气水合物是一种非常规天然气资源，广泛分布在陆地永久冻土带和大陆边缘海洋沉积物中。天然气水合物具有分布广、资源量大、低碳清洁等基本特点，其开发利用价值较大。海洋天然气水合物多赋存于浅层非成岩沉积物中，其资源丰度低、连续性差、综合资源禀赋不佳，安全高效开发的技术难度远大于常规油气资源。我国天然气水合物开发利用正处于从资源调查向勘查试采一体化转型的重要阶段，天然气水合物领域的相关研究与实践备受关注。

针对天然气水合物安全高效开发难题，国内外尽管已经提出了降压、热采、注化学剂、二氧化碳置换等多种开采方法，并且在世界多个陆地冻土带和海洋实施了现场试验，但迄今为止尚未实现商业化开发目标，仍面临着技术挑战。比如，我国在南海神狐海域实施了两轮试采，虽已证明水平井能够大幅提高天然气水合物单井产能，但其产能增量仍未达到商业化开发的目标要求。再比如，目前以原位降压分解为主的天然气水合物开发模式，仅能证明短期试采的技术可行性，现有技术装备能否满足长期高强度开采需求和工程地质安全要求，仍不得而知。为此，需要深入开展相关创新研究，着力突破制约海洋天然气水合物长期安全高效开采的关键理论与技术瓶颈，为实现海洋天然气水合物大规模商业化开发利用提供理论与技术储备。

因此，由青岛海洋地质研究所吴能友研究员牵头，并联合多家相关单位的专家学者，编著出版"海洋天然气水合物开采基础理论与技术丛书"，恰逢其时，大有必要。该丛书由6部学术专著组成，涵盖了海洋天然气水合物开采模拟方法与储层流体输运理论、开采过程中地球物理响应特征、工程地质风险调控机理等方面的内容，是我国海洋天然气水合物开发基础研究与工程实践相结合的最新成果，也是以吴能友研究员为首的海洋天然气水合物开采科研团队"十三五"期间相关工作的系统总结。该丛书的出版标志着我国在海洋天然气水合物开发基础研究方面取得了突破性进展。我相信，这部丛书必将有力推动我国海洋天然气水合物资源开发利用向产业化发展，促进相应的学科建设与发展及专业人才培养与成长。

中国科学院院士

2021 年 10 月

# 丛 书 序 二

欣闻青岛海洋地质研究所联合国内多家单位科学家编著完成的"海洋天然气水合物开采基础理论与技术丛书"即将由科学出版社出版,丛书主编吴能友研究员约我为丛书作序。欣然应允,原因有三。

其一,天然气水合物是一种重要的非常规天然气,资源潜力巨大,实现天然气水合物安全高效开发是全球能源科技竞争的制高点,也是一个世界性难题。世界上很多国家都相继投入巨资进行天然气水合物勘探开发研究工作,目前国际天然气水合物研发态势已逐渐从资源勘查向试采阶段过渡。美国、日本、德国、印度、加拿大、韩国等都制定了各自的天然气水合物研究开发计划,正在加紧调查、开发和利用研究。目前,加拿大、美国和日本已在加拿大麦肯齐三角洲、美国阿拉斯加北坡两个陆地多年冻土区和日本南海海槽一个海域实施天然气水合物试采。我国也已经实现了两轮水合物试采,尤其是在我国第二轮水合物试采中,首次采用水平井钻采技术,攻克了深海浅软地层水平井钻采核心关键技术,创造了"产气总量""日均产气量"两项世界纪录,实现了从"探索性试采"向"试验性试采"的重大跨越。我多年来一直在能源领域从事勘探开发研究工作,深知天然气水合物领域取得突破的艰辛。"海洋天然气水合物开采基础理论与技术丛书"从海洋天然气水合物开采的基础理论和多尺度研究方法开始,再详细阐述开采储层的宏微观传热传质机理、典型地球物理特性的多尺度表征,最后涵盖海洋天然气水合物开采的工程与地质风险调控等,是我国在天然气水合物能源全球科技竞争中抢占先机的重要体现。

其二,推动海洋天然气水合物资源开发是瞄准国际前沿,建设海洋强国的战略需要。2018 年 6 月 12 日,习近平总书记在青岛海洋科学与技术试点国家实验室视察时强调:"海洋经济发展前途无量。建设海洋强国,必须进一步关心海洋、认识海洋、经略海洋,加快海洋科技创新步伐。"天然气水合物作为未来全球能源发展的战略制高点,其产业化开发利用核心技术的突破是构建"深海探测、深海进入、深海开发"战略科技体系的关键,将极大地带动和促进我国深海战略科技力量的全面提升和系统突破。天然气水合物资源开发是一个庞大而复杂的系统工程,不仅资源、环境意义重大,还涉及技术、装备等诸多领域。海洋天然气水合物资源开发涉及深水钻探、测井、井态控制、钻井液/泥浆、出砂控制、完井、海底突发事件响应和流动安全、洋流影响预防、生产控制和水/气处理、流量测试等技术,是一个高技术密集型领域,充分反映了一个国家海洋油气工程的科学技术水平,是衡量一个国家科技和制造业等综合水平的重要标志,也是一个国家海洋强国的直接体现。"海洋天然气水合物开采基础理论与技术丛书"第一期计划出版 6 部专著,不仅有基础理论研究成果,而且涵盖天然气水合物开采岩石物理模拟、热电参数评价、出砂管控、力学响应与稳定性分析技术,对推动天然气水合物开采技术装备进步具有重要作用。

其三,青岛海洋地质研究所是国内从事天然气水合物研究的专业机构之一,近年来在天然气水合物开采实验测试、模拟实验和基础理论、前沿技术方法研究方面取得了突出成绩。早在 21 世纪初，青岛海洋地质研究所天然气水合物实验室就成功在室内合成天然气水合物样品，并且基于实验模拟获得了一批原创性成果，强有力地支撑了我国天然气水合物资源勘查。2015 年以来，青岛海洋地质研究所作为核心单位之一，担负起中国地质调查局实施的海域天然气水合物试采重任，建立了国内一流、世界领先的实验模拟与实验测试平台，组建了多学科交叉互补、多尺度融合的专业团队，围绕水合物开采的储层传热传质机理、气液流体和泥砂产出预测、物性演化规律及其伴随的工程地质风险等关键科学问题开展研究，创建了水合物试采地质–工程一体化调控技术，取得了显著成果，支撑我国海域天然气水合物试采取得突破。"海洋天然气水合物开采基础理论与技术丛书"对研究团队取得的大量基础理论认识和技术创新进行了梳理和总结，并与广大从事天然气水合物研究的同行分享，无疑对推进我国天然气水合物开发产业化具有重要意义。

总之，"海洋天然气水合物开采基础理论与技术丛书"是我国近年来天然气水合物开采基础理论和技术研究的系统总结，基础资料扎实，研究成果新颖，研究起点高，是一份系统的、具有创新性的、实用的科研成果，值得郑重地向广大读者推荐。

中国工程院院士

2021 年 10 月

# 丛 书 前 言

天然气水合物（俗称可燃冰）是一种由天然气和水在高压低温环境下形成的似冰状固体，广泛分布在全球深海沉积物和陆地多年冻土带。天然气水合物资源量巨大，是一种潜力巨大的清洁能源。20世纪60年代以来，美、加、日、中、德、韩、印等国纷纷制定并开展了天然气水合物勘查与试采计划。海洋天然气水合物开发，对保障我国能源安全、推动低碳减排、占领全球海洋科技竞争制高点等均具有重要意义。

我国高度重视天然气水合物开发工作。2015年，中国地质调查局宣布启动首轮海洋天然气水合物试采工程。2017年，首轮试采获得成功，创造了连续产气时长和总产气量两项世界纪录，受到党中央国务院贺电表彰。2020年，第二轮试采采用水平井钻采技术开采海洋天然气水合物，创造了总产气量和日产气量两项新的世界纪录。由此，我国的海洋天然气水合物开发已经由探索性试采、试验性试采向生产性试采、产业化开采阶段迈进。

扎实推进并实现天然气水合物产业化开采是落实党中央国务院贺电精神的必然需求。我国南海天然气水合物储层具有埋藏浅、固结弱、渗流难等特点，其安全高效开采是世界性难题，面临的核心科学问题是储层传热传质机理及储层物性演化规律，关键技术难题则是如何准确预测和评价储层气液流体、泥砂的产出规律及其伴随的工程地质风险，进而实现有效调控。因此，深入剖析海洋天然气水合物开采面临的关键基础科学与技术难题，形成体系化的天然气水合物开采理论与技术，是推动产业化进程的重大需求。

2015年以来，在中国地质调查局、青岛海洋科学与技术试点国家实验室、国家专项项目"水合物试采体系更新"（编号：DD20190231）、山东省泰山学者特聘专家计划（编号：ts201712079）、青岛创业创新领军人才计划（编号：19-3-2-18-zhc）等机构和项目的联合资助下，中国地质调查局青岛海洋地质研究所、广州海洋地质调查局、中国科学院广州能源研究所、武汉岩土力学研究所、力学研究所、中国地质大学（武汉）、中国石油大学（华东）、中国石油大学（北京）等单位的科学家开展联合攻关，在海洋天然气水合物开采流固体产出调控机理、开采地球物理响应特征、开采工程地质风险评价与调控等领域取得了三个方面的重大进展。

（1）揭示了泥质粉砂储层天然气水合物开采传热传质机理：发明了天然气水合物储层有效孔隙分形预测技术，准确描述了天然气水合物赋存形态与含量对储层有效孔隙微观结构分形参数的影响规律；提出了海洋天然气水合物储层微观出砂模式判别方法，揭示了泥质粉砂储层微观出砂机理；创建了海洋天然气水合物开采过程多相多场（气-液-固、热-渗-力-化）全耦合预测技术，刻画了储层传热传质规律。

（2）构建了天然气水合物开采仿真模拟与实验测试技术体系：研发了天然气水合物钻采工艺室内仿真模拟技术；建立了覆盖微纳米、厘米到米，涵盖水合物宏-微观分布与动态聚散过程的探测与模拟方法；搭建了海洋天然气水合物开采全流程、全尺度、多参量仿真模拟与实验测试平台；准确测定了试采目标区储层天然气水合物晶体结构与组成；精细刻画了储层声、电、力、热、渗等物性参数及其动态演化规律；实现了物质运移与三相转化过程仿真。

（3）创建了海洋天然气水合物试采地质–工程一体化调控技术：建立了井震联合的海洋天然气水合物储层精细刻画方法，发明了基于模糊综合评判的试采目标优选技术；提出了气液流体和泥砂产出预测方法及工程地质风险评价方法，形成了泥质粉砂储层天然气水合物降压开采调控技术；创立了天然气水合物开采控砂精度设计、分段分层控砂和井底堵塞工况模拟方法，发展了天然气水合物开采泥砂产出调控技术。

为系统总结海洋天然气水合物开采领域的基础研究成果，丰富海洋天然气水合物开发理论，推动海洋天然气水合物产业化开发进程，在高德利院士、孙金声院士等专家的大力支持和指导下，组织编写了本丛书。本丛书从海洋天然气水合物开采的基础理论和多尺度研究方法开始，进而详细阐述开采储层的宏微观传热传质机理、典型地球物理特性的多尺度表征，最后介绍海洋天然气水合物开采的工程与地质风险调控等，具体包括：《海洋天然气水合物开采基础理论与模拟》《海洋天然气水合物开采储层渗流基础》《海洋天然气水合物开采岩石物理模拟及应用》《海洋天然气水合物开采热电参数评价及应用》《海洋天然气水合物开采出砂管控理论与技术》《海洋天然气水合物开采力学响应与稳定性分析》等六部图书。

希望读者能够通过本丛书系统了解海洋天然气水合物开采地质–工程一体化调控的基本原理、发展现状与未来科技攻关方向，为科研院所、高校、石油公司等从事相关研究或有意进入本领域的科技工作者、研究生提供一些实际的帮助。

由于作者水平与能力有限，书中难免存在疏漏、不当之处，恳请广大读者批评指正。

自然资源部天然气水合物重点实验室主任

2021 年 10 月

# 前　　言

天然气水合物因具有资源量大、热值高、燃烧洁净等优势，被视为 21 世纪的理想替代能源。中国、日本、美国、韩国和印度等国均已从国家层面推动海洋天然气水合物资源的调查与评价工作。2017 年和 2020 年，我国分别成功实施了海洋天然气水合物探索性试采和试验性试采工作，获得了持续时长、产气总量和日均产气量等世界级重大突破，极大地推动和加快了我国天然气水合物产业化进程，对解决能源短缺和实现"双碳"目标具有重要意义。

丛书第一阶段由六部专著组成，本书是丛书第三部，主要介绍海洋天然气水合物生成和分解过程中含水合物沉积物的声学特性。精细刻画水合物储层，优选出具有开采潜力的水合物矿体是水合物规模化开发的前提。然而，水合物矿体不同于常规油气储层，赋存于松散沉积物内，赋存形态多样，且没有致密的盖层，开采过程中容易引发工程和地质灾害。水合物的规模化开发还需要根据水合物的赋存形态和分布特征，制定合理的开采方案。因此，准确估算储层水合物饱和度和预测其分布特征，将是实现水合物规模化开发的关键。含水合物储层相较沉积物储层，具有较高的纵横波速度。因此，通常使用纵横波速度变化特征表征水合物储层分布，然而水合物岩石物理模型在实际应用过程中存在一定的困难，难以正确应用的原因之一是缺乏实测的水合物饱和度与声速的关系数据，难以检验多种模型的准确性。其次，水合物在孔隙空间的微观分布模式对含水合物沉积物的声学响应特征也会产生影响。再者，针对不同赋存类型水合物，如何选择合适的岩石物理模型及有效的输入参数来进行水合物饱和度估算尚不十分确定。水合物岩石物理模型的建立需要利用实验方法厘清上述关键问题。

本专著共分为七章，旨在深入研究海洋天然气水合物岩石物理特征及其储层特征，并提供相关的模型分析和实验技术的开发，以及应用于实际的岩石物理模型。第一章绪论，主要介绍了岩石物理的基本知识，并对海洋天然气水合物储层特征和岩石物理特征进行了详细的介绍。第二章天然气水合物岩石物理模型分析，重点介绍了常用的几种天然气水合物岩石物理模型，并总结分析了它们各自适用的条件。通过对几类不同模型的对比分析，得出了理论模型的适应性条件。第三章岩石物理模拟实验技术的开发，详细介绍了研制的几种水合物岩石物理模拟实验技术，包括声学探测技术、时域反射技术、超声与 X-CT 联合探测技术，以及水合物电–声响应联合探测技术。对模拟实验技术的功能和特点进行了全面的介绍。第四章不同类型沉积物的水合物声学实验及岩石物理模型验证，介绍了在不同类型沉积物条件下进行的水合物声学实验，并进行了岩石物理模型验证。涵盖了固结沉积物、松散沉积物和南海沉积物等条件下的水合物声学模拟实验。第五章不同实验体系的水合物声学实验及模型验证，为了更加接近真实的水合物成藏环境，本章针对不同的实验条件进行了水合物声学实验。包括静态封闭体系、气体运移的动态体系和二维声学探测体系等实验条件。第六章孔隙充填型与裂隙充填型水合物声学实验及模型验证，本章通过室内模拟实验和岩石物理模型分析,对孔隙充填型和裂隙充填型水合物进行了研究。获得了不同类型水合物对储层的声学响应特征,为储层水合物的识别提供了有价值的参考。第七章海洋天然气水合物岩石物理模型的应用,通过开展室内的岩石物理模拟实验,本章针对含水合物沉积物储层的声学特性及饱和度变化,获得了一系列规律性的认知。并通过有效的岩石物理模型,对水合物饱和度和水合物类型进行了预测,在实际应用中具有较高的参考价值。通过对岩石物理的基本知识、海洋天然气水合物储层特征以及模型分析和实验技术的全面介绍,本专著为相关领域的研究者和实践者提供了重要的理论指导和实践经验。

本书的组织和编写是在全体研究人员的共同努力下完成的,胡高伟研究员和吴能友研究员共同完成全书的组织和统稿工作,撰写过程中得到了青岛海洋地质研究所、中国石油大学(华东)、中国海洋大学等单位研究人员的大力支持。各章编著分工如下:第一章由吴能友、胡高伟、卜庆涛完成;第二章由胡高伟、卜庆涛、陈杰、刘欣欣、王秀娟完成;第三章由胡高伟、张剑、卜庆涛完成;第四章由胡高伟、刘昌岭、卜庆涛、李承峰完成;第五章由卜庆涛、胡高伟、方跃龙、陈杰完成;第六章由卜庆涛、胡高伟、景鹏飞完成;第七章由胡高伟、吴能友、卜庆涛、王秀娟、陈强完成。全书图表编排和校对由王自豪、赵文高、康佳乐、刘童完成;全书内容校验与修改得到了李承峰、孙建业、孟庆国、张永超、郝锡荦、黄丽等项目组同事的大力支持。同时,感谢陈强、李彦龙、刘乐乐、万义钊等团队成员对图书撰写所提供的宝贵建议。

本书的出版得到了国家专项项目"水合物测试技术更新"(编号:DD20221704)、山东省泰山学者特聘专家计划(编号:ts201712079)、国家自然科学基金"裂隙充填型水合物声学响应机理研究"项目(编号:41906067)、青岛创业创新领军人才计划(编号:19-3-2-18-zhc)的联合资助,特致谢意。

希望读者能够通过本书获得海洋天然气水合物岩石物理研究与发展的启发,为科研院所、高校、石油公司等从事相关研究或有意进入本领域的科技工作者、研究生提供一些实际的帮助。由于作者水平与能力有限,书中难免存在疏漏、不妥之处,恳请广大读者不吝赐教,批评指正。

胡高伟

2023 年 5 月

# 目　　录

# 第一章 绪 论

天然气水合物是一种极具潜力的能量资源，在世界各地海洋和永冻土中均广泛分布，我国也在南海海底和祁连山冻土带中发现了天然气水合物。目前，地球物理勘探仍是天然气水合物勘探和资源评价的重要手段，各种高分辨率地震调查技术被应用于获取储层的纵横波速度等参数。同时，学者们建立了多种水合物饱和度与弹性波速度之间的关系模型，以期根据获取的地震波或声波测井速度准确地预测沉积层中是否含有水合物，或估算沉积物中水合物的饱和度，进而对储层的资源量进行评估。然而，天然气水合物是高压、低温条件下形成的产物，极易发生分解，变为天然气和水，因此在野外取样中难以获取准确的水合物饱和度数据，进而难以直接建立水合物饱和度与声波速度之间的关系来检验上述模型的适用性。

## 第一节 岩石物理的基本知识

岩石物理学（rock physics）是一门涉及范围较广的边缘学科，只要与岩石本身特性和其物理特性相关的都可以归在这门学科内。岩石的物理性质主要有力学、声学、电学等。这些物理性质在不同的应用领域中形成各自的岩石物理学。在石油工业中常用英文"petrophysics"表示岩石物理，英文字头 petro-有"石、岩""含石油的"之义，在石油工程和测井中常用此词。在石油工程中用"petrophysics"表示油层物理学。其内容包括油气储层中流体的物理和化学性质、储层岩石的物理性质（孔隙度、渗透率、饱和度）、多相流体物理性质和渗流机理等。rock physics 在岩石力学和地震勘探中较常用。

岩石物理学始于 20 世纪 50～60 年代，是一门迅速发展起来的介于地球物理学、地质学、声学与力学等学科之间的交叉学科。如果细究岩石物理学中所用到的实验观测手段、理论分析方法与工程应用技术，岩石物理学还可能与其他更多的各级学科发生交集。但审视这门学科的产生与发展历程、所影响的受众群体以及实际应用领域，不难辨明与岩石物理学关系最为密切的几个领域为：固体地球物理学（地震学、地磁学、地电学、地热学）、勘探地球物理学（测井学）、地质学（构造学、沉积学、矿物学、勘探地质学）、力学（固体力学、流体力学、断裂力学、材料力学）与物理学（声学、热学）等。

在岩石物理学产生的过程中，各类的岩石实验观测确实是人类认识岩石物理性质的一种重要手段，但作为一门衍生的交叉学科，岩石物理学在发展过程中的一些核心的理论、方法与手段，却并不是直接从实验观测与分析中得到，而是通过相邻学科中一些成熟认识引进、融合与归纳得到的。岩石物理学是一门同时依赖于实验与理论的学科，岩石物理学的重要成果也不仅依赖于岩石采样的数量与覆盖次数，在纷繁复杂的实验数据与经验关系背后，物理学基础理论的验证与应用，才是令岩石物理学的定量认识"放之四海而皆准"的重要保障。

岩石物理学研究的主要问题包括：岩石的弹性、岩石中波的传播与衰减、岩石的孔渗特征、岩石的破裂与声发射特征、岩石的磁性、岩石的电学性质与岩石的热学性质等。在这个学科的发展过程中，受到产业部门、社会需求与工程实践的影响，实际上岩石物理学的发展热点，较多地集中在岩石的弹性与岩石的波传播问题当中。

岩石物理学以岩石为研究对象，以物理为研究手段，研究岩石各种"场"的物理属性、产生机制、相互关系及应用。岩石作为一种特殊的材料，具有很多物理性质，如密度、弹性、导电性、导磁性、导热性、放射性等。这些物理性质可以形成可观测的各种地球物理场，包括天然存在的地球物理场和人工激发的地球物理场。其中地球的重力场、地磁场、地电场、地温场、核物理场是天然存在的地球物理场；由人工爆炸诱发的在地下传播的弹性波场、向地下供电在地层中产生的局部电场、向地下发射电磁波激发出的电磁场等，都属于人工激发的地球物理场。岩石物理学主要研究能形成地球物理场的各种岩石物理性质及其成因机制，并通过这些场物理性质获得对地层的组分、孔隙性、渗透性、结构、构造等各种客观物理属性，以及地球内部结构、动力学特性等的认识、评价，进而实现相关预测，同时也为新的地球物理探测仪器技术的研发指明方向。针对不同研究领域，岩石物理学的研究内容不同。在油气资源的勘探开发领域，岩石物理学主要研究岩石的声波速度、电阻率、密度、放射性、核磁共振等物理特性和表征参量与岩石的矿物组成、结构、孔隙度、渗透率、流体饱和度、力学强度等性质及表征参量和赋存环境之间的关系，为油气地球物理探测技术的建立奠定基础，并为油气资源的勘探评价、安全开发开采提供技术支撑。

岩石物理学主要采用物理学的研究方法，其研究方法有观察、实验、归纳和总结。实验是岩石物理学最基本的研究方法。实验室具体的研究方法是先采集各种有地质意义的岩石（包括井下岩石样品和露头岩石样品），按照测试规范制取有代表性的岩石样品，然后在实验室中分别研究其各种物理性质及各种因素对其物理性质的影响，并对大量的实验结果进行分析和归纳，找出岩石物理性质的变化规律，继而根据实验结果统计归纳得到经验关系式（理论模型）。在建立合理而简化的数学物理模型基础上，可以将实验得到的经验关系外推到实际问题中去，但若没有合适的模型，而只是简单地把实验室小尺度实验得到的结果外推到大尺度的自然界，常常会出现错误的认识。简而言之，岩石物理学的实验研究方法主要步骤可概括为采样—制样—测试—分析—归纳和总结。

## 第二节　海洋天然气水合物储层特征

水合物野外航次表明，高浓度水合物的产出主要受裂隙和粗粒沉积物控制，水合物充填在裂隙中或是散布在富砂的储集层孔隙中。神狐地区含水合物沉积物的粒度研究结果表明：粉砂粒级是研究钻孔含水合物沉积物的主导组分，粗粉砂（0.063～0.032mm）和细砂（0.063～0.5mm）在水合物储层中通常是高含量的，暗示粗粒沉积物更有利于水合物的形成。并由此推断，丰富的钙质化石（主要是有孔虫壳体及其碎片）颗粒大小要比粗粉砂和细砂大，可能会为容纳丰富的水合物提供更大的空间（Zhou et al., 2014）。然而，调查发现，在细粒沉积物中同样也发现了水合物分布，说明沉积物粒度与水合物聚集并非呈简单的对应关系。例如，在 ODP204 航次个别站位（1251B、1252A），或同一站位不同层段（1245B），水合物聚集在极细粒的沉积物中（苏新等，2005）。布莱克海台具有典型的细粒沉积物储层，沉积物主要为富超微化石的黏土，水合物以低饱和度（<10%）浸染状产出（Ginsburg et al.，2000；Kraemer et al.，2000）。中国南海细粒沉积物中同样发现了较好的水合物藏（吴时国等，2009），在中国南海神狐海域中，水合物储层砂的平均含量为1.4%~4.24%，而水合物饱和度却达到 20%~40%（Wang et al.，2013）。同时还发现南海沉积物中有孔虫壳体的存在对水合物的成藏具有很大的促进作用（陈芳等，2009，2013；李承峰等，2016）。

根据天然气水合物的产出形态和产生的地质环境，我们将其分为五种类型（图 1.1，表 1.1）（You et al.，2019）。

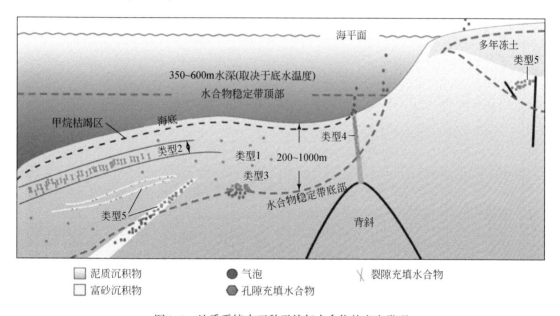

图 1.1 地质系统中五种天然气水合物的产出类型

表 1.1 水合物产出类型的特征

| 类型 | 主体沉积物 | 产出特征 | 气源 | 典型实例 |
|---|---|---|---|---|
| 类型 1：在泥质沉积物中局部扩散的低浓度水合物 | 泥质沉积物 | 孔隙填充或颗粒替换 | 微生物气 | 布莱克海台 994、995 和 997 站位；水合物脊喷口站位以外区域；中国南海 |
| 类型 2：非喷口站位的裂隙充填型水合物 | 泥质沉积物 | 裂隙填充或颗粒替换 | 微生物气 | 墨西哥湾北部 WR313、KC151 和 GC955 站位；印度 NGHP-01 航次 5、6、7 站位；印度 NGHP-02 航次 B 区域和 C 区域 7 站位 |
| 类型 3：位于水合物稳定带底部的泥质沉积物中丰富的水合物 | 泥质沉积物 | 孔隙充填或颗粒替换 | 微生物气和热解气 | 布莱克海台 994、995 和 997 站位；水合物脊 1251 站位；中国南海 SH2、SH3 和 SH7 站位 |

续表

| 类型 | 主体沉积物 | 产出特征 | 气源 | 典型实例 |
|------|-----------|---------|------|---------|
| 类型4：喷口站位的浓度较高水合物 | 泥质沉积物 | 裂隙充填，颗粒替换，部分孔隙充填 | 微生物气和热解气 | 韩国郁陵盆地，水合物脊1249站位；卡斯卡迪亚大陆边缘U1328站位；布莱克海台底辟（996站位）；NGHP-01站位10；尼日利亚深水区、斯瓦尔巴特群岛–巴伦支海边缘、墨西哥湾、日本海、白令海、黑海、里海、地中海、鄂霍次克海和巴巴多斯近海 |
| 类型5：富砂质沉积物的浓度较高水合物 | 富砂质、粗粒沉积层 | 孔隙充填 | 微生物气和热解气 | 卡斯卡迪亚大陆边缘U1325站位；NGHP-01站位17；日本南海海槽IODP-C002站位；墨西哥湾北部GC955和WR313站位；南海海槽第一次开采站位；印度NGHP-02航次B区域和C区域、阿拉斯加北坡、加拿大麦肯齐三角洲 |

这五种类型如下。

类型1：在泥质沉积物中局部扩散的低浓度水合物；

类型2：非喷口站位的裂隙充填型水合物；

类型3：位于水合物稳定带底部的泥质沉积物中丰富的水合物；

类型4：喷口站位的浓度较高水合物；

类型5：富砂质沉积物的浓度较高水合物。

针对海洋天然气水合物开采，Moridis 和 Collett 将全球天然气水合物储层分为四类（吴能友等，2017）。第一类为双层储层，由含天然气水合物沉积层及其下伏含两相流（游离气、自由水）沉积层组成。通常这一类型的天然气水合物储层底部位于或略高于水合物稳定带底界，小幅度的温度或压力变化即可导致天然气水合物分解，并且由于下伏游离气层的存在，当上覆天然气水合物不能被有效开采时，游离气层也能保证整个天然气水合物储层的开采效益，所以被认为是最有利开采的天然气水合物储层类型。第二类为双层储层，由含天然气水合物沉积层及其下伏含单相流（自由水）沉积层组成，即含天然气水合物沉积层之下只发育含水沉积层。第三类为单一储层，指含天然气水合物沉积层之下不发育任何含游离相沉积层，仅含单一天然气水合物层的储层类型。第二类和第三类储层的整个含水合物层完全位于天然气水合物稳定带内。第四类为广泛发育于海洋环境的扩散型、低饱和度的天然气水合物储层，且往往缺乏不可渗透的上、下盖层，使该类储层不具有开采价值（图1.2）。

按照热动力学特征，科学家提出了渗漏型和扩散型两类概念型水合物成藏模式（Chen et al.，2006）。渗漏型（裂隙充填型）天然气水合物分布局部，受流体活动控制，与海底天然气渗漏活动有关，是深部烃类气体沿断裂等通道向海底渗漏，在合适的条件下沉淀形成的水合物，是水–水合物–游离气三相非平衡热力学体系，因而水合物发育于整个稳定带，往往存在于海底表面或浅层与断裂、底辟等构造有关的裂隙中。国际上认为，该类型天然气水合物由于开采过程中会产生工程和环境问题，不是有利的开采目标。扩散型（孔

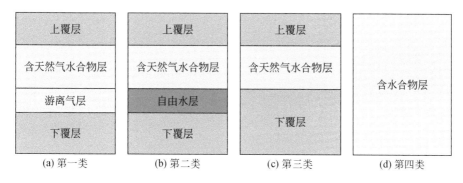

图 1.2　天然气水合物储层分类

隙充填型）天然气水合物分布广泛，在地震剖面上常产生指示其底界的似海底反射面
（bottom simulating reflector，BSR），埋藏深（>20m），海底表面不发育水合物，其沉淀主
要与沉积物孔隙流体中溶解甲烷有关，受原地生物成因甲烷与深部甲烷向上扩散作用的控
制，是水-水合物两相热力学平衡体系，因而往往存在于深层沉积物孔隙中，不同类型沉
积物中的天然气水合物饱和度相差较大，饱和度与沉积物的物性，尤其是渗透率和孔隙度
密切相关。国际上认为，该类型天然气水合物埋藏深，是开采的有利目标。

# 第三节　海洋天然气水合物岩石物理特征

海洋天然气水合物大多分布在全球的大陆边缘海环境，主要分布在太平洋和大西洋的
边缘海。水合物和冰的物理性质有许多类似的地方（表1.2）。天然气水合物具有多孔性，
其剪切模量和硬度都比冰小，压实的水合物密度与冰密度大致相同，略小于冰的密度，热
传导率也远小于冰，大致为冰的1/5，并且随温度的升高而增大，趋势与冰相反（宋海斌
等，2001）。

表 1.2　纯水合物与冰的物理性质

| 性质 | 冰 | 结构 I 型水合物 | 结构 II 型水合物 |
|---|---|---|---|
| 密度/($10^3$ kg/m$^3$) | 0.917 | 0.79<br>0.91(甲烷)<br>1.73(氙) | 0.77<br>0.88(丙烷)<br>0.97(THF) |
| 纵波速度/(m/s) | 3845 | 3650 | 3240.3690 |
| 横波速度/(m/s) | 1957 | 1890 | 1650.1892 |
| 纵横波速度比 | 1.96 | 1.93 | 1.95 |
| 泊松比 | 0.325 | 0.317 | 0.32 |
| 剪切模量/GPa | 3.5 | 3.2 | 2.4，3.2 |
| 等压体积模量/GPa | 8.9 | 7.7 | 5.6，7.8 |
| 等温体积模量/GPa | 8.6 | 7.2 | 5，7.5 |

续表

| 性质 | 冰 | 结构 I 型水合物 | 结构 II 型水合物 |
|---|---|---|---|
| 等压杨氏模量/GPa | 9.3 | 8.5 | 6.3，8.3 |
| 等温杨氏模量/GPa | 9.0 | 7.9 | 6.1，8.1 |
| 热熔/[J/(g·K)] | 2.014 | 2.077 | 2.029 |
| | 2.097 | 2.003 | |
| 焓/(J/g) | 334 | 146 | 77 |
| | | 437 | 369 |
| 热膨胀系数/(10⁻⁶/K) | 53 | 87 | 64 |
| | 56 | 104 | |
| 热导率/[W/(m·K)] | 2.23 | 0.49 | 0.51 |
| 介电常数 | 94 | 58 | 58 |

　　天然气水合物具备巨大的资源储量，是 21 世纪非常重要的潜在能源。地球物理勘探是天然气水合物勘探和资源评价的重要手段（Shipley et al.，1979；Holbrook et al.，1996；Holbrook et al.，2002；Careione and Gei，2004）。天然气水合物与孔隙流体相比，具有较高的弹性波参数。因此，含水合物沉积层一般具有较高的纵波速度和横波速度（Holbrook et al.，1996；Michael，2003；Waite et al.，2009；Pecher et al.，2010）。人们通常采用模拟实验的办法建立水合物饱和度与声速之间的关系模型，以期利用地震波参数和声波测井数据对储层资源量进行估算与评价。

　　由于水合物特定的温压条件，实验室内对其声学特性的研究都有一定的难度，目前用于研究水合物声学特性的实验室，国外主要有美国地质调查局（Winters et al.，1999，2004a，2004b，2008；Lee and Waite，2011）、美国佐治亚理工学院（Yun et al.，2005，2010）、英国赫瑞-瓦特大学（Yang et al.，2005）、英国南安普顿大学（Priest et al.，2005，2006，2009；Best et al.，2013，Sultaniya et al.，2015）和日本京都大学（Onishi et al.，2008）等；国内主要有青岛海洋地质研究所（Hu et al.，2010，2012，2014）、中国科学院声学研究所（王东等，2008）以及中国石油大学（张卫东等，2008）等。

　　对于纯甲烷水合物的声学特性，研究结果显示其与冰的性质比较相似。Waite 等（2000）在实验室研究了纯水合物的声学特性，得出甲烷水合物的纵波速度 $V_p$ 大约为 3650±50m/s，横波速度 $V_s$ 为 1890±30m/s，同时还与多个学者测试的结果进行了比较（表 1.3）。Helgerud 等（2003）研究发现温度和压力对纯甲烷水合物的声速的影响并不大，在 25~65MPa 压力范围内，纵波速度增加了大约 20m/s，而横波速度下降了大约 10m/s；在 −16~16℃ 范围内，纵横波速分别下降了大约 80m/s 和 60m/s。国内的顾轶东等（2004）也进行了纯水中天然气水合物的生成分解实验，得出了声学参数与水合物生成分解间的变化规律，通过频谱幅值变化可以判断水合物的生成分解。业渝光等（2008）研究发现压力与温度对声速的影响较小，实验中声波速度的变化主要由岩心中水合物的生成和分解引起。

表 1.3　纯甲烷水合物的纵横波速

| 研究者及年份 | 测量方法 | $V_p/(m/s)$ | $V_s/(m/s)$ |
|---|---|---|---|
| Waite 等（1999） | 脉冲传播法 | 3650±50 | 1890±30 |
| Mathews 等（1985） | DSDP570 站位测井 | 3600 | — |
| Kiefte 等（1985） | 布里渊散射光谱学 | 3400 | — |
| Pearson（1983） | 理论计算 | 3730 | — |
| Whiffen 等（1982） | 布里渊散射光谱学 | 3400 | — |
| Whalley（1980） | 理论计算 | 3660 | — |

关于含水合物沉积物声学特性，美国地质调查局较早开展了水合物声学研究，1999 年建成天然气水合物沉积物测试实验装置（GHASTLI），Winters 等（2002，2007）利用此装置测量了五种实验样品的声学参数，其中还包括取自 Mallik 2L-3 井的含冰及水合物的沉积物样品。随后分别研究了沉积物的粒度、沉积物孔隙中的物质（包括饱和水、冰、水合物、游离气等）、不同水合物的生成方法，以及对水合物沉积物声学性质各自的影响。结果表明，在不同物质充填孔隙条件下，纵波速度范围很广，含游离气沉积物声速低于 1km/s，饱和水时声速为 1.77 ~ 1.94km/s；被不同水合物量充填时，声速为 2.91 ~ 4km/s；含冰沉积物时声速为 3.88 ~ 4.33km/s。相对来说含细粒水合物沉积物的波速较低（低于 1.97km/s）。不同水合物的生成方法对沉积物的声学特性产生的影响也不同，在充足气源条件下生成的水合物能够胶结粗粒径沉积物颗粒，但在孔隙水中溶解甲烷气的条件下生成的水合物不能胶结沉积物。不过实验仅测试了水合物完全生成之后样品声学特性变化，没有研究水合物生成过程中水合物饱和度与声速的变化，此外，由于 GHASTLI 装置的传统超声探测技术仅能测量纵波波速，并未涉及横波波速数据。

英国南安普顿大学于 2005 年建成天然气水合物振动圆柱体实验装置（gas hydrate resonant column，GHRC），最早采用共振柱技术在低频条件进行水合物方面的研究，利用实验装置对圆柱试样施加不同频率的稳态激振力，达到第一振型的共振。在此基础上，测量试样的共振频率和振幅值，并根据弹性理论计算出压缩波或剪切波波速，从而推算试样的弹性模量或剪切模量。Priest 等（2005，2006）利用此装置先后研究了"过量气+定量水"、"过量水+定量水"及"溶解气"体系中生成的水合物对沉积物纵横波速的影响，表明过量气体系中所生成的水合物胶结沉积物颗粒，过量水体系中生成的水合物与沉积物颗粒接触，其声速的变化不如胶结作用显著，但比溶解气体系中生成的悬浮在孔隙流体中的水合物影响要大。Priest 采用两种方法来确定水合物饱和度，不同体系中利用消耗的水量或消耗的甲烷气量计算水合物饱和度，这些方法由于水合指数等各方面的因素不能精确确定，测量精度不够高，较多研究合成后的水合物样品的水合物饱和度与声学参数关系，不能实时观测水合物生成分解整个过程中声速随水合物饱和度的变化。

Greene 等（2011）也采用共振柱技术测量方法，获得了 Ⅰ、Ⅱ 型结构天然气水合物的分解压力，还发现弹性模量对频率的依赖行为是导致超声频率下测量的体积模量与低频测量值之间差异的主要原因。Sultaniya 等（2015）用共振柱测量方法测得了水合物生成和分解时波速的变化情况，对于所有的样品，波速和水合物饱和度之间是非线性的关系，并且在生成和分解过程中表现出明显的差异。观察到的模式表明，水合物的形态不仅在生成尾声的时候对波速有很重要的控制作用，而且对水合物生成和分解时波速的变化速率有很重要的影响。

美国佐治亚理工学院 2006 年设计了一套仪器压力测试室（instrumented pressure testing chamber，IPTC）实验装置，可使样品保持在原位流体静压力下，进行原位测量钻井岩心的纵横波速、电导率，实验中采用弯曲元测试技术获得纵横波波速，所测量的纵横波波速比传统岩心装置获得的测量值分别高 22%、64%，更接近于原位地震波速。Yun 等（2005）利用此装置等进行了细砂沉积物中四氢呋喃（THF）水合物声学和力学参数的测量，结果表明，THF 水合物起初在沉积物孔隙流体中生成，当饱和度大于 40% 后水合物开始与沉积物颗粒接触，在此实验中，THF 水合物在常压条件下就可以生成，对声学测试技术要求比较低，THF 水合物与甲烷水合物对声学影响也不同，因此要针对甲烷水合物研究，则需要开发高压条件的弯曲元探测技术；此外 THF 水合物饱和度的确定方法比较简单，通常是根据所改变的 THF 水溶液的组分来确定其饱和度，也只能得到水合物完全生成后的水合物饱和度，不能实现实时探测功能。

青岛海洋地质研究所较早进行了水合物声学特性研究，2004 年建立了一套天然气水合物地球物理实验装置，此装置采用超声探测技术和时域反射联合探测技术，可以实时探测水合物生成分解过程中声学参数和水合物饱和度变化。业渝光等（2008）利用此装置的传统超声探测技术进行了固结沉积物中水合物生成分解过程中声学特性研究，结果表明，纵横波速随孔隙度的减小而增大，当孔隙度减小时纵波幅度的衰减也减小；同时在人工岩心（莫来石）中进行了天然气水合物的生成分解实验，获得了温度、压力、纵横波速及含水量等参数。在松散沉积物中，超声信号衰减较大，只能取得纵波方面的数据，胡高伟等（2010，2012）利用弯曲元测试技术测量松散沉积物的声学参数，获得了松散沉积物中水合物纵横波速，还根据所获得的实验数据，验证了常用的水合物饱和度速度估算模型。

中国石油大学自主设计的水合物储层物性测量实验装置，可进行纵波以及电阻率测量，采用的是岩石智能超声测试仪。张卫东等（2008）研究了填砂模型在不同水合物饱和度下的声速，利用实验数据验证并修正了威利时间平均方程（Wyllie et al.，1958），实验通过消耗的甲烷气的量来确定水合物饱和度，也只获取了待测样品的纵波速度。

# 参 考 文 献

巴晶 . 2013. 岩石物理学进展与评述 . 北京：清华大学出版社 .

陈芳，苏新，周洋，等 . 2009. 南海北部陆坡神狐海域晚中新世以来沉积物中生物组分变化及意义 . 海洋地质与第四纪地质，29（2）：5-12.

陈芳，苏新，陆红锋，等 . 2013. 南海神狐海域有孔虫与高饱和度水合物的储存关系 . 地球科学——中国地质大学学报，38（5）：907-915.

顾轶东，林维正，张剑，等 . 2004. 天然气水合物声学检测技术 . 同济大学学报：自然科学版，32（7）：977-980.

胡高伟，业渝光，张剑，等 . 2010. 沉积物中天然气水合物微观分布模式及其声学响应特征 . 天然气工业，30（3）：120-124.

胡高伟，业渝光，张剑，等 . 2012. 基于弯曲元技术的含水合物松散沉积物声学特性研究 . 地球物理学报，55（11）：3762-3773.

李承峰，胡高伟，张巍，等．2016. 有孔虫对南海神狐海域细粒沉积层中天然气水合物形成及赋存特征的影响．中国科学：地球科学，46（9）：1223-1230.

刘向君，熊健，梁利喜，等．2018. 岩石物理学基础（富媒体）．北京：石油工业出版社.

宋海斌，松林修，吴能友，等．2001. 海洋天然气水合物的地球物理研究（Ⅰ）：岩石物性．地球物理学进展，16（2）：118-126.

苏新，宋成兵，方念乔．2005. 东太平洋水合物海岭BSR以上沉积物粒度变化与气体水合物分布．地学前缘，12（1）：234-242.

王东，李栋梁，张海澜，等．2008. 天然气水合物样品声纵波特性和温压影响测量．中国科学G辑，38（8）：1038-1045.

吴能友，黄丽，胡高伟，等．2017. 海域天然气水合物开采的地质控制因素和科学挑战．海洋地质与第四纪地质，37（5）：5-15.

吴时国，董冬冬，杨胜雄，等．2009. 南海北部陆坡细粒沉积物天然气水合物系统的形成模式初探．地球物理学报，52（7）：1849-1857.

业渝光，张剑，胡高伟，等．2008. 天然气水合物超声和时域反射联合探测技术．海洋地质与第四纪地质，28（5）：101-107.

张剑，业渝光，刁少波，等．2005. 超声探测技术在天然气水合物模拟实验中的应用．现代地质，19（1）：113-118.

张卫东，刘永军，任韶然，等．2008. 水合物沉积层声波速度模型．中国石油大学学报（自然科学版），32（4）：60-63.

Best A I, Priest J A, Clayton C R I, et al. 2013. The effect of methane hydrate morphology and water saturation on seismic wave attenuation in sand under shallow sub-seafloor conditions. Earth and Planetary Science Letters, 368（1）：78-87.

Careione J M, Gei D. 2004. Gas-hydrate concentration estimated from P-and S-wave veloeities at the Mallik 2L-38 research well, Maekenzie Delta, Canada. Journal of Applied Geophysics, 56（1）：73-78.

Chen D F, Su Z, Cathles L M. 2006. Types of gas hydrates in marine environments and their thermodynamic characteristics. Terrestrial, Atmospheric and Oceanic Sciences, 17（4）：723-737.

Ginsburg G, Soloviev V, Matveeva T, et al. 2000. Sediment grain-size control on hydrate presence, site 994, 995, and 997. Proceedings of the Ocean Drilling Program：Scientific results, 164：237-245.

Greene C A, Wilson P S, Coffin R B. 2011. Acoustic determination of methane hydrate dissolution pressures. Edinburgh：Proceeding of the 7th International Conference on Gas Hydrates.

Helgerud M B, Waite W F, Kirby S H, et al. 2003. Measured temperature and pressure dependence of Vp and Vs in compacted, polycrystalline sⅠmethane and sⅡmethane-ethane hydrate. Canadian Journal of Physics, 81（1）：47-53.

Holbrook W S, Hoskins H, Wood W T, et al. 1996. Methane hydrate and free gas on the Blake Ridge from vertical seismic profiling. Science Magazine, 273（5283）：1840-1843.

Holbrook W S, Gorman A R, Hombaeh M, et al. 2002. Seismic detection of marine methane hydrate. The Leading Edge, 21（7）：686-689.

Hu G W, Ye Y G, Zhang J, et al. 2010. Acoustic properties of gas hydrate-bearing consolidated sediments and experimental testing of elastic velocity models. Journal of Geophysical Research, 115（B2）：B02102.

Hu G W, Ye Y G, Zhang J, et al. 2012. Acoustic properties of hydrate-bearing unconsolidated sediments measured by the bender element technique. Chinese Journal of Geophysics, 55（6）：635-647.

Hu G W, Ye Y G, Zhang J, et al. 2014. Acoustic response of gas hydrate formation in sediments from South China Sea. Marine and Petroleum Geology, 52 (2): 1-8.

Kiefte H, Clouter M J, Gagnon R E. 1985. Determination of Acoustic Velocities of Clathrate Hydrates by Brillouin Spectroscopy. Journal of Physical Chemistry, 85 (14): 3103-3108.

Kraemer L M, Owen R M, Dickens G R. 2000. Lithology of the upper gas hydrate zone, Blake Outer Ridge, a link between diatoms, porosity, and gas hydrate. Proceedings of the Ocean Drilling Program: Scientific results, 164: 229-236.

Lee M W, Waite W F. 2011. Anomalous waveforms observed in laboratory-formed gas hydrate-bearing and ice-bearing sediments. Journal of the Acoustical Society of America, 129 (4): 1707-1720.

Michael D M. 2003. Natural Gas Hydrate in Oceanic and Permafrost Environments: Coastal Systems and Continental Margins. Berlin: Springer.

Onishi K, Tsukada K, Matsuoka T. 2007. Velocity change of a porous media in the freezing and thawing process of methane hydrate. London: Proceedings of the 69th EAGE Conference and Exhibition incorporating SPE EUROPEC 2007.

Pearson C F. 1983. Natural gas hydrate deposits: a review of in situ properties. Journal of Physical Chemistry, 87 (21): 4180-4185.

Pecher I A, Henrys S A, Wood W T, et al. 2010. Focussed fluid flow on the Hikurangi Margin, New Zealand-evidence from possible local upwarping of the base of gas hydrate stability. Marine Geology, 272 (1-4): 99-113.

Priest J A, Best A, Clayton C R I, et al. 2005. A laboratory investigation into the seismic velocities of methane gas hydrate-bearing sand. Journal of Geophysical Research, 110 (4): B04102.

Priest J A, Best A, Clayton C, et al. 2006. Attenuation of seismic waves in methane gas hydrate-bearing sand. Geophysical Journal International, 164 (1): 149-159.

Priest J A, Rees E V L, Clayton C R I. 2009. Influence of gas hydrate morphology on the seismic velocities of sands. Journal of Geophysical Research: Solid Earth, 114 (B11): B11205.

Shipley T H, Houston M H, Buffier R T, et al. 1979. Seismic evidence for widespread occurrence of Possible gas hydrate horizons on continental slopes and rises. AAPG Bull., 63 (12): 2204-2213.

Sultaniya A K, Priest J A, Clayton C R I. 2015. Measurements of the changing wave velocities of sand during the formation and dissociation of disseminated methane hydrate. Journal of Geophysical Research: Solid Earth, 120 (2): 778-789.

Waite W F, Helgerud M B, Nur A, et al. 2000. Laboratory measurements of compressional and shear wave speeds through hydrate. Annals of the New York Academy of Sciences, 912 (1): 1003-1010.

Waite W F, Santamarina J C, Cortes D D, et al. 2009. Physical properties of hydrate-bearing sediments. Reviews of Geophysics, 47 (4): 465-484.

Wang H B, Yang S X, Wu N Y, et al. 2013. Controlling factors for gas hydrate occurrence in Shenhu area on the northern slope of the South China Sea. Science China Earth Science, 56 (4): 513-520.

Whalley E. 1980. Speed of longitudinal sound in clathrate hydrates. Journal of Geophysical Research, 85 (5): 2539-2542.

Whiffen B L, Kiefte H, Clouter M J. 1982. Determination of acoustic velocities in xenon and methane hydrates by brillouin spectroscopy. Geophysical Research Letters, 9 (6): 645-648.

Winters W J, Pecher I A, Booth J S, et al. 1999. Properties of samples containing natural gas hydrate from the JAPEX/JNOC/GSC Mallik 2L-38 gas hydrate research well, determined using gas hydrate and sediment test laboratory instrument (GHASTLI). Geological Survey of Canada Bulletin, 544: 241-250.

Winters W J, Waite W F, Mason D H, et al. 2002. Sediment properties associated with gas hydrate formation. Yokohama: Proceedings of the Fourth International Conference on Gas Hydrate.

Winters W J, Waite W F, Pecher I A, et al. 2004a. Comparison of methane gas hydrate formation on physical properties of fine-and coarse-grained sediments. Vancouver: AAPG Hedberg Conference "Gas hydrate: Energy Resource Potential and Associated Geologic Hazards".

Winters W J, Pecher I A, Waite W F, et al. 2004b. Physical properties and rock physics models of sediment containing natural and laboratory-formed methane gas hydrate. American Mineralogist, 89 (8-9): 1221-1227.

Winters W J, Waite W F, Mason D H, et al. 2005. Effect of grain size and pore pressure on acoustic and strength behavior of sediments containing methane gas hydrate. Norway: Proceedings of the 5th International Conference on Gas Hydrates.

Winters W J, Waite W F, Mason D H, et al. 2007. Methane gas hydrate effect on sediment acoustic and strength properties. Journal of Petroleum Science and Engineering, 56 (1): 127-135.

Winters W J, Waite W F, Mason D H, et al. 2008. Physical properties of repressurized samples recovered during the 2006 national gas hydrate program expedition offshore India. Vancouver: Proceedings of the 6th International Conference on Gas Hydrates.

Wyllie M R J, Gregory A R, Gardner G H F. 1958. An experimental investigation of factors affecting elastic wave velocities in porous media. Geophysics, 23 (3): 459-493.

Yang J, Llamedo M, Marinakis D, et al. 2005. Successful applications of a versatile ultrasonic test system for gas hydrates in unconsolidated sediments. Norway: Proceedings of the 5th International Conference on Gas Hydrates.

You K, Flemings P B, Malinverno A, et al. 2019. Mechanisms of methane hydrate formation in geological systems. Reviews of Geophysics, 57 (4): 1146-1196.

Yun T S, Francisca F M, Santamarina J C, et al. 2005. Compressional and shear wave velocities in uncemented sediment containing gas hydrate. Geophysical Research Letters, 32 (10): L10609.

Yun T S, Narsilio G A, Santamarina J C, et al. 2006. Instrumented pressure testing chamber for characterizing sediment cores recovered at in situ hydrastatic pressure. Marine Geology, 229 (3-4): 285-293.

Yun T S, Fratta D, Santamarina J C. 2010. Hydrate-bearing sediments from the Krishna-Godavari basin: physical characterization, pressure core testing, and scaled production monitoring. Energy & Fuels, 24 (11): 5972-5983.

Zhou Y, Chen F, Su X, et al. 2014. Research on the relation between the gas hydrate saturation and the grain size of gas hydrate-bearing sediments in Shenhu area of the northern south China sea. Beijing: Proceedings of the 8th International Conference on Gas Hydrates (ICGH8-2014).

# 第二章　天然气水合物岩石物理模型分析

建立一定意义下的等效模型并通过所建立的模型求解正、反问题，是人们认识、掌握自然规律的一种普遍的科学的方法。岩石是由固体的岩石骨架和孔隙中的流体组合而成的多相体，其本身所具有的声学特性是多种因素相互影响综合作用的结果，因此通过建立相应的等效模型来解决科学问题是切实可行的。岩石物理模型就是通过一定的假设条件把岩石的复杂性和多样性进行理想化，并建立不同岩石模量之间相互的理论关系。通过建立的关系模型可以将复杂岩石的地球物理观测信息转化为物性信息的桥梁，是研究岩石孔隙介质微观结构与宏观弹性性质间量化关系的有效工具。这样我们可以通过建立的岩石物理模型解决一些复杂的科学问题，如应用实验或野外实际测量的沉积介质的纵波或横波传播速度及衰减属性解释或反演岩石中的矿物成分、占比和几何结构等；也可以通过已知岩石的矿物成分、占比及结构形态求出岩石的声学特性。

含水合物沉积物及纯沉积物的声波速度是水合物岩石物理模型最重要的参数之一，也是声学实验模拟观测的重点对象（刘欣欣等，2018）。水合物可以显著提升储层的纵横波速度（Lee and Collett，2001；Lee，2002；Muhammed et al.，2016；Bu et al.，2017），因此，许多速度模型和理论被提出并成功应用于实验或野外天然气水合物饱和度估算（Lee and Collett，2001；Holbrook et al.，2006；Hu et al.，2010；Riedel et al.，2013）。例如，权重方程（weighted equation，WE）（Lee et al.，1996）、孔隙充填模型（Hyndman and Spence，1992）、时间平均方程（time average equation）（Pearson et al.，1983；Wyllie et al.，1958）、等效介质理论（effective medium theory，EMT）（Helgerud et al.，1999）、Biot-Gassmann 理论（Biot-Gassmann theory modified by Lee，BGTL）（Lee and Collett，2001；Lee and Waite，2008）和简化三相方程（simplified three-phase equation，STPE）（Lee，2008）等。值得说明的是，针对将水合物作为孔隙充填或者颗粒支撑两种不同微观模式研究时，其模型构建过程有不同假设，对于将水合物视为孔隙中单独相（孔隙充填模式）的声学模型时，如 STPE 和等效介质理论 A 型（EMT-A），孔隙中就包含固（水合物）、液（水）、气三相；对于将水合物视为岩石骨架（颗粒支撑模式）的声学模型时，如 BGTL 和等效介质理论 B 型（EMT-B），则假设孔隙中仅存在气液两相流体（图 2.1）。

通过这些岩石物理模型我们可以对含水合物沉积物的储层进行水合物饱和度估算、地震反射特征分析、地震反演和储层预测等。但是不同模型预测相同地层水合物饱和度的结果不同，相同模型对不同地层预测结果的准确程度也不同。这一方面是因为任何一种岩石物理模型都是建立在一定的假设条件之上，具有不同的适用条件；另一方面是因为水合物的微观分布模式在不同的沉积环境中差别较大，而且地层中纯水合物组分的弹性性质在不同的地区也有所不同（刘欣欣等，2018）。接下来就对我们常用的几种关于天然气水合物的岩石物理模型进行介绍。

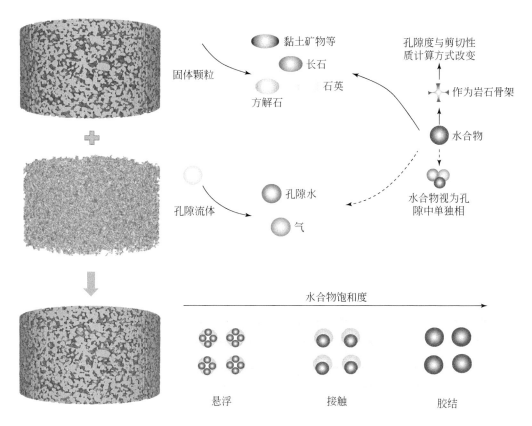

图 2.1 含水合物沉积物岩石物理模型构建

# 第一节　孔隙充填型水合物岩石物理模型

## 一、时间平均方程

Wyllie 时间平均方程（time average equation）由威利（Wyllie）等于 1958 年提出（Wyllie et al., 1958），适用于固结的、含少量流体的岩石，Wyllie 时间平均方程是指在沉积岩中孔隙度与速度之间存在一种简单的单调关系，即地震波通过岩石的时间可以等效为通过岩石骨架和孔隙的时间之和，以此来建立方程（董立生等，2015）。当时所提出的时间平均方程是以二单元的岩石模型为基础，即以固液双相的岩石模型为基础，时间平均方程是基于统计学意义的，其适用条件声波传播介质为固液双相均匀介质（图 2.2），液相介质只有一种（油或水），而液相流体压力与固相岩石压力相等。该方程在孔隙度低于 30% 的砂岩中与实测资料符合较好（王方旗等，2012）。假若其假定沉积物孔隙度为 $\phi$、孔隙流体纵波速度为 $V_w$、岩石骨架纵波速度为 $V_m$、沉积介质纵波速度为 $V_p$，则时间平均

方程可表示为

$$\frac{1}{V_p}=\frac{\phi}{V_w}+\frac{1-\phi}{V_m} \tag{2-1}$$

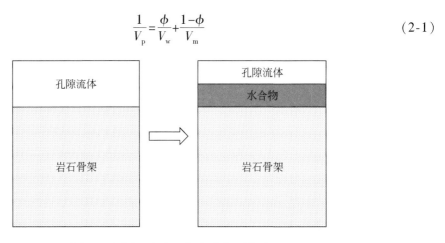

图 2.2　固液双相和三相介质岩石模型

由于 $V_w$ 和 $V_m$ 相对于给定的 $V$ 的变化很小，通常可作为常数处理，它们的数值可从文献中查到。因此对于给定的速度 $V$ 可以得到对应的孔隙度 $\phi$，其公式为

$$\phi=\frac{(V-V_m)V_f}{(V_w-V_m)V} \tag{2-2}$$

不难看出这种关系的岩石模型应该是均匀的和固结的，仅在统计意义上成立，而且这种数学关系只涉及两种介质，当有第三种介质充填（泥质、气、水合物）时，就显出其缺陷性（刘震和张厚福，1991）。

为了使该方程适用于水合物研究，根据沉积物组分的数目，有关学者推演了双相及三相介质的版本，即改进的时间平均方程（Miller et al., 1991；Bangs et al., 1993；Wood et al., 1994）。然而当岩石未固结、岩石中含有大量黏土矿物或岩石存在再生孔隙时是不适用的，尤其是这三种条件是水合物储层的常见情况（孙春岩等，2003）。Pearson 等（1983）将三相时间平均方程应用于含水合物岩石中，定性解释了固结介质中含水合物地层的声学性质，目前用于表示水合物饱和度与速度关系的时间平均方程通常是 Pearson 在 1983 年给出的三相介质方程，该方程主要适用于刚度较大或胶结度好的孔隙流体介质，计算公式如下：

$$\frac{1}{V_p}=\frac{\phi(1-S_h)}{V_w}+\frac{\phi S_h}{V_h}+\frac{1-\phi}{V_m} \tag{2-3}$$

式中，$V_p$ 为沉积介质的纵波速度，m/s；$V_w$ 为孔隙流体的纵波速度，m/s；$V_m$ 为岩石骨架的纵波速度，m/s；$V_h$ 为水合物的纵波速度，m/s；$S_h$ 为水合物饱和度，%；$\phi$ 为孔隙度，%。

## 二、伍德方程

伍德（Wood）方程（Wood, 1941）主要适用于饱和度较大的悬浮状填充物孔隙流体

介质。计算方程如下:

$$\frac{1}{\rho V_p^2} = \frac{\phi}{\rho_w V_w^2} + \frac{1-\phi}{\rho_m V_m^2} \tag{2-4}$$

式中,$V_p$ 为伍德方程计算的沉积介质纵波速度,m/s;$V_w$ 为孔隙流体的纵波速度,m/s;$V_m$ 为岩石骨架的纵波速度,m/s;$\rho$ 为沉积介质的体积密度,g/cm$^3$;$\rho_w$ 为孔隙流体的体积密度,g/cm$^3$;$\rho_m$ 为岩石骨架的体积密度,g/cm$^3$;$\phi$ 为孔隙度,%。

当考虑水合物时,含水合物的伍德方程为

$$\frac{1}{\rho V_p^2} = \frac{\phi(1-S_h)}{\rho_w V_w^2} + \frac{\phi S_h}{\rho_h V_h^2} + \frac{1-\phi}{\rho_m V_m^2} \tag{2-5}$$

式中,$V_h$ 为水合物的纵波速度,m/s;$\rho_h$ 为水合物的体积密度,g/cm$^3$;$S_h$ 为水合物饱和度,%。

通常使用组分加权平均获得含水合物沉积介质的密度 $\rho$,公式如下:

$$\rho = (1-\phi)\rho_m + (1-S_h)\phi\rho_w + S_h\phi\rho_h \tag{2-6}$$

## 三、权重方程

Lee 等(1996)将 Nobes 等(1986)对三相时间平均方程和三相 Wood 方程的加权方法用于估算深海含水合物沉积物的速度,发展为 Lee 权重方程(weighted equation,WE),通过权重因子 $W$ 和常数 $n$ 将伍德方程和时间平均方程加权在一起,调节 $W$ 和 $n$ 来适应实际情况。其方程如下:

$$\frac{1}{V_p} = \frac{W\phi(1-S_h)^n}{V_{p1}} + \frac{1-W\phi(1-S_h)^n}{V_{p2}} \tag{2-7}$$

式中,$V_p$ 为权重方程计算的沉积介质纵波速度,m/s;$V_{p1}$ 为伍德方程计算得到的纵波速度,m/s;$V_{p2}$ 为时间平均方程得到的纵波速度,m/s;$W$ 为权重因子;$n$ 为水合物饱和度相关的常数;$S_h$ 为孔隙中天然气水合物的饱和度,%;$\phi$ 为孔隙度,%。

Nobes 等指出,当 $W>1$ 时,公式倾向于伍德方程;当 $W<1$ 时,公式倾向于威利时间平均方程;因为 $(1-S) \leqslant 1$,所以当 $n$ 增加时,加权方程快速接近于时间平均方程。因此在应用三相加权方程时,通过使用加权因子和指数项提供了一种适应于更倾向于固结(时间平均方程更适用)或更倾向于悬浮条件(Wood 方程更适用)的灵活方法。当孔隙度降低时,公式趋近于 Pearson 等(1983)的时间平均方程。权重方程预测含水合物沉积物的横波速度公式为

$$V_s = V_p[\alpha(1-\phi) + \beta_h\phi S_h + \gamma\phi(1-S_h)] \tag{2-8}$$

式中,$\alpha$ 为基质的 $V_s/V_p$ 值;$\beta_h$ 为水合物的 $V_s/V_p$ 值;$\gamma$ 为水的 $V_s/V_p$ 值。

## 四、BGTL

2005 年,Lee 和 Collett 提出了修改的 Biot-Gassmann 理论,BGTL 即 Lee 改进的 Biot-Gassmann 理论(Biot-Gassmann theory,BGT)(Lee and Collett,2005)。经典的 BGT 基于低

频模型，假设横波速度与纵波速度比为常数，与孔隙度无关，即地层的横波速度与纵波速度比等于沉积物骨架的横波速度与纵波速度比，或者说地层的剪切模量不受饱和流体的影响。

BGTL（Biot-Gassmann theory modified by Lee）建立在经典的 BGT 理论上，在预测速度时不仅考虑了分压的影响，而且还考虑了岩石的孔隙度、固结度等因素的影响，其公式为

$$V_p = \sqrt{\frac{K+4\mu/3}{\rho}}, \quad V_s = \sqrt{\frac{\mu}{\rho}} \tag{2-9}$$

式中，$V_p$ 为 BGTL 方程计算的沉积介质纵波速度，m/s；$V_s$ 为 BGTL 方程计算的沉积介质横波速度，m/s；$K$ 为沉积介质的体积模量，GPa；$\mu$ 为沉积介质的剪切模量，GPa；$\rho$ 为沉积介质的体积密度，g/cm³。

其中，沉积介质的体积模量 $K$ 由式（2-10）可得

$$K = K_{ma}(1-\beta) + \beta^2 M, \quad \frac{1}{M} = \frac{\beta-\phi}{K_{ma}} + \frac{\phi}{K_{fl}} \tag{2-10}$$

式中，$K_{ma}$ 为岩石骨架的体积模量，GPa；$K_{fl}$ 为孔隙中流体的体积模量，GPa；$\beta$ 为 Biot 系数，表征了流体体积变化与岩石体积变化的比值，与沉积介质的孔隙度有关；$M$ 为模量，表征了沉积介质体积不变的情况下，将一定量的水压入沉积介质所需要的静水压力增量；$\phi$ 为孔隙度，%。

对于松散沉积物，Biot 系数由式（2-11）可得

$$\beta = \frac{-184.05}{1+e^{(\phi+0.56468)/0.09425}} + 0.99494 \tag{2-11}$$

BGTL 与 BGT 的区别主要在于剪切模量的推导方式不同，BGTL 理论假设沉积介质速度比率与沉积物基质速度比率之间存在如式（2-12）的关系：

$$V_s = V_p G\alpha(1-\phi)^n \tag{2-12}$$

式中，$\alpha$ 为基质部分的 $V_s/V_p$；$G$ 为与沉积物中黏土含量有关的常数；$n$ 为取决于分压大小及岩石的固结程度；$\phi$ 为孔隙度，%。

综上得出沉积介质的剪切模量为

$$\mu = \frac{\mu_{ma}K_{ma}(1-\beta)G^2(1-\phi)^{2n} + \mu_{ma}\beta^2 MG^2(1-\phi)^{2n}}{K_{ma}+4\mu_{ma}[1-G^2(1-\phi)^{2n}]/3} \tag{2-13}$$

式中，$\mu_{ma}$ 为岩石骨架的剪切模量，GPa。其中，$K_{ma}$ 和 $\mu_{ma}$ 由 Hill 平均方程计算：

$$K_{ma} = \frac{1}{2}\left[\sum_{i=1}^m f_i K_i + \left(\sum_{i=1}^m f_i/K_i\right)^{-1}\right], \quad \mu_{ma} = \frac{1}{2}\left[\sum_{i=1}^m f_i \mu_i + \left(\sum_{i=1}^m f_i/\mu_i\right)^{-1}\right] \tag{2-14}$$

式中，$m$ 为岩石固相部分中矿物的种数；$f_i$ 为第 $i$ 种矿物占固相部分的体积分数；$K_i$ 为第 $i$ 种矿物的体积模量，GPa；$\mu_i$ 为第 $i$ 种矿物的剪切模量，GPa。

此外，孔隙中少量气体存在会大大降低含水合物沉积物的 P 波速度（$V_p$），而 S 波速度（$V_s$）对气体的存在不敏感（Brandt，1960；Murphy et al.，1993；Gei and Carcione，2003；Lee and Collett，2005；Li et al.，2015；Zhu et al.，2015）。因此，如果速度模型未考虑含水合物储层中气体的存在，则利用纵波速度估算饱和度存在很大程度的不确定性。为了估算游离气体含量，Lee 和 Collett（2005）提出了考虑气体存在的 BGTL 理论，它基

于 Brie 等（1995）建议的混合定律重新计算 $K_{fl}$：

$$K_{fl} = (K_w - K_g) S_w^e + K_g \qquad (2\text{-}15)$$

式中，$K_w$ 为水的体积模量；$K_g$ 为气体体积模量；$e$ 为校准常数。当 $e=1$ 时，式（2-14）与 Reuss 平均方程相同。

基于改进后的 BGTL 理论成功地估算了在 Hydrate Ridge 上钻探的 1244 井、1245 井和 1247 井的游离气饱和度（图 2.3）。然而，Brie 等（1995）的经验混合定律的缺点是其常数 $e$ 具有较大的选择范围，当 $e=1$ 时，Brie 等（1995）的公式与 Wood 平均方程（Wood，1955）相同。同时，Brie 等（1995）通过拟合井下数据得出 $e$ 的取值范围为 $2 \sim 5$，但是其他值也被证明适用（Lee and Collett，2005）。

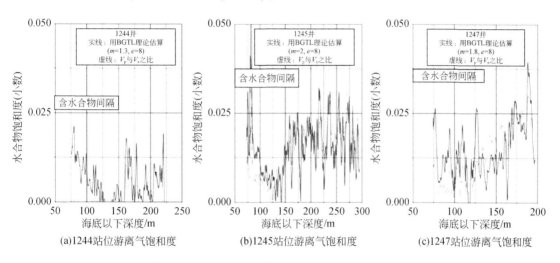

(a)1244站位游离气饱和度　(b)1245站位游离气饱和度　(c)1247站位游离气饱和度

图 2.3　利用 BGTL 理论估算的游离气饱和度（Lee and Collett，2005）

## 五、K-T 方程

Kuster 和 Toksöz（1974）提出该公式，Zimmerman 和 King（1986）用该公式计算了松散永冻土沉积物的纵横波速度。由 K-T 方程得到等效体积模量和剪切模量：

$$\frac{K}{K_m} = \frac{1 + \left[ 4G_m(K_i - K_m) / ((3K_i + 4G_m)K_m) \right] I_c}{1 - \left[ 3(K_i - K_m) / (3K_i + 4G_m) \right] I_c} \qquad (2\text{-}16)$$

$$\frac{G}{G_m} = \frac{(6K_m + 12G_m)G_i + (9K_m + 8G_m) \left[ (1 - I_c)G_m + I_c G_i \right]}{(9K_m + 8G_m)G_m + (6K_m + 12G_m) \left[ (1 - I_c)G_i + I_c G_m \right]} \qquad (2\text{-}17)$$

式中，下标 m 和 i 为基质和包含物；$I_c$ 为包含物含量。

四相含水合物沉积物计算过程如下：

（1）计算水、水合物混合物的有效体积模量和剪切模量，其中水合物作为基质，水作为包含物；

（2）黏土被视为包含物，水–水合物混合物作为基质；

（3）沙粒作为包含物，黏土–水–水合物混合物作为基质。

利用计算的沉积物的体积模量和剪切模量 $K$ 和 $G$，由公式即可计算出纵横波速度。

# 六、等效介质理论

等效介质理论由 Helgerud 等（1999）和 Dvorkin 等（1999）提出，主要适用于松散、高孔隙度沉积物。Ecker（2001）提出了水合物在沉积物中赋存的三种微观模式，并给出了 A、B、C 三种模式在等效介质理论中对应的公式（图 2.4）。

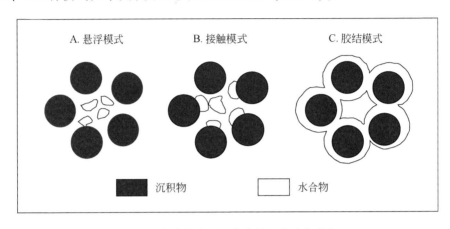

图 2.4　水合物在沉积物中的三种赋存形态

对于模式 A，水合物被认为是孔隙流体的一部分；对于模式 B，水合物被认为是岩石骨架的一部分，产生了两个效应，一个使孔隙度减小，另一个改变了骨架的体积模量和剪切模量；对于模式 C，一方面在孔隙度降低方面等同于模式 B，另一方面在岩石骨架的体积模量和剪切模量的改变上需根据 Dvorkin 和 Nur（1993）的胶结理论进行修正。下面将分别介绍三种模式的计算过程。

1. 等效介质理论模型 A

计算沉积介质的纵波速度 $V_p$ 及体积密度 $\rho$ 的公式如下：

$$V_p = \sqrt{\dfrac{K_{sat} + \dfrac{4}{3}G_{sat}}{\rho}}, \quad \rho = (1-\phi)\rho_s + \phi\rho_f \tag{2-18}$$

式中，$K_{sat}$ 和 $G_{sat}$ 分别为等效介质的体积模量和剪切模量；$\rho_s$ 和 $\rho_f$ 分别为岩石固相和流体相的体积密度，这两个密度都可以根据其各组分的体积百分含量对组分的密度进行算术平均求得。当沉积物中充填体积模量为 $K_f$ 的流体时，可以根据 Gassmann 方程，通过式（2-19）得到沉积物的体积模量 $K_{sat}$ 和剪切模量 $G_{sat}$：

$$K_{sat} = K_{ma}\dfrac{\phi K_{dry} - (1+\phi)K_f K_{dry}/K_{ma} + K_f}{(1-\phi)K_f + \phi K_{ma} - K_f K_{dry}/K_{ma}}, \quad G_{sat} = G_{dry} \tag{2-19}$$

式中，$K_{ma}$ 为岩石固相的体积模量；$K_{dry}$ 和 $G_{dry}$ 分别为干岩石的体积模量和剪切模量；$K_f$ 为流体的体积模量。

模式 A 中，孔隙中有水合物生成，因此 $K_f$ 计算公式为

$$K_f = \left[\frac{1-S_h}{K_w}+\frac{S_h}{K_h}\right]^{-1} \tag{2-20}$$

式中，$S_h$、$K_h$ 分别为水合物占孔隙的体积分数和水合物的体积模量；$K_w$ 为水的体积模量。其中，$K_{dry}$ 和 $G_{dry}$ 的计算公式为

$$K_{dry} = \begin{cases} \left[\dfrac{\phi/\phi_c}{K_{hm}+\dfrac{4}{3}G_{hm}}+\dfrac{1-\phi/\phi_c}{K_{ma}+\dfrac{4}{3}G_{hm}}\right]^{-1}-\dfrac{4}{3}G_{hm}, & \phi<\phi_c \\[4mm] \left[\dfrac{(1-\phi)/(1-\phi_c)}{K_{hm}+\dfrac{4}{3}G_{hm}}+\dfrac{(\phi-\phi_c)/(1-\phi_c)}{\dfrac{4}{3}G_{hm}}\right]^{-1}-\dfrac{4}{3}G_{hm}, & \phi\geqslant\phi_c \end{cases} \tag{2-21}$$

$$G_{dry} = \begin{cases} \left[\dfrac{\phi/\phi_c}{G_{hm}+Z}+\dfrac{1-\phi/\phi_c}{G+Z}\right]^{-1}-Z, & \phi<\phi_c \\[4mm] \left[\dfrac{(1-\phi)/(1-\phi_c)}{G_{hm}+Z}+\dfrac{(\phi-\phi_c)/(1-\phi_c)}{Z}\right]^{-1}-Z, & \phi\geqslant\phi_c \end{cases} \tag{2-22}$$

$$Z = \frac{G_{hm}}{6}\left(\frac{9K_{hm}+8G_{hm}}{K_{hm}+2G_{hm}}\right) \tag{2-23}$$

$$K_{hm} = \left[\frac{n^2\,(1-\phi_c)^2\,G_{ma}^2}{18\pi^2\,(1-\nu)^2}P\right]^{\frac{1}{3}}, \qquad G_{hm} = \frac{5-4\nu}{5(2-\nu)}\left[\frac{3n^2\,(1-\phi_c)^2\,G_{ma}^2}{2\pi^2\,(1-\nu)^2}P\right]^{\frac{1}{3}} \tag{2-24}$$

$$K_f = \left[\frac{1-S_h}{K_w}+\frac{S_h}{K_h}\right]^{-1} \tag{2-25}$$

式中，$K_{hm}$ 为有效体积模量；$G_{hm}$ 为有效剪切模量；$P$ 为有效压力；$K_{ma}$、$G_{ma}$ 分别为岩石骨架的体积模量、剪切模量，由公式计算；$\nu$ 为岩石骨架的泊松比，且 $\nu = 0.5\left(K_{ma}-\dfrac{2}{3}G_{ma}\right)/$ $(K_{ma}+G_{ma}/3)$；$n$ 为临界孔隙度时单位体积内颗粒平均接触的数目，一般取 8 ~ 9.5 （Dvorkin et al., 1999），$\phi_c$ 为临界孔隙度，一般取 0.36 ~ 0.40 （Nur et al., 1998）。

2. 等效介质理论模型 B

模式 B 中水合物被认为是岩石骨架的一部分，产生了两个效应：一个使孔隙度减小，另一个改变了骨架的体积模量和剪切模量。因此，在模式 A 的基础上，需对沉积物孔隙度进行修正，即 $\phi_r=\phi(1-S_h)$。同时，应将水合物作为矿物组分代入式（2-13）来计算岩石的 $K_{ma}$ 和 $G_{ma}$。此外，沉积物孔隙中只有水，孔隙流体的密度和体积模量等直接用水的替代。由于水合物生成减小孔隙度，在计算 $K_{dry}$ 和 $G_{dry}$ 时，应注意孔隙度 $\phi_r$ 与 $\phi_c$ 的大小关系，在式（2-21）和式（2-22）中选择合适的公式。为了将气体的影响考虑在速度模型中，Helgerud 等（1999）建立了考虑气体存在的 EMT-B 模型，为了解释气体不同分布模式对沉积物弹性特性的影响，Helgerud 等（1999）通过不同的气体分布假设（均匀或不均匀）重新进行孔隙流体体积模量（$K_{fl}$）的计算，并将该模型成功应用于 ODP 井 995 的声波和 VSP 数据（图 2.5 和图 2.6）。当然 EMT-B 模型也具有局限性，如在预测高孔隙度沉积物时会出现不合理的高横波速度（Lee, 2002），且 EMT-B 模型中计算 $K_{fl}$ 的 Wood 方程只能

计算出实际 $K_{fl}$ 的下限, 适用性较差 (Myers and Hathon, 2012)。

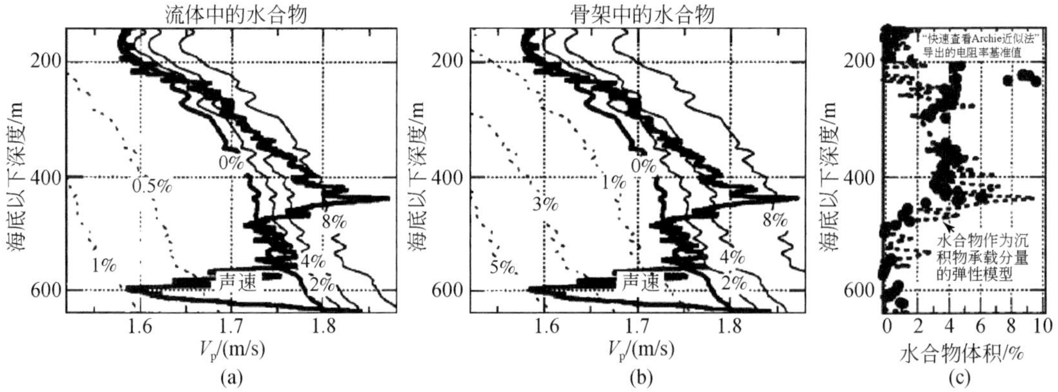

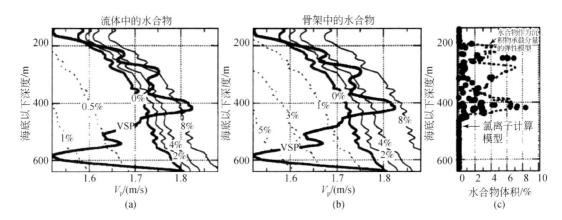

图 2.5　基于波速和电阻率测井数据估算的水合物饱和度 (Helgerud et al., 1999)

(a) 不考虑气体模型估算水合物饱和度结果 (实线) 与考虑气体均匀分布的模型估算水合物饱和度结果 (虚线) 对比; (b) 水合物作为沉积物框架的一部分的模型 (实线) 与气体非均匀分布在孔隙空间的模型结果 (虚线) 进行比较; (c) 通过电阻率估算的水合物饱和度与假设水合物作为沉积物的承载分量的弹性模型结果的比较

图 2.6　通过 VSP 和氯离子浓度数据估算的水合物饱和度 (Helgerud et al., 1999)

(a) 基于 VSP 数据不考虑气体模型估算水合物饱和度结果 (实线) 与考虑气体均匀分布的模型估算水合物饱和度结果 (虚线) 对比; (b) 水合物作为沉积物框架的一部分的模型 (实线) 与气体非均匀分布在孔隙空间的模型结果 (虚线) 进行比较; (c) 通过氯离子浓度估算的水合物饱和度与假设水合物作为沉积物的承载分量的弹性模型结果的比较

　　EMT-B 模型是考虑含水合物沉积物中游离气体的速度模型之一, 其使用两个独立的分布假设来模拟气体对含水合物沉积物弹性模量的影响。第一个假设基于孔隙流体各组分均匀分布, 即每个孔隙中气体和水的占比相同, 因此 $K_{fl}$ 使用 Reuss 平均方程式计算 (Reuss, 1929):

$$K_{fl} = \left[ \frac{S_w}{K_w} + \frac{1 - S_w}{K_g} \right]^{-1} \tag{2-26}$$

式中, $K_w$ 和 $K_g$ 分别为水和甲烷气体的体积模量; $S_w$ 为水饱和度。

　　另一种情况是考虑气水的非均匀分布, 这种情况下等效介质的体积模量通过 Dvorkin

和 Nur 的方程计算（Dvorkin and Nur，1998）。

$$\frac{1}{K_{sat}+4/3G_{sat}}=\frac{S_w}{K_{satW}+4/3G_{sat}}+\frac{1-S_w}{K_{satG}+4/3G_{sat}} \tag{2-27}$$

式中，$K_{satW}$ 为当沉积物完全充满水时的体积模量；$K_{satG}$ 为当沉积物完全充满甲烷气时的体积模量；$G_{sat}$ 为沉积物的剪切模量。

3. 等效介质理论模型 C

模式 C 一方面在孔隙度降低方面等同于模式 B；另一方面在岩石骨架的体积模量和剪切模量需根据 Dvorkin 等的胶结理论进行修正。因此，在计算 $\phi_r$、$K_{ma}$、$G_{ma}$、$K_f$ 和 $\rho_f$ 时与模式 B 相同，在计算 $K_{dry}$ 和 $G_{dry}$ 时，则采用下列公式计算：

$$K_{dry}=\frac{1}{6}n(1-\phi)\left(K_h+\frac{4}{3}G_h\right)S_n,$$

$$G_{dry}=\frac{3}{5}K_{dry}+\frac{3}{20}n(1-\phi)G_h S_\tau \tag{2-28}$$

其中，$S_n$ 和 $S_\tau$ 是与胶结的压力和胶结的水合物数量等成正比的参数，它们的计算公式为

$$S_n=A_n(\Lambda_n)\alpha^2+B_n(\Lambda_n)\alpha+C_n(\Lambda_n)$$

$$A_n(\Lambda_n)=-0.024153\Lambda_n^{-1.3646},$$

$$B_n(\Lambda_n)=0.20405\Lambda_n^{-0.89008},$$

$$C_n(\Lambda_n)=0.00024649\Lambda_n^{-1.9864} \tag{2-29}$$

$$S_\tau=A_\tau(\Lambda_\tau,\nu)\alpha^2+B_\tau(\Lambda_\tau,\nu)\alpha+C_\tau(\Lambda_\tau,\nu)$$

$$A_\tau(\Lambda_\tau,\nu)=-10^{-2}(2.26\nu^2+2.07\nu+2.3)\Lambda_\tau^{0.079\nu^2+0.1754\nu-1.342},$$

$$B_\tau(\Lambda_\tau,\nu)=(0.0573\nu^2+0.0937\nu+0.202)\Lambda_\tau^{0.0274\nu^2+0.0529\nu-0.8765}$$

$$C_\tau(\Lambda_\tau,\nu)=10^{-4}(9.654\nu^2+4.945\nu+3.1)\Lambda_\tau^{0.01867\nu^2+0.4011\nu-1.8186}$$

$$\Lambda_n=\frac{2G_h(1-\nu)(1-\nu_h)}{\pi G(1-2\nu_h)};\Lambda_\tau=\frac{G_h}{\pi G};\alpha=\left[\frac{2S_h\phi}{3(1-\phi)}\right]^{0.5}$$

式中，$G_h$ 和 $\nu_h$ 分别为水合物的剪切模量和泊松比；$\nu$ 为沉积物的泊松比；$\alpha$ 为水合物胶结沉积物颗粒后胶结部分半径同沉积物颗粒半径的比值。

# 七、简化三相方程

简化三相方程是目前通过野外测井数据估算水合物饱和度使用较为频繁的模型。Carcione 和 Tinivella（2000）在 Leclaire 等（1994）研究的基础上发展了用来计算水合物稳定带弹性速度的三相 Biot 方程（three phase biot equation，TPBE）。该方法假设了一种理想的排列，即沉积物、水合物和孔隙流体组成了三个均匀、互相交织的骨架。每一个骨架都有特有的体积模量和剪切模量，其通过矩阵元素 $R_{ij}$ 和 $\mu_{ij}$ 影响整体的纵横波速度。根据 Leclaire 等（1994）提出的方法，三相 Biot 方程（TPBE）计算矩阵 $R_{ij}$ 和 $\mu_{ij}$ 的特征值来预测一个纵波和两个横波，以及一个纵波和一个横波。因为在测井频率（约 30kHz）下，波发生的散射可以忽略，因此，在忽略掉衰减并假设元素 $R_{ij}$ 和 $\mu_{ij}$ 是实数的情况下，Lee（2007）给出了计算水合物沉积物低频弹性波速度的公式：

$$V_{\mathrm{p}} = \sqrt{\dfrac{\sum\limits_{i,j=1}^{3} R_{ij}}{\rho_{\mathrm{b}}}}, \quad V_{\mathrm{s}} = \sqrt{\dfrac{\sum\limits_{i,j=1}^{3} \mu_{ij}}{\rho_{\mathrm{b}}}} \tag{2-30}$$

式中，$\rho$ 为体积密度，且 $\rho = (1-\phi)\rho_{\mathrm{s}} + (1-C_{\mathrm{h}})\phi\rho_{\mathrm{w}} + C_{\mathrm{h}}\phi\rho_{\mathrm{h}}$，$\phi$ 为孔隙度，$C_{\mathrm{h}}$ 为孔隙空间中的水合物饱和度，下标 s、w 和 h 分别代表沉积物颗粒、水和水合物。对于水合物不存在的低频情况，公式改为 Gassmann（1951）给出的模量形式。

$R_{ij}$ 和 $\mu_{ij}$ 中的元素可以被式（2-31）确定：

$$R_{11} = \left[(1-c_1)\phi_{\mathrm{s}}\right]^2 K_{\mathrm{av}} + K_{\mathrm{sm}} + 4\mu_{11}/3$$
$$R_{12} = R_{21} = (1-c_1)\phi_{\mathrm{s}}\phi_{\mathrm{w}}\phi_{\mathrm{av}}$$
$$R_{13} = R_{31} = (1-c_1)(1-c_3)\phi_{\mathrm{s}}\phi_{\mathrm{w}}\phi_{\mathrm{av}} + 2\mu_{13}/3$$
$$R_{22} = \phi_{\mathrm{w}}^2 K_{\mathrm{av}}$$
$$R_{23} = (1-c_3)\phi_{\mathrm{h}}\phi_{\mathrm{w}}\phi_{\mathrm{av}} \tag{2-31}$$
$$R_{33} = \left[(1-c_3)\phi_{\mathrm{h}}\right]^2 K_{\mathrm{av}} + K_{\mathrm{hm}} + 4\mu_{33}/3$$
$$\mu_{11} = \left[(1-g_1)\phi_{\mathrm{s}}\right]^2 \mu_{\mathrm{av}} + \mu_{\mathrm{sm}}$$
$$\mu_{12} = \mu_{21} = \mu_{22} = \mu_{23} = \mu_{32} = 0$$
$$\mu_{13} = (1-g_1)(1-g_3)\phi_{\mathrm{s}}\phi_{\mathrm{h}}\phi_{\mathrm{av}} + \mu_{\mathrm{sh}}$$
$$\mu_{33} = \left[(1-g_g)\phi_{\mathrm{h}}\right]^2 \mu_{\mathrm{av}} + \mu_{\mathrm{hm}}$$

其中，

$$\phi_{\mathrm{s}} = 1-\phi, \quad \phi_{\mathrm{w}} = (1-C_{\mathrm{h}})\phi, \quad \phi_{\mathrm{h}} = C_{\mathrm{h}}\phi$$
$$c_1 = \frac{K_{\mathrm{sm}}}{\phi_{\mathrm{s}} K_{\mathrm{s}}}, \quad c_3 = \frac{K_{\mathrm{hm}}}{\phi_{\mathrm{h}} K_{\mathrm{h}}}, \quad g_1 = \frac{\mu_{\mathrm{sm}}}{\phi_{\mathrm{s}} \mu_{\mathrm{s}}}, \quad g_3 = \frac{\mu_{\mathrm{hm}}}{\phi_{\mathrm{h}} \mu_{\mathrm{h}}}$$
$$K_{\mathrm{av}} = \left[\frac{(1-c_1)\phi_{\mathrm{s}}}{K_{\mathrm{s}}} + \frac{\phi_{\mathrm{w}}}{K_{\mathrm{w}}} + \frac{(1-c_3)\phi_{\mathrm{h}}}{K_{\mathrm{h}}}\right]^{-1}$$
$$\mu_{\mathrm{av}} = \left[\frac{(1-g_1)\phi_{\mathrm{s}}}{\mu_{\mathrm{s}}} + \frac{\phi_{\mathrm{w}}}{2\omega\eta} + \frac{(1-g_3)\phi_{\mathrm{h}}}{\mu_{\mathrm{h}}}\right]^{-1}$$

式中，$\omega$ 为角频率；$K$ 为沉积介质的体积模量，GPa；$\mu$ 为沉积介质的剪切模量，GPa；$\eta$ 为孔隙流体的黏度。下标 sm 和 hm 分别对应着沉积物骨架和水合物骨架。$R_{ij}$ 和 $\mu_{ij}$ 中包含了地层骨架和水合物骨架的体积模量和剪切模量。矩阵元素中的关键元素是 $R_{11}$、$R_{33}$、$\mu_{11}$ 和 $\mu_{33}$，为了计算这些元素，必须知道三相体系中每一相组成骨架的体积模量和剪切模量。孔隙流体骨架的刚度只由孔隙流体的体积分数、体积模量、角频率及黏度的乘积决定。

Lee（2008）使用由 Pride 等（2004）和 Lee（2005）给出沉积物骨架和水合物骨架的体积模量和剪切模量。利用简化三相 Biot 方程（STPE）可以计算各向同性的气体水合物填充沉积物孔隙空间的速度。Lee 推导出低频下气体水合物填充沉积物孔隙空间的体积模量和剪切模量，用于测井和地震数据：

$$V_{\mathrm{p}} = \sqrt{\frac{K + \frac{4}{3}\mu}{\rho}}, \quad V_{\mathrm{s}} = \sqrt{\frac{\mu}{\rho}} \tag{2-32}$$

式中，$V_{\mathrm{p}}$ 为 BGTL 方程计算的沉积介质纵波速度，m/s；$V_{\mathrm{s}}$ 为 BGTL 方程计算的沉积介质横波速度，m/s；$K$ 为沉积介质的体积模量，GPa；$\mu$ 为沉积介质的剪切模量，GPa；$\rho$ 为沉积介质的体积密度，g/cm³。其中，沉积介质的体积模量 $K$ 和剪切模量 $\mu$ 由式（2-33）可得

$$K=K_{ma}(1-\beta_p)+\beta_p^2 K_{av}, \quad \mu=\mu_{ma}(1-\beta_s) \tag{2-33}$$

式中，$K$ 为沉积介质的体积模量，GPa；$\mu$ 为沉积介质的剪切模量，GPa；$K_{ma}$ 为岩石骨架的体积模量，GPa；$\mu_{ma}$ 为岩石骨架的剪切模量，GPa。其中，$K_{av}$、$\beta_p$ 和 $\beta_s$ 由式（2-34）可得

$$\frac{1}{K_{av}}=\frac{\beta_p-\phi}{K_{ma}}+\frac{\phi_w}{K_w}+\frac{\phi_h}{K_h}, \quad \beta_p=\frac{\phi_{as}(1+\alpha)}{1+\alpha\phi_{as}}, \quad \beta_s=\frac{\phi_{as}(1+\gamma\alpha)}{1+\gamma\alpha\phi_{as}} \tag{2-34}$$

式中，$\alpha$ 为取决于沉积物的有效压力和固结程度的固结参数；$\gamma$ 为与剪切模量相关参数；$K_w$ 为水的体积模量，GPa；$K_h$ 为水合物的体积模量，GPa；$\phi$ 为沉积介质的孔隙度,%。其中，$\phi_{as}$、$\phi_w$ 和 $\phi_h$ 由式（2-35）可得

$$\phi_{as}=\phi_w+\varepsilon\phi_w, \quad \phi_w=(1-S_h)\phi, \quad \phi_h=S_h\phi \tag{2-35}$$

式中，$S_h$ 为水合物饱和度,%；$\varepsilon$ 为水合物形成使沉积物骨架发生硬化的降低量，Lee 推荐使用 $\varepsilon=0.12$ 为建模数值。其中，剪切模量相关参数 $\gamma$ 和固结参数 $\alpha_i$ 由式（2-36）可得

$$\gamma=(1+2\alpha)/(1+\alpha), \quad \alpha_i=\alpha_0(P_0/P_i)^n\approx\alpha_0(d_0/d_i)^n \tag{2-36}$$

式中，$\alpha_0$ 为有效压力 $P_0$ 或深度 $d_0$ 处的固结参数；$n$ 为 Mindlin（1949）研究得出取 1/3。$\alpha_i$ 为有效压力 $P_i$ 或深度 $d_i$ 处的固结参数。

方程中水合物填充沉积物孔隙空间的体积密度 $\rho$ 由式（2-37）可得

$$\rho=\rho_s(1-\phi)+\rho_w\phi(1-S_h)+\rho_h\phi S_h \tag{2-37}$$

## 第二节 两端元横向各向同性理论

针对裂隙型水合物储层，前人已利用两端元层状介质模型（横向各向同性理论）对墨西哥湾和印度 K-G 盆地、韩国郁陵盆地、中国南海神狐海域产出于裂缝的水合物进行了声波速度特征模拟和饱和度估算，取得了较好的应用效果（Lee and Collett，2009，2012；王吉亮等，2013；Liu and Liu，2018）。模型由两个端元组成（图 2.7），端元 I 为裂隙，100% 由纯水合物充填，端元 II 为不含水合物的饱和水沉积物。

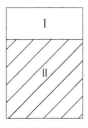

图 2.7 裂隙充填型水合物端元模型（Lee and Collett，2009）

端元 II 的体积模量和剪切模量可基于 Hill 平均方程 [式（2-13）]，再由 STPE 模型计算。层状介质的两端元模型表示为

$$\langle G \rangle \equiv (\eta G_1 + (1-\eta) G_2), \quad \langle \frac{1}{G} \rangle^{-1} \equiv \left( \frac{\eta}{G_1} + \frac{1-\eta}{G_2} \right)^{-1} \tag{2-38}$$

式中，$G_1$、$G_2$ 分别为模型中组分 1 和组分 2 的任意弹性参数或参数组合；$\eta$ 为组分 1 的体积分数。模型相速度可以根据 White 和 Lindsay（1967）由拉梅常数求得

$$A = \langle \frac{4\mu(\lambda+\mu)}{(\lambda+2\mu)} \rangle + \langle \frac{1}{(\lambda+2\mu)} \rangle^{-1} \langle \frac{\lambda}{(\lambda+2\mu)} \rangle^2$$

$$C = \langle \frac{1}{(\lambda+2\mu)} \rangle^{-1}$$

$$F = \langle \frac{1}{(\lambda+2\mu)} \rangle^{-1} \langle \frac{\lambda}{(\lambda+2\mu)} \rangle^2$$

$$L = \langle \frac{1}{\mu} \rangle^{-1}$$

$$N = \langle \mu \rangle \tag{2-39}$$

$$\rho = \langle \rho \rangle$$

$$V_p = \left( \frac{A \sin^2\theta + C \cos^2\theta + L + Q}{2\rho} \right)^{1/2}$$

$$Q = \sqrt{\left[ (A-L)\sin^2\theta - (C-L)\cos^2\theta \right]^2 + 4(F+L)^2 \sin^2\theta \cos^2\theta}$$

式中，$\theta$ 为入射波传播方向相对于裂隙对称轴的夹角。

根据 Thomson（1986），群速度与相速度间的关系可表述为

$$V_p(\phi) = GV_p(\phi_g), \quad V_s^{\text{H}}(\phi) = GV_s^{\text{H}}(\phi_g) \tag{2-40}$$

式中，$V_p$ 和 $V_s^{\text{H}}$ 分别为纵波速度和水平极化横波速度；$GV_p$ 和 $GV_s^{\text{H}}$ 分别为 $V_p$ 和 $V_s^{\text{H}}$ 的群速度；$\phi_g$ 为射线方向和裂隙同相轴间的夹角，可由式（2-41）求得

纵波：$\tan\phi_g = \tan\phi \left[ 1 + 2\delta + 4(\varepsilon-\delta)\sin^2\phi \right]$,

SH 波：$\tan\phi_g = \tan\phi (1+2\gamma)$ \tag{2-41}

其中，

$$\gamma = \frac{N-L}{2L}, \quad \delta = \frac{(F+L)^2-(C-L)^2}{2C(C-L)}, \quad \varepsilon = \frac{A-C}{2C} \tag{2-42}$$

式中，$\gamma$、$\delta$ 和 $\varepsilon$ 分别为表征横向各向同性介质属性的参数。

# 第三节 模型对比分析

不同的岩石物理模型具有不同的使用条件，针对不同水合物储层条件选择合适的模型才能确保计算结果更为准确，因此模型的对比分析显得尤为重要。模型的验证及对比前人已做了大量工作，如 Riedel 等（2014）利用等效介质理论对印度的 NGHP-01 航次、ODP204 航次和 IODP311 航次进行计算，发现用等效介质模型计算会过分估算剪切模量和横波速度值，从而导致水合物浓度的低估；Chand 等（2004）利用权重方程、等效介质理论、三相 Biot 方程对加拿大麦肯齐三角洲 Mallik 2L-38 井和布莱克海台 ODP163 航次中含水合物沉积物的饱和度进行了计算，结果表明由权重方程和三相 Biot 方程计算的 2L-38 井水合物的饱和度为 60%～80%，但与等效介质理论的计算值相比其他模型高出约 20%，等

效介质理论和权重方程关于布莱克海台含水合物沉积物中水合物饱和度的计算结果一致，均为10%~20%，且模型计算的结果与电阻率的计算结果吻合，但三相Biot方程理论预测的饱和度相对较高。

胡高伟（2010）分别在固结沉积物、松散沉积物和南海沉积物中进行系统的实验，并对时间平均方程、伍德方程、权重方程、BGTL、等效介质理论、K-T方程六种常用于水合物饱和度预测的理论模型进行了验证（图2.8）。结果发现，在含水合物的固结沉积物中，当水合物饱和度低于40%时，权重方程预测的纵横波速度与实验吻合较好；当饱和度高于40%时，BGTL的预测值更接近实验实测值；在含水合物的松散沉积物中，饱和度高于20%时，BGTL的预测波速与实验实测值接近；当饱和度为20%~70%时，等效介质理论模式B的计算与实测值匹配相对较好，伍德方程对纵波速度的计算结果较好，对横波速度的计算偏差相对较大；K-T方程对饱和度处于40%~90%的含水合物松散沉积物的波速预测更接近实际测量值；在含水合物的南海泥质黏土沉积物中，权重方程和伍德方程的纵波计算结果接近实测值，而BGTL理论预测的纵横波都与实验值吻合较好。

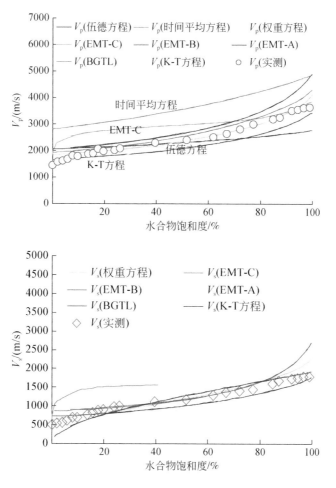

图2.8 各模型计算的纵横波速度值与实测值比较（胡高伟，2010）

为了模拟环境更接近野外条件，卜庆涛（2017）对气体垂向运移体系下天然气水合物声学特性进行模拟实验研究，并在实验的基础上，将适应于水合物饱和度预测的速度模型进行验证（图2.9和图2.10）。结果表明，在气体垂向运移体系下，适应的速度模型为权重方程、BGTL和等效介质理论，权重方程的预测值同实测值有较好一致性。由于实验为松散沉积物体系，通过验证得知权重方程并不适应实测横波速度值。当水合物饱和度为20%~60%时，实验结果同等效介质理论模式A的计算结果相近。在甲烷通量供应模式下，适应的速度模型为BGTL和经过调整的等效介质理论。在权重方程中，权重方程预测的纵波速度值同实验测试值有相近的趋势，但计算值同实际值之间有一定差值。在等效介质理论中，当水合物饱和度为25%~55%时，实验结果同等效介质理论模式B计算结果相接近；当水合物饱和度为60%~70%时，实验测得结果同等效介质理论模式A结果相一致；当水合物饱和度大于80%以后，实测值趋向于等效介质理论模式C的计算值。BGTL和等效介质理论对南海沉积物中水合物饱和度预测有一定适应性。综上可知，速度模型在各体系下具有不同的适应性，由于水合物对沉积物声学影响较复杂，单一参数选择难以适应不同条件。BGTL和等效介质理论在各体系下具有较好的适应性。在高甲烷通量体系下，

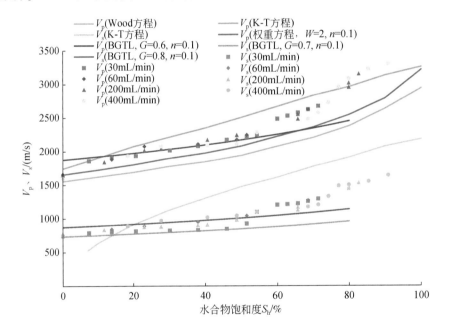

图2.9　模型计算纵横波速度值同实测值比较（卜庆涛，2017）

气体对沉积物声速的影响需要考虑，经过调整的等效介质理论模型不仅能对水合物饱和度进行估算，还能对水合物微观分布模式产生指导意义。

景鹏飞等（2020）模拟南海孔隙充填和裂隙充填两种类型水合物储层，获取了含不同水合物体积分数的沉积介质的弹性波速度，并利用横向各向同性理论（transverse isotropy theory，TIT）分别计算了砂、南海沉积物两种沉积介质为载体的裂隙充填型水合物的体积密度和纵波速度（图2.11），研究了横向各向同性理论计算的含不同裂隙角度的裂隙充填

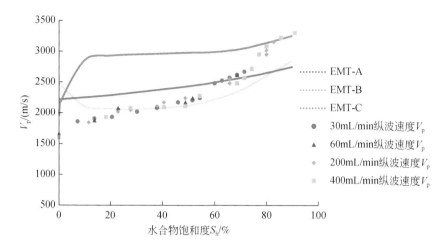

图 2.10　等效介质理论模型计算纵波速度值同实测值比较（卜庆涛，2017）

型水合物的砂沉积介质的纵横波速度（图 2.12）。结果表明 TIT 模型计算的含裂隙充填型水合物的砂沉积介质的密度随水合物体积分数增大而减小，密度最大值对应砂沉积物的密度，密度最小值对应纯水合物的密度。密度曲线随水合物体积分数减小呈非线性趋势，先缓后陡。沉积体系的纵波速度随水合物体积分数增大而增大。随着水合物在沉积体系中体积分数的增大，纵波速度也持续增大，增大的幅度在水合物体积分数较高时更明显。含不同倾角裂隙的水合物沉积系统，其纵横波速具有明显差异，主要表现为同一裂隙角度的沉积介质，纵波速度远高于横波，但不同角度的裂隙系统，纵波对于裂隙角度的区分没有横波具有规律性，指示横波速度对裂隙角度的表征较纵波更有优势。当声波的入射方向为垂直方向时，随水合物体积分数增大，裂隙角度越小（入射波与裂隙同相轴的夹角越大），横波速度越大。

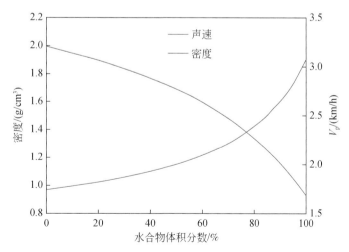

图 2.11　横向各向同性理论计算的含裂隙充填型水合物的砂沉积介质的密度和纵波速度

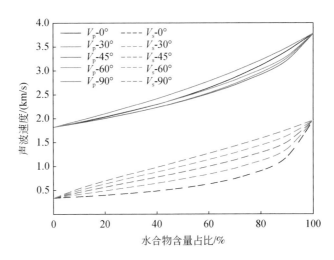

图 2.12　横向各向同性理论计算的含不同裂隙角度的裂隙充填型水合物的砂沉积介质的纵横波速度（$V_p$-0°代表垂直裂隙，$V_p$-90°代表水平裂隙，波的入射方向为垂向入射）

　　此外，通过实测数据对不同岩石物理模型进行对比验证（图 2.13）。对于砂沉积介质而言，由岩石物理和实验测试的孔隙充填、裂隙充填型水合物介质的纵波速度均随水合物体积分数增大而增大。孔隙充填型水合物的实验波速值均处于各模型的计算值之间。EMT-B 模式和 BGTL 模型计算的纵波速度整体与实验测试的波速差别较大，EMT-B 模式将水合物视为沉积物骨架，其计算的纵波速度为各模型纵波速度上限，当水合物体积分数小于 15% 时，STPE 模型计算的纵波速度为下限；当水合物体积分数大于 15% 时，BGTL 模型为下限。由 TIT 模型计算的含裂隙充填型水合物的砂沉积介质的纵波速度和实验测试波速整体吻合较好，尤其当水合物体积分数较低（小于 50%）时吻合最佳。对比含孔隙充填型水合物的砂沉积系统而言，南海沉积物介质的实验波速与岩石物理模型的匹配程度较

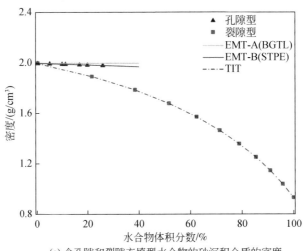

(a) 含孔隙和裂隙充填型水合物的砂沉积介质的密度

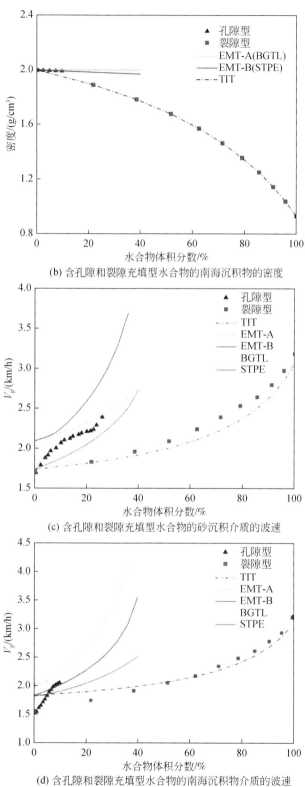

(b) 含孔隙和裂隙充填型水合物的南海沉积物的密度

(c) 含孔隙和裂隙充填型水合物的砂沉积介质的波速

(d) 含孔隙和裂隙充填型水合物的南海沉积物介质的波速

图 2.13　不同模型计算的密度和速度结果与实测值比较

差，这一特征尤其表现在当水合物体积分数较低时。横向各向同性理论（TIT）计算的含裂隙充填型（水平裂隙）水合物的南海沉积物介质的纵波速度在水合物体积分数较大时（>40%）与实验测试的纵波速度吻合程度高，但当水合物体积分数较小时，两者差异明显，这一结果却与砂沉积物介质的情况相反，但两者间的共同点是孔隙充填型水合物波速随水合物体积分数增大的速率明显大于裂隙充填型水合物沉积介质。

# 第四节 本章小结

本章对较常使用的天然气水合物岩石物理模型进行了介绍，包括时间平均方程、伍德方程、权重方程、BGTL、K-T 方程、等效介质理论、简化三相方程和两端元横向各向同性理论，以及对不同模型的基本物理意义和不同的适应条件进行了介绍。在此基础上，将不同的理论模型进行对比分析，不同的岩石物理模型具有不同的使用条件，针对不同水合物储层条件选择合适的模型才能确保计算结果更为准确，因此模型的对比分析显得尤为重要。同一地区由不同模型计算的水合物饱和度具有很大的差别，利用实验数据同时获取纵横波速度与水合物饱和度的关系来验证各速度模型的有效性，具有十分重要的意义。

## 参 考 文 献

卜庆涛. 2017. 气体垂向运移体系下天然气水合物声学特性模拟实验研究. 北京：中国地质大学.

董立生，罗红梅，王长江，等. 2015. 砂砾岩扩展时间平均方程及应用——以东营凹陷北部陡坡带为例. 油气地质与采收率，22（6）：55-60.

胡高伟. 2010. 南海沉积物的水合物声学特性模拟实验研究. 北京：中国地质大学.

刘欣欣，印兴耀，栾锡武. 2018. 天然气水合物地层岩石物理模型构建. 中国科学：地球科学，48（9）：128-146.

刘震，张厚福. 1991. 扩展时间平均方程在碎屑岩储层孔隙度预测中的应用. 石油学报，（4）：21-26.

景鹏飞，胡高伟，卜庆涛，等. 2020. 基于岩石物理模拟与声学实验识别孔隙-裂隙充填型水合物. 海洋地质与第四纪地质，40（6）：208-218.

孙春岩，章明昱，牛滨华，等. 2003. 天然气水合物微观模式及其速度参数估算方法研究. 地学前缘，10（1）：191-198.

王方旗，亓发庆，姚菁，等. 2012. 基于时间平均的海底沉积物声速预测. 海洋学报（中文版），34（4）：84-90.

王吉亮，王秀娟，钱进. 2013. 裂隙充填型天然气水合物的各向异性分析及饱和度估算——以印度东海岸 NGHP01-10D 井为例. 地球物理学报，56（4）：1312-1320.

Bangs N L B, Sawyer D S, Golovchenko X. 1993. Free gas at the base of the gas hydrate zone in the vicinity of the Chile triple junction. Geology, 21: 905-908.

Brandt H. 1960. Factors affecting compressional wave velocity in unconsolidated marine sand sediments. Journal of the Acoustical Society of America, 32（2）: 171-179.

Brie A, Pampuri F, Marsala A F, et al. 1995. Shear sonic interpretation in gas-bearing sands. The SPE Annual Technical Conference and Exhibition.

Bu Q T, Hu G W, Ye Y G, et al. 2017. The elastic wave velocity response of methane gas hydrate formation in vertical gas migration systems. Journal of Geophysics and Engineering, 14（3）: 555-569.

Carcione J M, Tinivella U. 2000. Bottom-simulating reflectors: seismic velocities and AVO effects. Geophysics, 65 (1): 54-67.

Chand S, Minshull T A, Gei D, et al. 2004. Elastic velocity models for gas-hydrate-bearing sediments—a comparison. Geophysical Journal International, 159 (2): 573-590.

Dvorkin J, Nur A. 1993. Rock physics for characterization of gas hydrates: the future of energy gases. USGS Professional Paper, 1570: 293-298.

Dvorkin J, Nur A. 1998. Acoustic signatures of patchy saturation. International Journal of Solids and Structures, 35 (34): 4803-4810.

Dvorkin J, Prasad M, Sakai A, et al. 1999. Elasticity of marine sediments: rock physics modeling. Geophysical Research Letters, 26 (12): 1781-1784.

Ecker C, Claerbout J F. 1998. Seismic characterization of methane hydrate structures. Stanford: Stanford University.

Gassmann F. 1951. Elasticity of porous media. Vierteljahrsschrder Naturforschenden Gesselschaft, 96: 1-23.

Gei D, Carcione J M. 2003. Acoustic properties of sediments saturated with gas hydrate, free gas and water. Geophysical Prospecting, 51 (2): 141-158.

Helgerud M B, Dvorkin J, Nur A, et al. 1999. Elastic-wave velocity in marine sediments with gas hydrates: effective medium modeling. Geophysical Research Letters. 26 (13): 2021-2024.

Holbrook W S, Hoskins H, Wood W T, et al. 2006. Methane hydrate and free gas on the Blake ridge from vertical seismic profiling. Science, 273 (5283): 1840-1843.

Hu G W, Ye Y G, Zhang J, et al. 2010. Acoustic properties of gas hydrate-bearing consolidated sediments and experimental testing of elastic velocity models. Journal of Geophysical Research: Solid Earth, 115: B02102.

Hyndman R D, Spence G D. 1992. A seismic study of methane hydrate marine bottom simulating reflectors. Journal of Geophysical Research: Solid Earth, 97 (B5): 6683.

Kuster G T, Toksöz M N. 1974. Velocity and attenuation of seismic waves in two-phase media, 1, Theoretical formulation. Geophysics, 39 (5): 587-606.

Leclaire P, Cohen-Ténoudji F, Aguirre-Puente J. 1994. Extension of Biot's theory of wave propagation to frozen porous media. The Journal of the Acoustical Society of America, 96 (6): 3753-3768.

Lee M W. 2002. Modified Biot-Gassmann theory for calculating elastic velocities for Unconsolidated and Consolidated Sediments. Marine Geophysical Researches, 23 (5-6): 403-412.

Lee M W. 2005. Proposed moduli of dry rock and their application to predicting elastic velocities of sandstones// Geological Survey Scientific Investigations Report. USA: Geological Survey (US), 5119.

Lee M W. 2007. Velocities and attenuations of gas hydrate-bearing sediments// Geological Survey Scientific Investigations Report. USA: Geological Survey (US), 5264.

Lee M W. 2008. Models for gas hydrate-bearing sediments inferred from hydraulic permeability and elastic velocities. Scientific Investigations Report 2008-5219. U. S. Geological Survey.

Lee M W, Collett T S. 2001. Comparison of elastic velocity models for gas-hydrate-bearing sediments. Geophysical Monograph Series, 124: 179-187.

Lee M W, Collett T S. 2005. Assessments of gas hydrate concentrations estimated from sonic logs in the JAPEX/ JNOC/GSC et al. Mallik 5L-38 gas hydrate research production well. Bulletin-Geological Survey of Canada, 585: 118.

Lee M W, Waite W F. 2008. Estimating pore-space gas hydrate saturations from well log acoustic data. Geochemistry, Geophysics, Geosystems, 9 (7): Q07008.

Lee M W, Collett T S. 2009. Gas hydrate saturations estimated from fractured reservoir at Site NGHP-01-10, Krishna-Godavari Basin, India. Journal of Geophysical Research Solid Earth, 114 (B7): 102.

Lee M W, Collett T S. 2012. Pore-and fracture-filling gas hydrate reservoirs in the gulf of Mexico gas hydrate joint industry project leg Ⅱ green canyon 955 H well. Marine and Petroleum Geology, 34 (1): 62-71.

Lee M W, Hutchinson D R, Collett I S, et al. 1996. Seismic velocities for hydrate-bearing sediments using weighted equation. Journal of Geophysical Research, 101 (B9): 20347-20358.

Li H X, Tao C H, Liu F L, et al. 2015. Effect of gas bubble on acoustic characteristic of sediment: taking sediment from East China Sea for example. Acta Physica Sinica, 64 (10).

Liu T, Liu X W. 2018. Identifying the morphologies of gas hydrate distribution using P-wave velocity and density: a test from the GMGS2 expedition in the South China Sea. Journal of Geophysics and Engineering, 15 (3): 1008-1022.

Liu T, Liu X W, Zhu T Y. 2020. Joint analysis of P wave velocity and resistivity for morphology identification and quantification of gas hydrate. Marine and Petroleum Geology, 112: 104036.

Miller J J, Lee M W, Huene R V. 1991. An analysis of a seismic reflection from the base of a gas hydrate zone, offshore Peru. AAPG Bulletin, 75 (5): 910-924.

Mindlin R D. 1949. Compliance of elastic bodies in contact. Journal of Applied Mechanics, 16 (3): 259-268.

Muhammed I E, Nisar A, Perveiz K, et al. 2016. An application of rock physics modeling to quantify the seismic response of gas hydrate-bearing sediments in Makran accretionary prism, offshore, Pakistan. Geosciences Journal, 20 (3): 321-330.

Murphy W, Reischer A, Hsu K. 1993. Modulus decomposition of compressional and shear velocities in sand bodies. Geophysics, 58 (2): 227-239.

Myers M T. Hathon L A. 2012. Staged differential effective medium (SDEM) models for the acoustic velocity in carbonates. Chicago: The 46th U. S. Rock Mechanics/Geomechanics Symposium.

Nobes D C, Villinger H, Davis E E, et al. 1986. Estimation of marine sediment bulk physical properties at depth from seafloor geophysical measurements. Journal of Geophysical Research: Solid Earth, 91 (B14): 14033-14043.

Nur A, Mavko G, Dvorkin J, et al. 1998. Critical porosity: a key to relating physical properties to porosity in rocks. The Leading Edge, 17 (3): 357-362.

Pearson C F, Halleck P M, McGulre P L, et al. 1983. Natural gas hydrate: a review of in situ properties. Journal of Physical Chemistry, 87 (21): 4180-4185.

Pride S R, Berryman J G, Harris J M. 2004. Seismic attenuation due to wave-induced flow. Journal of Geophysical Research: Solid Earth, 109: B01201.

Reuss A. 1929. Berechnung der fliessgrenzev von mischkristallen auf grund der Plastizit Ãts bedingung fur Einkristalle. Zamm Journal of Applied Mathematics and Mechanics, 9 (1): 49-58.

Riedel M, Bahk J J, Kim H S, et al. 2013. Seismic facies analyses as aid in regional gas hydrate assessments. Part-Ⅱ: Prediction of reservoir properties, gas hydrate petroleum system analysis, and Monte Carlo simulation. Marine & Petroleum Geology, 47 (Complete): 269-290.

Riedel M, Goldberg D, Guerin G. 2014. Compressional and shear-wave velocities from gas hydrate bearing sediments: Examples from the India and Cascadia margins as well as Arctic permafrost regions. Marine and Petroleum Geology, 58 (Part A): 292-320.

Thomsen L. 1986. Weak elastic anisotropy. Geophysics, 51 (10): 1954-1966.

White J E, Lindsay R B. 1967. Seismic Waves: radiation, Transmission, Attenuation. Physics Today, 20 (2):

74-75.

Wood A B. 1941. A text book of sound. London：Macmillan publishers Limited.

Wood A B. 1955. A textbook of sound，being an account of the physics of vibrations with special reference to recent theoretical and technical developments（3rd ed）. New York：Macmillan Publishing Co.

Wood W T, Stoffa P L, Shipley T H. 1994. Quantitative detection of methane hydrate through high-resolution seismic velocity analysis. Journal of Geophysical Research Solid Earth，99（B5）：9681-9695.

Wyllie M R J, Gregory A R, Gardner G H F. 1958. An experimental investigation of factors affecting elastic wave velocities in porous media. Geophysics，23（3）：459-493.

Zhao J, Wu Y L, Zhou C C, et al. 2016. Review on logging technology evaluation methods of nature gas hydrate. Well Logging Technology，40（04）：392-398.

Zhu H L, Tan Y H, Chen Q, et al. 2015. The effects of gas saturation on the acoustic velocity of carbonate rock. Journal of Natural Gas Science & Engineering，26：149-155.

Zimmerman R W, King M S. 1986. The effect of the extent of freezing on seismic velocities in unconsolidated permafrost. Geophysics，51（6）：1285-1290.

# 第三章　岩石物理模拟实验技术的开发

## 第一节　声学探测技术的开发

## 一、传统超声技术

### （一）实验设备及软、硬件设施

超声测量系统的结构如图 3.1 所示，系统硬件主要由研祥 P4 工控机、超声换能器及单脉冲发射卡（由同济大学声学所提供）和加拿大 Gage 公司的 CompuScope 14100 数据采集卡所组成。所采用的波形处理软件界面如图 3.2 所示，此软件的功能有：①可实时采集和存储波形，并对波形进行频谱分析；②波形分析的数据（包括纵、横波的声时或声速、波幅和主频参数）可实时存入本地或远程数据库；③可以对采集的数据进行时间段检查询；④分布式控制，程序可进行客户方式及采集服务方式，实现远程控制；⑤可对采集的波形、频谱以及分析的数据进行图表显示。

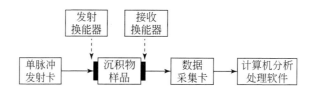

图 3.1　超声测量系统结构图

实验所采用的换能器为压电复合材料，它具有较大的压电系数 $d33$，较高的机电耦合系数 $k_t$，以及较小的特征阻抗和较小的机械 $Q$ 值，是宽带超声换能器较为理想的材料。利用 2-2 型压电复合材料制作厚度切变横波换能器，其主要振动模式为横波，但也存在压电复合材料厚度切变换能器产生的纵波，其幅度比横波幅度小得多。为了同时测量纵波和横波在水合物生成 $[V_p（生成）]$ 和分解 $[V_p（分解）]$ 过程中的变化情况，采用双通道同时采集波形，一个通道测量纵波（有时波幅较小，需放大），另一个通道测量横波（图 3.3）。实验采用的横波换能器频率为 500kHz [图 3.3（b）]，纵波换能器有两种，分别为 200kHz 和 500kHz [图 3.3（a）]。换能器的设计要求较高，不但要能耐压，而且密封防水性能要好。

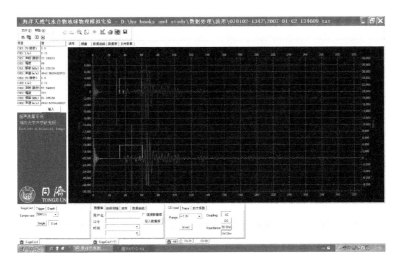

图 3.2　海洋天然气水合物超声检测软件界面图

(a) 纵波换能器

(b) 横波换能器

图 3.3　换能器示意图

## (二) 超声测量及标定

如图 3.4 所示, 采用反应釜盖上的一金属顶杆紧压超声换能器, 使发射换能器和接收换能器紧贴于测试岩心的两端。超声信号由发射探头发出, 经过待测岩心后由接收探头接收, 并由 CompuSope 14100 采集卡转换为数字化超声波形, 记录于计算机中。由于 14100 卡为 14 位数字化率的双通道数字化卡, 采样频率为 50MS/s, 数字传输率高达 80MB/s, 鉴于其高数字化率及高数字传输率, 认为它对波形获取及速度判别的误差可以忽略不计。实验中声波速度的误差主要来自于对纵波首波声时和横波首波声时的判读 (图 3.5)。纵横波速度分别等于样品长度除以纵、横波在样品中的走时时间 $(t_1 - t_0)$、$(t_2 - t_0)$, 其中 $t_0$ 为超声波在换能器中的固有走时时间, 文中采用长度不同的两个柱状标准铝棒对 $t_0$ 进行了标定。最终, 纵、横波速度的测量误差大小分别为 ±1.2% (±50m/s) 和 ±1.6% (±40m/s)。

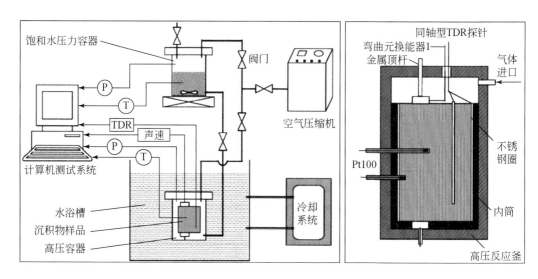

图 3.4　含水合物沉积物声学特性研究的地球物理模拟实验装置示意图

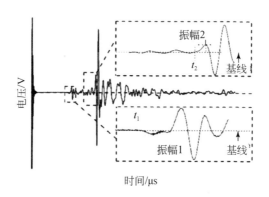

图 3.5　含水合物人工固结岩心中超声波形及参数获取

### （三）含水合物固结沉积物中的应用

利用传统的平板横波超声换能器（500kHz）探测含水合物人工固结岩心（主要成分为莫来石）的波形如图 3.5 所示。由图 3.5 可以看出，固结岩心中获取的声波波形幅度较大，纵横波同时出现且其到达时间较容易判读，可以同时获取样品的纵波速度和横波速度。

### （四）含水合物松散沉积物中的应用

用传统的平板纵波超声换能器（500kHz）测试了松散沉积物中水合物生成过程的超声波形图（图 3.6）。结果表明，在水合物未生成以前，超声信号良好（图 3.6 波形 1）；水合物开始生成后，超声信号开始变弱（波形 2）；当水合物饱和度大于约 1% 后，超声信号变得极其微弱，声速无法获取（波形3）；随后，随着水合物的继续生成，超声信号都比较微弱，直至水合物快完全生成时超声信号才开始出现并逐渐变强（波形4）；水合物完全充填孔隙时超声信号最强（波形5）。对于超声信号的衰减原因在后文中给出了可能的解释，这里主要说明，利用传统的纵波超声换能器没有完全获取水合物生成过程中松散沉积物的纵波速度，而且传统的横波超声换能器也未能探测到松散沉积物的横波速度。可见，要同时测量含水合物松散沉积物的纵波速度和横波速度，不能仅依靠传统的超声技术，尚需要发展新的技术进行完善，弯曲元技术是一项较好的选择。

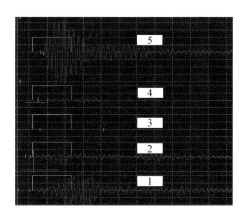

图3.6　松散沉积物（粒径0.18~0.28）中水合物生成过程中超声信号变化情况

## 二、弯曲元技术在含水合物松散沉积物中的应用

### （一）弯曲元技术简介

压电陶瓷弯曲元（piezoceramic bender elements）通常是由中间绝缘层分开的两片可纵向伸缩的压电陶瓷晶体片组成[图3.7（a）]，有串联型和并联型两种[图3.7（b）、（c）]，其中串联型的两片晶片极化方向相反，而并联型的两片晶片极化方向相同，在同等激发电压下，并联型弯曲元所产生位移是串联型的两倍。在使用压电陶瓷弯曲元时，弯曲元的一端被固定，另一端自由，形成悬臂结构（图3.8），（因此弯曲元自由端部分有时被称为悬臂梁）。在实际测试中，弯曲元插入圆柱体样品的两端以悬臂梁形式工作：发射弯曲元在脉冲电压下产生振动，在样品的一端产生剪切波（即横波）；该剪切波经样品传播后到达接收弯曲元，使之振动而产生电信号。发射信号和接收信号都显示在示波器上，通过对比信号即可得到剪切波的传播时间，从而结合剪切波在样品中传播的距离（接收弯曲元和发射弯曲元端对端距离，简称Ltt）计算剪切波的速度。Lee和Santamarina（2005）的研究表明，弯曲元测试存在平面内方向性（图3.9），不同放置方式下接收元得到的信号随交角增加而有所减弱，但即使在两弯曲元交角为90°时，接收的信号仍然比较显著，说明在弯曲元测试中，可根据需要选择不同的弯曲元布置方式。由于两弯曲元平行时（交角为0°）信号最强，是测量中采用较多的方式。

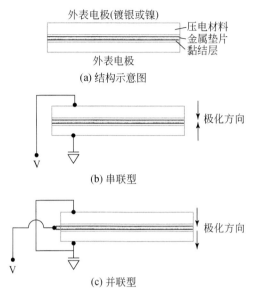

(a) 结构示意图

(b) 串联型

(c) 并联型

图 3.7 弯曲元示意图

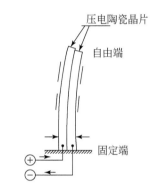

图 3.8 弯曲元压电陶瓷晶片工作示意图

弯曲元技术于 1978 年被 Shirley 等引进到土工测量中，随后，（Dyvik 和 Madshus，1985）研究发现利用弯曲元测量土样的小应变剪切模量 $G_{max}$ 与共振柱测量的结果一致。从此，弯曲元技术开始在土工测量中得到了广泛的应用，主要研究有：①在固结仪上安装压电陶瓷弯曲元，测试土样在无侧向应变（$K_0$）条件下的 $G_{max}$；②将弯曲元法测得的土样 $G_{max}$ 与共振柱试验相比较，发现当测试压力大于 100kPa 时，弯曲元法测量的结果略大于共振柱试验结果；③用方波和单个正弦波作为激发信号，分析激发和接收波形的相关关系和能谱分析，结果表明，当方波作为激发信号时，用接收信号的第一个反向点作为剪切波的到达时间较为合适；④分析了弯曲元法的试验误差因素，指出造成误差的原因主要有边界效应、波的非一维传播性和近场效应等；⑤纵波弯曲元（extender elements）和横波弯曲元的同时测量及其影响因素研究表明，在一定的测试条件下，纵、横波弯曲元可以同时测量样品

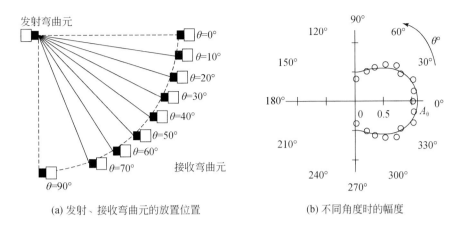

(a) 发射、接收弯曲元的放置位置　　　　　(b) 不同角度时的幅度

图 3.9　弯曲元测试平面内方向性影响（端对端距离 150mm）

的纵横波，其测试条件需要满足高于 12 位的高分辨率示波器（识别幅度较低的 P 波），使用合适规格的压电陶瓷弯曲元（15.9mm×3.2mm×0.51mm），横波信号易受近场效应的影响，但使用较高的激发频率时（Ltt/$\lambda$>3.33），近场效应可被消减到合理范围（纵波信号则不受频率影响）。

综上所述，随着人们对弯曲元技术了解的加深，认识到弯曲元的全面应用还存在很大的挑战，在弯曲元传感器的选取、电路连接、传感器防水与防潮、测试过程中激发信号的选取及频率选择、传播时间确定等问题上尚有许多未解决的问题。但是，由于弯曲元具有与土样和沉积物样品相近的阻抗、其插入工艺可以解决换能器与样品的耦合问题等优点，得到人们越来越多的关注与使用。

### （二）实验设备及软、硬件设施

弯曲元测试系统的实验设施与传统的超声检测系统类似，在原来的基础上进行了一些优化，其系统结构如图 3.10 所示。系统硬件为函数发生器（型号：安捷伦 33220a）、功率放大器（型号：AG1016）、研祥 P4 工控机、弯曲元换能器、差分放大器（放大倍数：20dB）和加拿大 Gage 公司的 CompuScope 14200 数据采集卡所组成。所使用的数据采集、分析软件和传统超声检测系统中一样，详见上一节。该软件的滤波、频谱分析等功能在本节中得到了应用。

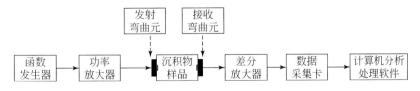

图 3.10　弯曲元测试系统结构图

　　虽然 Yun 等利用弯曲元测量了含四氢呋喃（THF）水合物沉积物的声速等参数，但由于 THF 水合物在常压下就可以生成，无须考虑弯曲元的耐压因素，进行防水的措施也相对简单。而且，Yun 等并没有对他们的装置和测量过程进行详细报道。因此，自行研制了新型的弯曲元换能器，使之能同时测量含甲烷水合物松散沉积物的纵横波速度，并考察了不同悬臂梁结构工艺的测试有效性。

　　主要研制了四种结构的弯曲元换能器，一方面测试弯曲元的耐压性能，另一方面考察其测试海洋沉积物纵横波速度的效果，以选择最优的弯曲元结构。由于测试含甲烷水合物沉积物样品时需在较高压力下进行，换能器外壳均采用不锈钢质量块制成，弯曲元被部分或整体密封于质量块中，采用绝缘树脂（环氧树脂或酚醛树脂）灌注充满质量块，以保证弯曲元能耐压和防水。结构Ⅰ型换能器采用传统的弯曲元［图 3.11（c）］，弯曲元一端固定在质量块上，另一端作为悬臂梁插入样品进行测试，悬臂梁长约 3cm。弯曲元表面涂上一层黑色的绝缘树脂以防水。利用结构Ⅰ型弯曲元换能器测试了海底沉积物样品，但未能采集到波形，可能由于悬臂梁太长，且弯曲元的刚性不够，使信号衰减太快。

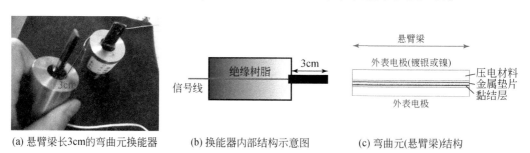

(a) 悬臂梁长3cm的弯曲元换能器　　(b) 换能器内部结构示意图　　(c) 弯曲元(悬臂梁)结构

图 3.11　结构Ⅰ型传统弯曲元制成的换能器示意图

　　结构Ⅱ型弯曲元换能器（图 3.12）采用了一种新型的弯曲元结构［图 3.12（b）、（c）］。弯曲元的悬臂梁由不锈钢片制成，由压电陶瓷晶片驱动作弯曲振动［图 3.12（c）］。两环形压电陶瓷晶片被中间切分，得到四个半环形的陶瓷晶片，四个陶瓷晶片再由黏结层胶结在一起。弯曲元换能器工作时，陶瓷晶片驱动悬臂梁作弯曲振动，不仅能产生切向振动（横波），而且还能产生小幅度的压缩振动（纵波）。此种结构的弯曲元与Ⅰ型结构的弯曲元相比，具有更强的驱动力。而且，采用不锈钢片作为悬臂梁，具有更好的刚性和硬度。

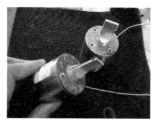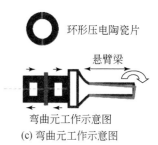

(a) 换能器图片(悬臂梁长3cm)　　　　(b) 弯曲元图片　　　　(c) 弯曲元工作示意图

图 3.12　结构Ⅱ型弯曲元换能器

利用Ⅱ型结构的弯曲元换能器测试了海底沉积物，虽然得到了波形（图3.13），但信号衰减很大，不仅波形幅度很小，而且纵波的首波没有出现。

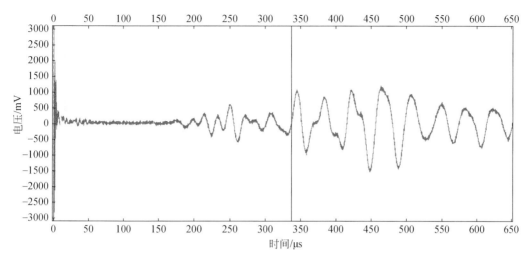

图3.13 结构Ⅱ型弯曲元换能器测量海底沉积物波形图（端对端距离约9cm）

为了得到幅度更大的波形，在Ⅱ型结构弯曲元的基础上，减短了悬臂梁的长度至0.5cm，制造了结构Ⅲ型的弯曲元换能器（图3.14）。利用Ⅲ型结构的弯曲元换能器测试松散沉积物的波形如图3.15所示，其幅度明显高于结构Ⅱ型所测的波形，虽然纵波首波仍然不太明显，但已改善了很多。

图3.14 结构Ⅲ型弯曲元换能器照片

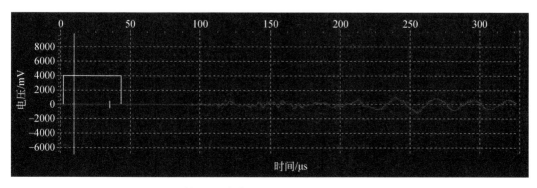

图3.15 结构Ⅲ型弯曲元换能器测量松散沉积物波形图

# 第二节　时域反射技术的开发

海洋沉积物中水合物饱和度主要由样品孔隙度和含水量确定。目前，测量沉积物含水量的方法主要有重量分析法、放射性法（如中子散射法、伽马射线法）、电阻法、探地雷达技术和时域反射技术（time domain reflectometry，TDR）等。这些方法各具有优缺点，适用于不同尺度的含水量测量研究。重量分析法可以精确测量沉积物样品的含水量，但其缺点是需要对沉积物进行取样、破坏，不适合含水合物沉积物样品的含水量测量；放射性法可以在原位精确测量沉积物的含水量，但需对具体的测试样品单独进行标定，而且需防范放射性物质对测试人员造成身体伤害；电阻法也需要对具体的测试样品进行标定，才能得到比较准确的测量值；探地雷达技术适用于大范围的水体分布原位调查，在小样品尺度的含水量测试中使用时域反射技术具有更高的精度。最近，TDR 因具有无损探测、精度高、计算量小、灵活性大、方便实时实地测量以及能同时探测沉积物含水量和盐度等优点而受到人们更多的青睐。

TDR 最初用于电缆探伤，至 20 世纪 80 年代，才被用于探测土壤含水量并迅速发展起来。Topp 等（1980）首先开展了 TDR 测量土壤含水量的研究工作，并通过对多种类型土壤的含水量进行测定，建立了土壤介电常数与含水量之间的经验关系式。对于某些特殊物质的含水量测量，需要通过实验的方法归纳相应的经验公式，如 Regalado（2003）提出了适用于火山灰土壤含水量测量的经验公式，Wright 等（2002）建立了含水合物沉积物的介电常数与含水量间的经验关系式。最近，TDR 又被引进到天然气水合物饱和度的测量中，并取得了很好的效果。业渝光等（2008）研究了温度、压力对 TDR 测量含水量的影响，随后利用 TDR 测量了含水合物固结沉积物的水合物饱和度，并结合超声技术测量的声波速度，建立了水合物饱和度与声速之间的关系。然而，综观前人研究，TDR 大多被用于测量低盐度沉积物的含水量，对高盐分沉积物含水量的测量鲜有涉及。因此，本章首先介绍 TDR 测量沉积物含水量与水合物饱和度的原理，随后着重研究 TDR 在海洋沉积物中的应用。

## 一、TDR 测量含水量及水合物饱和度原理

### （一）物理原理

为了阐明 TDR 测量介质含水量的原理，本节介绍了介电常数的有关原理。首先，假设将电压 $V$ 作用在充满空气的平行电容器上（电容为 $C_0$），电容器上储存的电荷 $Q$ 可表示为

$$Q = C_0 V \tag{3-1}$$

然后，当平行电容器间放置绝缘材料时，电荷和电容将会增大，此时的电容可定义为

$$C = C_0 \varepsilon' / \varepsilon_0 = C_0 \varepsilon \tag{3-2}$$

式中，$\varepsilon'$ 和 $\varepsilon_0$ 分别为绝缘材料和空气的介电常数；$\varepsilon$ 为相对介电常数（或相对电容率）。

当作用在电容上的电压随时间呈正弦波动时，即

$$V = V_0 e^{i\omega t} \tag{3-3}$$

式中，i 为复数符号（$i^2 = -1$）；$\omega$ 为角频率；$t$ 为时间。

此时，电荷电流（charging current，$I_c$）可以表示电容的存储电荷随时间的变化函数：

$$I_c = dQ/dt = C_0 dV/dt = i\omega C_0 V \tag{3-4}$$

当放置在平行电容上的材料为非绝缘介质时（如含盐分土壤），将会产生传导电流（或损失电流）$I_1$，$I_1$ 与介质电导率 $G$ 和作用在电容上电压 $V$ 的关系为 $I_1 = GV$。上面所述的损失电流和电荷电流是决定能否同时测量介质电导率和介电常数的关键参数。损失电流和电荷电流的比值称为弥散系数 $D$（或 $\tan\delta$）：

$$D = \tan\delta = I_1 / I_c \tag{3-5}$$

总电流 $I_t$（损失电流+电荷电流）为

$$I_t = I_1 + I_c = (G + i\omega C)V \tag{3-6}$$

可以看出，总电流可以看成由实部和虚部组成的复数变量。由于损失电流可能是由传导损失引起，也有可能是其他任何能量消耗过程所引起，因此，同式（3-6）一样，可以引入一个复数来表达介电常数：

$$\varepsilon^* = \varepsilon' - i\varepsilon'' \tag{3-7}$$

式中，$\varepsilon^*$ 为引入复数后的介电常数；$\varepsilon''$ 为损耗系数。

将式（3-2）、式（3-7）代入式（3-6），可使总电流变成不包含损失电流的形式：

$$I_t = i\omega CV = i\omega \varepsilon * C_0 V / \varepsilon_0 = (i\omega \varepsilon' + \omega \varepsilon'') C_0 V / \varepsilon_0 \tag{3-8}$$

式中，$\varepsilon''$ 为损耗系数，$\omega\varepsilon''$ 等同于电导率。人们对介质进行研究时，通常对介电常数的实部和虚部都比较感兴趣。虚部代表了介电常数的衰减值，可以了解介质的电导率等造成的能量损耗，从而测量介质的盐分等参数；实部代表了介电常数的静态值，了解实部则可以获取介质的介电常数，从而测量介质的含水量（去离子水的介电常数为 81，干土壤的介电常数为 3 左右，饱水土壤为 25 左右）。

## （二）应用原理

关于时域反射仪的工作原理在刁少波等（2005）、岳英洁等（2007）、胡高伟等（2008）的文献中已有详细介绍。电磁波由时域反射仪发射系统发出，经电缆传输至时域反射探针，探针引导电磁波在待测介质中传播；电磁波反射后被接收系统接收，反射的波形图被用来分析待测介质的介电常数等参数（图 3.16）。

如图 3.16 所示，电磁波在介质中传播的速度 $v$ 与探针长度 $l$ 及传播时间 $t$ 的关系为

$$v = l/t \tag{3-9}$$

电磁波在介质中的传播速度与介质介电常数 Ka 的关系为

$$v = c / Ka^{1/2} \tag{3-10}$$

式中，$c$ 为电磁波在真空中的传播速度。

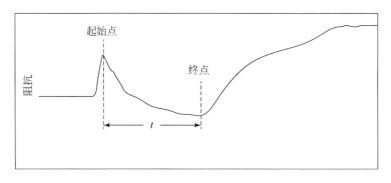

图 3.16　TDR 波形示意图

由式（3-9）、式（3-10）两式可得

$$Ka = [\,Ct\,/l\,]^{2} \tag{3-11}$$

由 TDR 波形可得出 $t$，结合已知的探针长度 $l$，即可计算出介质介电常数 Ka，从而由介电常数与含水量间的经验公式计算出含水量。当介质为土壤时，通常采用以下公式（Topp et al., 1980）：

$$\theta_{v} = -5.3 \times 10^{-2} + 2.92 \times 10^{-2} Ka - 5.5 \times 10^{-4} Ka^{2} + 4.3 \times 10^{-6} Ka^{3} \tag{3-12}$$

对于含水合物沉积物，目前主要采用 Wright 等（2002）的经验公式：

$$\theta_{v} = -11.9677 + 4.506072566 Ka - 0.14615 Ka^{2} + 0.0021399 Ka^{3} \tag{3-13}$$

水合物饱和度由样品的孔隙度和含水量 $\theta_{v}$ 来计算：

$$S = (\phi - \theta_{v}) / \phi \times 100\% \tag{3-14}$$

## 二、TDR 测量海洋沉积物含水量的实验研究

通过实验发现，当沉积物孔隙水的盐度高于约 0.5% 后，利用传统的 TDR 探针探测饱和水沉积物的 TDR 波形类似短路波形，不能测量出沉积介质的介电常数，从而无法计算含水量。为了利用 TDR 探测海洋沉积物中的含水量和水合物饱和度，对 TDR 探针进行了改进，在同轴型探针的单针金属棒上热缩套上绝缘管。利用改进的探针测量了 0、0.5%、2%、3.5% 等盐度下沉积物的含水量，并建立了四种盐度下介电常数与含水量的经验关系式。实验结果将推进 TDR 在海洋沉积物含水量和水合物饱和度测量等方面的应用，具有较为重要的理论和实践价值。

### （一）实验设备与实验过程

用于测量高盐分沉积物含水量的装置（图 3.17）改装于青岛海洋地质研究所水合物实验室地球物理实验装置，改装后的装置利用平流泵向沉积介质中泵入盐水（或纯水）；在高压反应釜中进行，可以通过通入高压甲烷气方便控制釜内压力，以测试压力对 TDR 测量的影响；同时，两支 Pt100 铂电阻温度计可用来探测沉积物内部和表层温度。上述参数（包括 TDR 波形、温度数据、压力数据）均可由计算机实时采集。

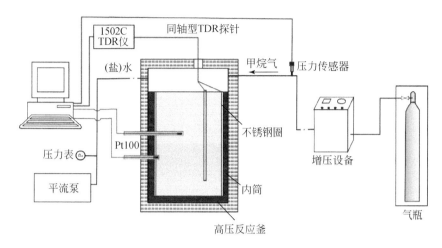

图 3.17  TDR 测量含水量装置示意图

为了测量高盐分沉积物的含水量，自行制作了一套 TDR 套管探针，该探针在传统的同轴型 TDR 单针上热敷一层绝缘热缩管（图 3.18），减小了电磁波在介质中传播的衰减。高盐分沉积物含水量的测量实验中，采用粒径为 0.09~0.125mm 的天然砂作为沉积介质，所用溶液为 0~3.5% 盐度的 NaCl 溶液。

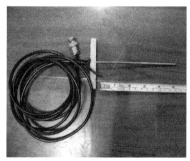
(a) 传统型(长150mm，直径3mm)

(b) 套管型(长150mm，直径3.5mm)

图 3.18  同轴型 TDR 探针

实验过程如下（以向干砂中加入 3.5% 盐水为例）：

（1）将同轴型 TDR 单针（传统型或套管型）固定在反应釜的内筒上，焊接好正负极与同轴电缆的连线；

（2）将反应釜的内筒中装满天然砂（干砂）；

（3）以一定流速（如 5mL/min）向干砂中泵入 3.5% 的盐水，2min 时停止平流泵，稳定约 5min 后记录 TDR 波形；

（4）重复步骤（3）约 20 次，直至天然砂完全饱和，记录每一次的 TDR 波形；

（5）根据泵入的盐水量计算出含水量，由 TDR 波形计算相应含水量时的介电常数。

**（二） 传统 TDR 探针测量结果**

1. 温度压力因素的影响

由于甲烷水合物模拟实验是在高压低温条件下进行的，为了了解实验过程中压力和温度对 TDR 测试结果的影响，进行不同压力和温度下的 TDR 测试实验。

在高压反应釜中进行了温度影响的实验，在常压条件下，采用的多孔介质为 Φ0.18 ~ 0.28mm 粒径的饱和湿砂，实验的温度范围为 20℃ 降至 0.5℃，主要是保证没有冰生成。实验结果表明 TDR 波形基本没有发生变化。因此，可以认为温度对 TDR 含水量测量结果的影响是可以忽略的（图 3.19）。

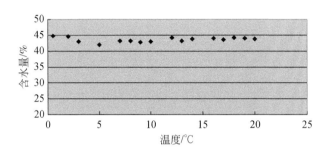

图 3.19　不同温度下饱和湿砂的含水量测量结果

在高压反应釜中进行了压力影响的实验，实验中仍采用 Φ0.18 ~ 0.28mm 粒径的饱和湿砂进行压力实验。在室温条件下，压力由低逐步增高，分五个压力点测试 TDR 的波形，并进行比较。测量结果显示波形基本没有发生变化，不同压力下的含水量值如图 3.20 所示。

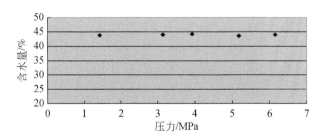

图 3.20　不同压力下的饱和湿砂含水量变化

由上可知，TDR 可以有效探测沉积物孔隙中的含水量，TDR 的检测结果几乎不受实验压力和温度的影响，只和沉积物孔隙中的含水量相关。

2. 不同盐度下的测量结果

利用传统 TDR 探针测量了向粒径为 0.09 ~ 0.125mm 的干砂中泵入盐度为 0、0.5%、1%、1.5%、2%、2.5% 和 3% 的溶液过程中 TDR 波形变化情况。结果表明，对于不同盐度下的含饱和水沉积物，当盐度大于约 0.5% 后，TDR 波形类似于短路波形（图 3.21），从波形图上无法读取反射终点，从而不能计算出介质介电常数与含水量。

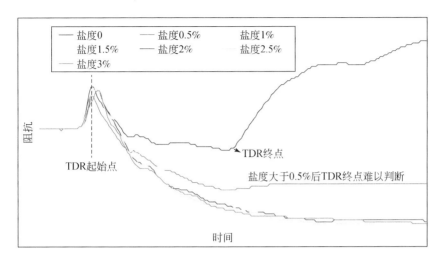

图 3.21　不同盐度下的 TDR 波形变化

### 3. 套管 TDR 探针测量结果

采用套管 TDR 探针测量了将盐度为 0、0.5%、2% 和 3.5% 的溶液泵入粒径为0.09 ~ 0.125mm 的干砂过程中 TDR 波形变化情况。与传统 TDR 探针测量结果相比，套管探针减小了电磁波在沉积介质中传播的衰减，增强了电磁波的传播能力，因而，即使在高盐度下，也能探测到反射终点（图 3.22）。然而，套管探针上热敷的一层绝缘热缩管影响了介质的介电常数（即热缩管可视为介质的一部分）。因此，图 3.22（a）中套管探针所测得的终点与传统探针略有不同，利用套管探针测量高盐分沉积物的含水量需要重新建立介电常数与含水量间的经验关系式。

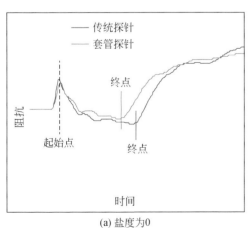

(a) 盐度为0

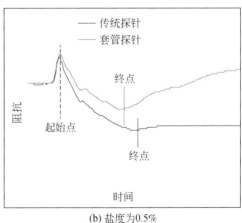

(b) 盐度为0.5%

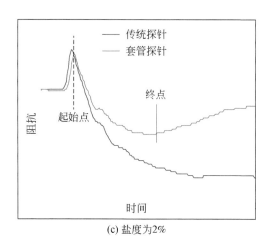

(c) 盐度为2%

图 3.22　采用传统探针和套管探针测量含饱和水沉积物的 TDR 波形对比

**4. 海洋沉积物含水量的测量**

图 3.23 显示了向干砂中加入 3.5% 盐水过程中 TDR 波形变化图，从图 3.23 中可以看出，套管探针可以测量高盐分沉积物的介电常数和含水量。根据 TDR 波形计算了不同含水量的介电常数，并与实测的含水量数据一起，建立了不同盐度下介电常数与含水量之间的经验关系（图 3.24）。结果表明，盐度对沉积物的介电常数具有很大影响，当含水量相同时，盐度越高，沉积物的介电常数越大。利用实验数据建立了不同盐度下介电常数与含水量的经验关系式：

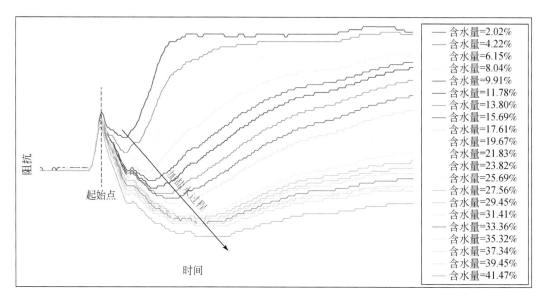

图 3.23　向干砂中加入 3.5% NaCl 溶液过程中套管探针测量 TDR 波形变化图

$$盐度 0 : \theta_v = -4.7156 + 2.7675 Ka - 5.7 \times 10^{-2} Ka^2 + 2.3 \times 10^{-3} Ka^3 \qquad (3-15)$$

$$盐度 0.5\% : \theta_v = -4.6649 + 2.8137 Ka - 9 \times 10^{-2} Ka^2 + 2.7 \times 10^{-3} Ka^3 \qquad (3-16)$$

$$盐度 2\% : \theta_v = -1.4721 + 1.7103 Ka - 0.0282 Ka^2 + 0.0004 Ka^3 \qquad (3-17)$$

$$盐度 3.5\% : \theta_v = -2.314 + 1.9831 Ka - 0.0661 Ka^2 + 0.0012 Ka^3 \qquad (3-18)$$

式中，$\theta_v$ 为含水量；Ka 为介电常数。

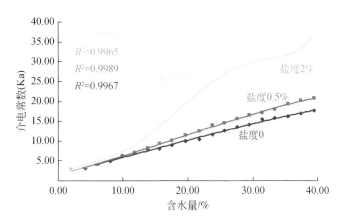

图 3.24　不同盐度下套管探针测量的介电常数与实际含水量之间的关系

# 第三节　与 X-CT 探测技术的联用

目前在研究天然气水合物的性质时采用了超声波探测的测试方式，可以测得模拟生成的天然气水合物的声学特性，即不同的温度与压力环境下水合物的纵波速度、横波速度、频率和幅度，进而研究天然气水合物相态信息及各种物性参数。另外，电子计算机断层扫描（computed tomography，CT）技术也作为水合物研究的另一种先进的测试技术，应用CT 技术，即通过 CT 图像数据计算出多孔介质中水分迁移、区域密度改变、砂体移动及分解后介质密度分布的变化特征。目前两种实验测试方式的使用都已经比较成熟，但是在同一个水合物的样品中只是单独地对水合物进行超声或者 CT 的扫描测试，所以本装置可以实现水合物的生成、超声测试以及 CT 的图像扫描与分析，为进一步得到水合物的各种物态性质做出更量化的数据支撑。

## 一、实验设备与软硬件设施

鉴于实验研究需要，设备原理如图 3.25 所示，此系统可以实现如下的研究目的：
（1）提供样品水合物生成的高压低温条件；
（2）提供超声探头与水合物样品端部耦合所需的轴向压力；
（3）高压容器在承受内部高压、轴向拉伸载荷的同时，其制造材料必须对水平方向的 X 射线（X-ray）的阻挡最小。

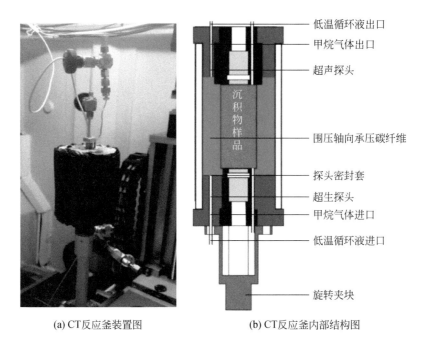

(a) CT反应釜装置图　　　　　　　　(b) CT反应釜内部结构图

图 3.25　计算机断层扫描–声学联合测试装置原理

　　为实现上述三个技术目标，产品充分利用了碳纤维材料高强度、高射线透射能力的特点，对高压耐压内筒采用了 PEEK+碳纤维复合结构，相对传统 PEEK 筒体可能高达 10 ~ 20mm 的厚度，该结构可将 PEEK 的厚度减少至 0.5 ~ 1mm 的厚度，而耐压、承受轴向载荷的能力呈数倍提升。

　　同时由于筒体厚度的减薄、强度的提升，热量传递、温度控制、射线透射等能力都得到了提高；而且，轴向载荷可以施加的幅度得到了大大提升，不仅可以提供足够的端面耦合需要的压紧力，甚至可以直接压碎样品而高压内筒仍在安全使用范围内。

　　整体装置（图 3.26）由五个模块组成：实验模块、数据采集模块、控温模块、控压模块、声学模块。实验模块的夹持器部分内有大小为 $\Phi25\times50$ 的样品腔，可装沉积物样，在线通入甲烷气体，实现水合物的原位生成、分解；夹持器两端内置超声发生器与接收器，同时进行 X-CT 扫描成像和声学探测的测试；采用 X-CT 扫描技术监测沉积物中水合物的微观分布情况、声波测试仪测试含水合物沉积物岩心的纵横波速度；以研究水合物在沉积物储层中微观分布与声学信号的匹配规律。

　　1. 实验模块–水合物形成模块

　　实验模块主要包括夹持器部分，该部分需要满足 X 射线穿透的作用，所以夹持器筒体采用 PEEK 塑料加工，PEEK 塑料强度高、质量轻，且对射线的穿透效果好。同时为了避免 PEEK 材料意外损伤、温度变化、加工微裂纹、材料内部缺陷等带来的破坏可能，采用碳纤维周向缠绕加固，彻底避免了塑料材料的意外破坏情况，大大提升实验设备的安全性。

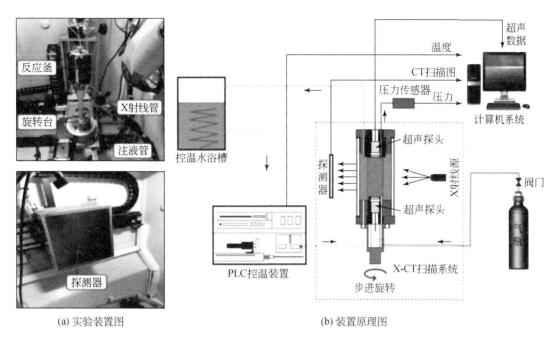

(a) 实验装置图      (b) 装置原理图

图 3.26 系统流程图

**2. 数据采集模块及声学模块**

该模块主要包括温度压力数据采集和超声模块，配数据采集及数据关联索引专家软件。

整套系统置于 X 射线计算机断层成像（X-ray computerized tomography，X-CT）扫描台上，加压、降温设置为手动设置，然后计算机一键启动，开始水合物生成、分解过程的全程压力、温度监测与数据存储，该部分配用 12bitAD 采集卡完成数据采集；在任意时段，设计人员可以在软件界面上启动超声测试，系统将根据超声监测数据的变化，自动建立此刻的超声数据与温度、压力间的索引键值并存储在数据表中，可以非常方便地整合超声数据、温度压力数据，并根据该索引键值，进一步与 X-CT 扫描系统的图像数据进行比对。超声数据采用专业定制的超声数据采集卡。

**3. 低温控温模块–高压反应釜控温模块**

由于整套装置放在 CT 中，所以需要通过循环的低温液为夹持器内的样品进行降温，本套装置的低温液仅提供温控的作用，不做加压，所以夹持器外筒采用 PEEK 材料，同时利用碳纤维轴向增强，以承担轴向载荷。借助于碳纤维的高强度优势，本装置轴向承载能力大大增强，不仅可以承受超声探头下压可能承受的 5KN 的载荷，还可以同时承担因筒体内部加压至 15MPa 所额外带来的 7KN 的载荷。同时由于碳纤维的存在，彻底避免了 PEEK 材料因温度变化、使用不当、意外损伤所带来的轴向突然破坏。低温液在外筒与内筒组成的空间内循环，为样品提供水合物生成所需要的低温环境。

4. 控压模块

该模块主要用于控制水合物样品内的气压。甲烷气瓶出来的高压气经过减压阀设置为试验需要的压力即可，并从夹持器的下端进入，通过过滤器后进入样品底部，穿过样品，通过样品上部的过滤器，从夹持器上端气孔可测压或排出。

## 二、设备主要功能

### 1. X 射线扫描下的水合物微观分布情况

装置中的 X 射线透射夹持器在装样完成后，置于 CT 机中扫描，扫描的结果如图 3.27 所示。通过图片中的情况可以发现，本套装置可以在 X-ray 下进行清晰的成像，也为后期对完整的天然气水合物生成、分解过程 CT 检测提供了依据。

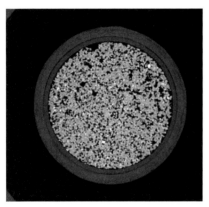

图 3.27　样品 CT 扫描上剖视图与正剖视图

### 2. 声波测试仪对含水合物沉积物的纵横波速度测试

装置中 X 射线透射夹持器上下两端可以放置两个超声探头，用于监测水合物生成、分解过程中的声波速率，进而判断水合物的生成、分解情况，并结合 CT 扫描的图像情况对样品的状态进行分析。

### 3. 在 X 射线透射夹持器内原位生成和分解天然气水合物样品

装置的 X 射线透射夹持器可以满足天然气水合物的生成、分解过程。样品腔能够承受一定的孔隙压力，将样品置于相应的温度环境中即可完成水合物的合成，并且通过对温度的升高完成对水合物的分解过程。

## 三、沉积物中水合物形成过程中超声与 X-CT 联合探测

实验用沉积物样品的粒度分布如图 3.28 所示。沙粒的粒度为 0.25 ~ 0.50mm。粒度分为细砂（63 ~ 250μm）、中砂（250 ~ 500μm）和粗砂（500 ~ 2000μm）。可以看出，细砂

（63～250μm）、中砂（250～500μm）和粗砂（500～2000μm）的比例分别占19.2%、76.6%和4.2%。在砂样中未发现砾石（>2000μm）。砂样品的中值尺寸为287μm，干密度为1.33g/cm³，孔隙率约为43%，实验所用孔隙水为去离子水。

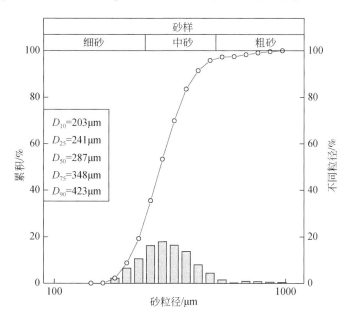

图3.28  实验海沙样品粒径分布

### （一）实验步骤与条件

含水合物沉积物微观观测与声学探测实验过程如下：

（1）在CT反应釜底部加入两层防水滤纸，防止水渗漏进入供气管道和砂子堵住进气口，在滤纸上部填入不同饱和度去离子水的样品海砂（粒径为0.25～0.50mm），将釜腔内的样品海砂压实，并在上部布置两层防水滤纸，防止甲烷气带走样品中的水分，将反应釜密封；

（2）旋转针阀关闭下部进气口，打开上部出气端，控制气瓶通过上部进气向反应釜内加压5MPa，静置8h进行气密性检测；

（3）对反应釜继续进行增压，使反应釜内压力达到6MPa，并将反应釜放置于CT设备的旋转操作台上，静置10h左右；

（4）将乙二醇恒温水浴槽降温至-28℃，使用PLC控制系统控制循环液温度为1.5℃；

（5）待反应釜内甲烷水合物完全生成后，即压力不再下降，使用高精度CT扫描获取甲烷气、水合物和沉积物的空间占比。同时使用超声探测装置获取沉积介质的声波速度数据；

（6）待生成实验完成后，关闭水浴槽制冷装置，开始自然升温使天然气水合物分解，并记录数据。

**(二) 实验结果与讨论**

**1. 沉积物中甲烷气与水合物分布**

以甲烷气体体积占比为 18% 条件下含水沉积物的扫描图像为例进行分析。从图 3.29 可以看出，含气水沉积物 CT 图像可以较为明显地识别出对 X 射线吸收最弱的，呈现颜色最深（黑色）的部分是气体，部分气泡占据较大的孔隙空间；对 X 射线吸收最强的，呈现颜色最浅的部分为天然海砂，部分颗粒密度较高甚至呈现为白色，为石英等高密度固体颗粒；介于气泡和固体颗粒之间的灰色为孔隙水，填充在颗粒孔隙间，部分孔隙水则直接占据岩石骨架的空腔；孔隙中甲烷气泡和孔隙水呈现非均匀分布状态，大量气泡分散于孔隙水当中。

■ 游离气
■ 孔隙水
□ 土骨架

图 3.29　含气水沉积物 CT 图像

如图 3.30 所示，CT 扫描成像后，进行初步处理可发现灰度图像中存在明显波峰，不同密度组分对 X 射线的吸收系数不同，可清晰分辨出甲烷气体组分的阈值。

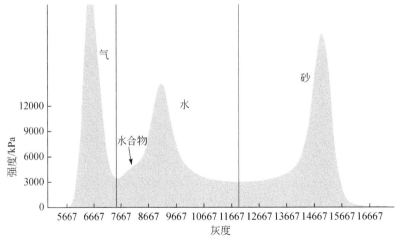

图 3.30　甲烷气灰度值分割界面

分别对提取出不同气水含量条件下水合物完全生成后的样品组分占比进行统计，结果如图 3.31 所示，改变孔隙中不同的气水含量进行七次水合物生成实验，每次实验控制孔隙水的含量逐渐增加，而甲烷气体的空间占比相对减少，岩石骨架的空间占比基本不变。CT 扫描结果可以清晰明确获得沉积物的孔隙度为 42% 左右，同时准确获得甲烷气空间分布状况。

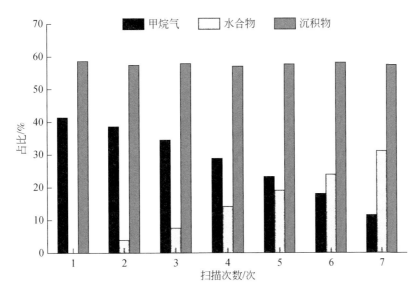

图 3.31　样品组分空间占比

### 2. 不同含气量下声波速度变化

分别在不同含气量和含水量条件下进行七次水合物生成实验，并通过超声设备和数据采集系统获取七次实验中水合物完全生成后孔隙流体介质为气和水合物两相的纵波速度数据，每次实验获取三组超声数据，结果如表 3.1 所示。图 3.32 为使用实验获取的孔隙流体含甲烷气和水合物的纵波速度随水合物饱和度变化曲线图。

表 3.1　不同含气量下沉积物声波速度

| 测试次数 /次 | 水合物饱和度/% | 甲烷气体饱和度/% | 声波速度/(m/s) | | | |
| --- | --- | --- | --- | --- | --- | --- |
| | | | $V_{p1}$ | $V_{p2}$ | $V_{p3}$ | 平均 $V_p$ |
| 1 | 0 | 100.0 | 1277 | 1383 | 1410 | 1356.7 |
| 2 | 9.2 | 90.8 | 1400 | 1456 | 1480 | 1445.3 |
| 3 | 18.0 | 82.0 | 1550 | 1500 | 1589 | 1546.3 |
| 4 | 33.6 | 66.4 | 1650 | 1688 | 1590 | 1642.7 |
| 5 | 44.3 | 55.7 | 1820 | 1860 | 1900 | 1860.0 |
| 6 | 57.5 | 42.5 | 2020 | 2078 | 2050 | 2049.3 |
| 7 | 72.7 | 27.3 | 2590 | 2515 | 2600 | 2568.3 |

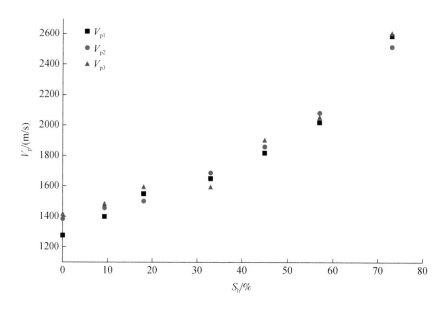

图 3.32　含水合物沉积物纵波声速随水合物饱和度变化

# 第四节　电–声响应特性联合探测技术

随着我国天然气水合物的勘探和试采逐步推进，准确识别和精细定量评价天然气水合物储层是水合物勘探技术研究的重点，地球物理测井具有连续和高精度的特点，尤其电法测井和声波测井具有较高的准确性和可靠性，是目前识别和评价水合物储层不可或缺的手段，已有研究与实践也表明电阻率与声波测井数据联合解释是识别天然气水合物的有效方法。但天然气水合物储层具有区别于常规油气储层的显著特点，如储层为非固结或弱固结沉积层、往往富含泥质、储层中水合物为固态、具有多种微观赋存状态和宏观不均匀分布模式等，这些特殊因素向基于电法和声波测井技术准确定量评价水合物储层的工作提出了挑战。含水合物饱和度是评价资源量的关键参数，为了真正实现基于电法和声波测井技术准确计算含水合物饱和度的目标，还需要进一步回答以下几个问题。测量电学和声学的什么参数？如何测量这些参数？这些参数是否有效？这些参数受到哪些因素的影响？这些参数与含水合物饱和度之间的关系如何？本节主要介绍一套电–声响应联合探测实验装置，并介绍相关的实验进展。

## 一、实验装置结构组成

天然气水合物电–声响应联合探测实验装置包括两个功能部分，即环境模拟部分和参数测试部分。环境模拟部分包括低温恒温箱、反应釜、增容气罐和高压气瓶；参数测试部分包括电声复合传感器、温度和压力传感器、信号调理模块、信号切换模块、传感器激励模块、数据采集模块和工控机，工控机上安装有测控软件。基于虚拟仪器软件开发平台 LabVIEW 对测控软件进行了开发，软件的主要功能包括：对参数测试硬件模块（如信号切换模块、传感器激励模块、数据采集模块等）进行控制、对所采集的数据进行预处理、显示和保存。电–声响应联合探测实验装置结构组成如图3.33所示。

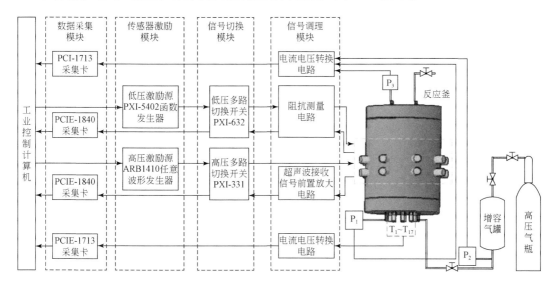

图3.33 电–声响应联合探测实验装置结构组成图

反应釜为不锈钢圆柱形筒体，内有一层 PEEK 内衬，内部直径为12cm，内高为25cm。PEEK 材料具有优良的耐腐蚀、抗压和绝缘性能。反应釜设计承压为20MPa。反应釜侧面和上下端盖各开有圆孔，侧面的开孔用于安装电声复合传感器，上下端盖开孔用来安装流体输送管线和温度传感器。采用空气浴低温恒温箱对反应釜内的温度进行控制，恒温箱控温最大范围为–20～100℃，温度控制精度±0.25℃。

每个电声复合传感器（图3.34）主要由电极、超声晶片、外壳、引线和接头组成。传感器外壳采用 PEEK 材料，电极为厚度1mm的不锈钢片，超声晶片采用中心频率为45kHz的纵波压电陶瓷晶片。反应釜共安装了16个电声复合传感器，分为两层，等间隔布置于反应釜侧面［图3.34（b）］，安装前对电声复合传感器及其关联测试模块进行了标定测试。采用了双感温 Pt100 温度传感器，即每支温度传感器有两个温度敏感元件，分别用于测量两层电声复合传感器位置处的温度，配用的温度变送器测量范围为–20～100℃，温度测量误差为±0.15℃。所采用压力传感器的测量范围为 0～25MPa，测量误差为±0.1%。

信号切换模块用以实现电声复合传感器与激励模块、传感器与数据采集模块之间的分时连通。由于测量电学和声学参数时分别使用低电压和高电压激励信号，因此对应选用了低压和高压多路切换开关（型号分别为 PXI-632 和 PXI-331），采用 PXI 总线接口的开关板卡，板卡均插入 PXI 机箱，机箱通过电缆与工控机连接。

传感器激励模块指电声复合传感器的激励源，具体包括低压激励源和高压激励源。低

(a)　　　　　　　　　　　　　(b)

图 3.34　电声复合传感器和反应釜

压激励源为函数发生器板卡 PXI-5402，高压激励源为 PCI 接口的任意波形发生器板卡 ARB1410，将两张板卡分别插入上述 PXI 机箱和工控机机箱中，工控机通过测控软件对激励源输出信号进行控制，分别为电学和声学测试产生低压扫频信号和高压脉冲信号。

信号调理模块包括电流电压转换电路、超声波接收信号的前置放大电路以及阻抗测量电路。温度变送器输出的 $4 \sim 20\text{mA}$ 电流信号经 $250\Omega$ 精密电阻转换为 $1 \sim 5\text{V}$ 电压信号，采用 40dB 前置放大器对超声波接收电压信号进行放大，基于自动平衡电桥法测量原理开发了阻抗测量电路。

经信号调理模块处理后的各路电压信号进入数据采集模块，由数据采集卡实现对原始信号的采集。温度和压力信号由数据采集卡 PCI-1713 来采集，超声波接收信号和阻抗测量电路输出的两路信号由同步高速数据采集卡 PCIE-1840 来采集。数据采集卡均插入工控机机箱，工控机通过测控软件对数据采集参数进行配置。

## 二、实验装置特点

天然气水合物电-声响应联合探测实验装置的功能主要为：①模拟松散沉积物中甲烷水合物的合成和分解过程；②对电学参数、声学参数、温度和压力进行多区域同步测量。与现有的实验装置比较，该装置具有以下特点：

（1）采用了自主设计的新型电声复合传感器，实现在同一位置对被测介质电学参数和声学参数进行同步测量，为两类特性参数的联合分析提供数据；

（2）采用了自主开发的阻抗测量电路，能够在较宽频率范围（$1 \times 10^{-2} \sim 2 \times 10^{7}\text{Hz}$）内对被测介质的阻抗谱进行测量，获得全面描述被测介质电学特性的数据；

（3）设计了非侵入型阵列式传感器排布方式和分时轮流工作模式，能够获得被测区域内电学参数、声学参数和温度的空间分布信息，能够为分析水合物的空间分布不均匀性提供直接的测量数据；

（4）基于虚拟仪器技术组建测试系统，即以计算机为核心、配以软件化和模块化的仪器，模块化仪器性能可靠、便于系统扩展和维护，通过自主开发的软件可以灵活地实现模块化仪器的配置和数据的采集、处理、显示与保存等功能。

# 第五节　本章小结

本章主要介绍了水合物岩石物理模拟实验技术的研发，包括水合物声学探测技术的开发、时域反射技术的开发、宏微观探测联用技术的开发和水合物电–声响应联用技术的开发。本章对各种实验技术的实验设备软硬件配置及相关的主要功能进行了介绍。

声学探测技术包含传统超声探测技术和弯曲元探测技术，通过不断试验，完成了三代水合物声学探测技术的研发。为了同时测量含水合物松散沉积物的纵波速度和横波速度，引进了弯曲元技术，并成功研制出在一定高压条件下测试含甲烷水合物沉积物纵横波速度的新型弯曲元换能器。利用自行研制的弯曲元换能器探测松散沉积物中水合物生成和分解过程的超声波形，结果表明，获取的超声波形幅度较强，能同时测量含水合物松散沉积物的纵波速度和横波速度。

本章的工作研究了已有的时域反射技术测量含盐分沉积物含水量的能力范围，更为重要的是改进了原有的探测探针，使时域反射技术在高盐分的海洋沉积物中也能探测含水量，并通过大量实验，给出了改进探针后含水量测量的经验公式。将时域反射技术引进到海洋沉积物中进行应用，对该项技术的发展和海洋地质研究工作都将具有十分重要的意义。

超声与 X-CT 联合探测技术的研发，实现了水合物微观分布模式的直接观测与声学探测的同步测试，能够为水合物微观分布的声学响应机理研究提供非常重要的支撑。电–声响应联合探测技术实现了同一水合物沉积物样品的声学与电学信号的同步测试，能够获得含水合物沉积物样品的声电响应特征，为水合物储层的勘探提供了重要的依据。

## 参 考 文 献

刁少波，业渝光，张剑，等. 2005. 时域反射技术在地学研究中的应用. 岩矿测试，24（3）：205-211.

胡高伟，张剑，业渝光，等. 2008. 天然气水合物的声学探测模拟实验. 海洋地质与第四纪地质，28（1）：135-141.

业渝光，张剑，胡高伟，等. 2008. 天然气水合物饱和度与声学参数响应关系的实验研究. 地球物理学报，51（4）：1156-1164.

岳英洁，业渝光，刁少波，等. 2007. 时域反射技术应用与研究新进展. 海洋湖沼通报（增刊），（B12）：170-175.

Dyvik R，Madshus C. 1985. Lab meaurements of $G_{max}$ using bender element. ASCE Convention on Advances in the Art of Testing Soils under Cyclic Conditions，186-196.

Lee J S，Santamarina J C. 2005. Bender elements：performance and signal interpretation. Journal of Geotechnical and Geoenvironmental Engineering，131（9）：1063-1070.

Regalado C M. 2003. Time domain reflectometry models as a tool to understand the dielectric response of volcanic soils. Geoderma，117：313-330.

Shirley D J. 1978. An improved shear wave transducer. Acoustical Society of America Journal，63（5）：1643-1645.

Shirley D J, Hampton L D. 1978. Shear wave measurements in laboratory sediments. Journal of the Acoustical Society of America Journal, 63 (2): 607-613.

Topp G C, Davis J L, Annan A P, et al. 1980. Electromagnetic determination of soil- water content: measurement in coaxial transmission line. Water Resources Research, 16 (3): 574-582.

Wright J F, Nixon F M, Dallimore S R, et al. 2002. A method for direct measurement of gas hydrate amounts based on the bulk dielectric properties of laboratory test media. Yokohama: Fourth International Conference on Gas Hydrate.

Yun T S, Francisca F M, Santamarina J C, et al. 2005. Compressional and shear wave velocities in uncemented sediment containing gas hydrate. Geophysical Research Letters, 32: L10609.

Yun T S, Narsilio G A, Santamarina J C, et al. 2006. Instrumented pressure testing chamber for characterizing sediment cores recovered at in situ hydrastatic pressure. Marine Geology, 229: 285-293.

Yun T S, Santamarina J C, Ruppel C, et al. 2007. Mechanical properties of sand, silt, and clay containing tetrahydrofuran hydrate. Journal of Geophysical Research, 112: B04106.

# 第四章 不同类型沉积物的水合物声学实验及岩石物理模型验证

天然气水合物是一种极具潜力的能量资源，在世界各地海洋和永久冻土中都有广泛分布，我国也在南海海底和祁连山冻土带中发现了水合物。目前，地球物理勘探仍是水合物勘探和资源评价的重要手段，各种高分辨率地震调查技术被应用于获取储层的纵横波速度等参数，同时，学者建立了多种水合物饱和度与弹性波速度之间的关系模型，以期根据获取的地震波速度能准确地预测沉积层中是否含有水合物，或估算沉积物中水合物的饱和度，从而对储层的资源量进行评估。然而，在应用过程中发现，不同的理论模型在同一地区得出的结果具有很大的差别，但由于缺乏实测的水合物饱和度与声波速度之间的关系数据，难以检验这些理论模型的适用性。利用模拟实验技术研究水合物饱和度与声波速度（$V_p$ 和 $V_s$）的关系，在实验的基础上检验前人模型，或提出新的更为合适的模型，是一种经济而又实用的办法。因此，本章主要介绍在模拟海底真实的温度、压力条件下，模拟固结沉积物和松散沉积物中水合物的生成和分解过程，并在此过程中采用超声探测技术和时域反射技术（TDR）实时探测沉积物的纵横波速度和水合物饱和度的变化情况，建立固结沉积物和松散沉积物中声波速度和水合物饱和度（$S_h$）之间的关系，检验 BGTL 等七种理论模型在固结沉积物和松散沉积物中的适用情况。同时，在此实验技术和经验的基础上，对南海沉积物的水合物声学特性进行研究，获取南海沉积物中水合物饱和度与声速之间的关系，并检验 BGTL 等七种模型在南海沉积物中的适用性。

## 第一节 固结沉积物中模拟实验研究

## 一、实验测试过程

### （一）实验装置与材料

实验采用的地球物理模拟实验装置如图 3.4 所示，该装置可用于模拟海底真实的温度、压力条件，在直径为 68mm、长度为 150mm 的样品中进行水合物的合成模拟实验。该装置由高压反应釜及内筒、饱和水高压罐、压力控制系统、温度控制系统和计算机测试系统五个功能部分组成。其中，反应釜的设计压力为 30MPa，主要用于在其中进行水合物的合成、参数测量等工作 ［图 3.4］。在反应釜内有两支 PT100 热电阻温度计，分别测量沉积物内部（$T_a$）和表面（$T_b$）的温度，测量误差为 ±0.1℃。反应釜的压力由压力控制系统控制，并由连接在反应釜上的压力传感器测量反应釜内压力，压力测量误差为 ±0.1MPa。温度控制系统和水浴用来调节反应釜内的温度，实验中通过降低温度使水合物生成，随后升高温度使水合物分解。实验过程中所有的数据（包括温度、压力、超声波形、TDR 波形）均由计算机系统实时采集和记录。数据采集间隔时间可以自行设定，一般温度和压力数据采集间隔时间为 1min，超声波形和 TDR 波形的采集间隔时间设置为 3min。超声探测技术和时域反射技术分别用来测量沉积物的声学参数和含水量，用传统的平板超声换能器测量固结沉积物的纵横波速度。

实验采用了莫来石（$3Al_2O_3 \cdot 2SiO_2$）烧制的人工固结岩心（直径 68mm，长度 150mm）。选择利用人工岩心，能更好地控制岩心的孔隙度和硬度，以便于水合物能在孔隙中形成，并能保证样品有一定的硬度承受换能器的顶压，使纵、横波速度能得以测量。人工岩心的显气孔率（即孔隙度）为 40.18%，电子扫描电镜灰度图显示其平均孔径大致呈三个系列梯度分布，其中大孔平均孔径为 150 ~ 200μm，中孔平均孔径为 50 ~ 150μm，小孔平均孔径为 15 ~ 50μm，并且孔洞呈网状贯通分布状态（图 4.1）。同时，利用美国康塔 Quantachrome 仪器公司的孔隙度测试仪测量了干岩心的孔隙，结果测得孔隙度为 $0.3997 \pm 0.039$，孔隙大小分布为 1 ~ 8μm（30%），8 ~ 70μm（20%）和 70 ~ 300μm（45%）（图 4.2）。由上述可知，两种方法测得的孔隙度结果一致，虽然孔隙大小分布有所偏差，但表明了孔隙间是相通的，制作的人工岩心符合本实验的要求。实验采用纯甲烷气体（纯度 99.99%）作为合成水合物的气源，采用 300ppm[①] 的 SDS（十二烷基硫酸钠）溶液可加快水合物的生成。

图 4.1　干样莫来石人工岩心的电镜扫描图

利用传统的平板横波超声换能器（500kHz）探测含水合物人工固结岩心（主要成分为莫来石）的波形如图 3.5 所示。由图 3.5 可以看出，固结岩心中获取的声波波形幅度较大，纵横波同时出现且其到达时间较容易判读，可以同时获取样品的纵波速度和横波速度。

（二）实验装置与材料

固结人工岩心实验中，实验过程如下：

---

① 1ppm = $10^{-6}$。

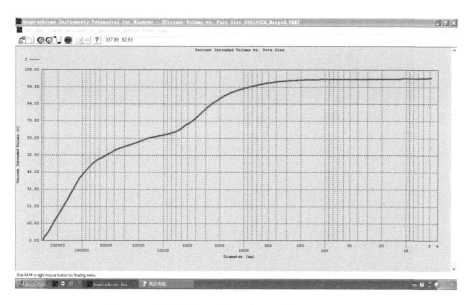

图 4.2　孔隙度仪测试的干岩心孔隙大小分布特征

（1）将人工岩心直接装入内筒，以同轴探针作为 TDR 的正极，以内筒内壁上的不锈钢皮环作为 TDR 的负极（图 3.4）；

（2）将内筒放入高压反应釜，安装超声换能器，向岩心中加入 300ppm 的 SDS 溶液，直至液面刚好淹没岩心；

（3）装好反应釜盖，用高压甲烷气冲洗反应釜 3~5 次，以排净里面的空气；

（4）通入高压甲烷气，使反应釜内压力达到实验预计的压力，并放置 24h 左右使甲烷气溶解在 SDS 溶液中；

（5）降低水浴的温度至 2℃ 以形成甲烷水合物；

（6）停止控温，使水浴温度上升至室温，水合物分解。

整个实验过程中，温度、压力、超声波形和 TDR 波形等数据都由计算机系统实时记录。

## 二、含水合物固结沉积物的声学特性

### （一）实验结果描述

当反应釜内压力为 5MPa 左右时，将浴槽温度设定为 2℃ 开始降温，以形成水合物（图 4.3）。当温度降低到约 5℃ 时，水合物开始形成。由于天然气和水反应生成水合物是一个放热反应，水合物生成时样品内出现升温异常。同时，反应消耗了气体和水，使压力和含水量有所下降。待水合物大量生成后，保持釜内的温度和压力 1~2 天，使水合物尽可能多地充填孔隙。尽管如此，水合物始终没有完全充填孔隙，实验仅获取了水合物饱和度为 0~65.5% 期间的各种参数。

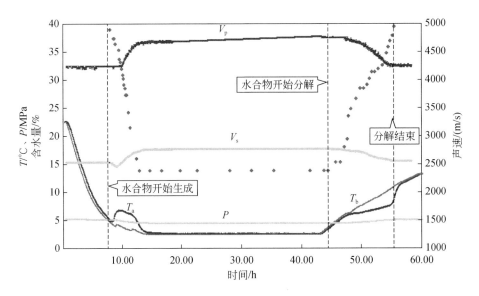

图 4.3　第四轮实验过程中温度、压力、含水量和声速（$V_p$ 和 $V_s$）的变化情况
（三条竖直虚线分别代表水合物开始生成、开始分解和分解结束的时间点，$T_a$ 和 $T_b$
分别为沉积物内部和表面的温度）

　　水合物生成并保持一段时间后，停止控温，使水浴温度由 2℃ 自然升高至室温。升温约 5h 后水合物开始分解，分解过程持续时间一般为 8h 左右（图 4.3）。

　　由图 4.3 可以看出，利用获取的温度压力数据（温压法）、声速参数（超声探测法）和水合物饱和度数据（TDR 探测法）都能灵敏探测天然气水合物的生成和分解情况：在水合物开始生成时温度小幅度上升（由水合物生成放热引起），压力和含水量下降（水合物生成消耗气体和水），声速开始上升（水合物生成增大了沉积物的体积模量、剪切模量并降低了沉积物密度）。超声探测法和 TDR 探测法均与温压法在水合物开始形成、开始分解和完全分解等时间点上完好吻合，表明利用超声和 TDR 联合探测技术研究含水合物沉积物的声学特征等参数是非常有效的。

### （二）含水合物固结沉积物的声学特性

　　固结沉积物中纵波速度和横波速度均由传统的超声换能器进行测量。为了确保实验结果的可靠性，进行了多个轮次的实验，各轮次的实验结果具有较好的一致性（图 4.4）。以一典型轮次为例，探讨了天然气水合物生成 [$V_p$（生成）] 和分解 [$V_p$（分解）] 过程中声速的变化情况。结果表明，声速随水合物的生成总体变化趋势是增大的，然而在水合物初始生成阶段，纵波速度和横波速度出现了一些异常的特征，并且在每个轮次中重复出现（图 4.5），说明这种异常并非偶然。图 4.6 详细描述了纵横波速度在水合物初始生成阶段的异常特征。水合物没有生成时，含饱和水沉积物的纵、横波速度分别为 4242m/s 和 2530m/s。水合物开始生成一段时间内，$V_p$ 没有明显变化（时间为 7.7 ~ 9.7h；$S_h$ 为 0 ~ 20%）。之后，$V_p$ 开始随饱和度增加而增大，从 4242m/s 增大到 4643m/s（时间为 12.75h；

$S_h$ 为 65.5%）。与 $V_p$ 不同，$V_s$ 在水合物开始生成一段时间内略微降低（时间为 7.7 ~ 8.9h；$S_h$ 为 0 ~ 10%），从 2530m/s 降低至 2470m/s。随后，$V_s$ 随饱和度增加而逐渐增大到 2725m/s（时间为 12.75h；$S_h$ 为 65.5%）。在 12.75 ~ 43.8h，温度和压力条件分别保持在 2℃ 和 4.5MPa，虽然此期间水合物饱和度并没有增加，但 $V_p$ 和 $V_s$ 分别从 4643m/s、2725m/s 增长至 4770m/s、2770m/s。关于 $V_s$ 在水合物刚开始生成时变小的现象，在与模型对比等的认识基础上，提出可能是由水合物在孔隙流体中生成所引起的。然而，$V_p$ 对水合物的"滞后效应"的原因，尚不十分清楚。当水合物饱和度达到 65.5% 后，水合物饱和度没有再增加，但纵、横波速度依然有小幅度的增长，这一现象与 Prasad 和 Dvorkin（2004）在结冰过程中测得的结果一致。这可能是由水合物的生成形态所引起的。研究表明，表面活性剂的存在可造成气-水分界面形成多孔状的松散水合物。水合物在沉积物孔隙中可能先生成水合物泥浆，随后再逐渐变成坚硬的固态。因此，饱和度达到 65.5% 时（12.75h），水合物可能还是一种疏松的固态。待 1 ~ 2 天后，水合物的含量虽然没有增加，

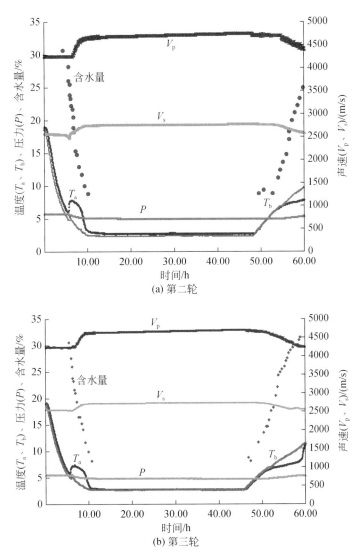

(a) 第二轮

(b) 第三轮

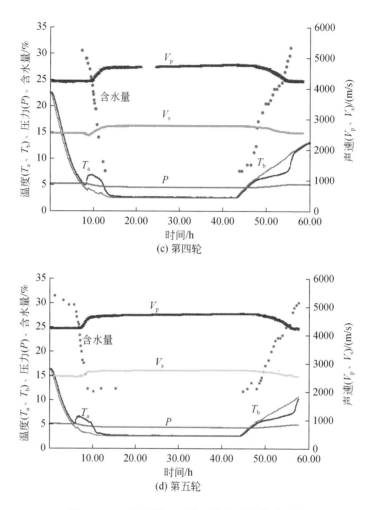

图 4.4　11#岩心第二～第五轮实验结果对比图

但此时水合物变成了较坚硬的固态，因此 $V_p$ 和 $V_s$ 都有所增加。

### （三）固结沉积物中水合物饱和度与声速的关系

利用实验数据建立了固结沉积物中水合物饱和度与声速的关系，发现水合物分解过程中声速随水合物饱和度的变化与生成过程不一致（图 4.7）。在同一饱和度时，分解过程的 $V_p$（或 $V_s$）明显高于其在生成过程中的 $V_p$（或 $V_s$）。如上所述，这一现象可能由水合物的形态所引起。当饱和度相同时，在水合物生成过程中水合物可能是一种松散的固态，但在分解过程中可能是坚硬的固态，后者对沉积物的声速影响较大。在野外勘探中难以判断水合物是在生成阶段还是在分解阶段，因此采用同一饱和度下的 $V_p$ 平均值［$V_p$（平均）］和 $V_s$ 平均值［$V_s$（平均）］建立了水合物饱和度与声速之间的关系（图 4.7）。后文中所提到的速度实测值也均指 $V_p$ 平均值和 $V_s$ 平均值。结果表明，在低饱和度时（0～10%），声速随饱和度的增加变化较小，而当饱和度高于 10% 后，声速随饱和度的增加快速增大，在

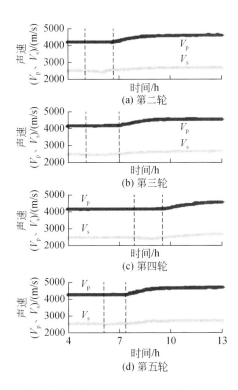

图4.5　11#岩心第二~第五轮实验水合物初始生成阶段 $V_p$、$V_s$ 变化特性

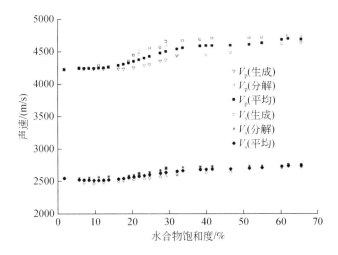

图4.6　11#岩心第四轮实验水合物生成阶段 $V_p$、$V_s$ 变化特征

饱和度为 10%~30% 时声速增长最快。事实上，野外数据也存在声速对低饱和度的水合物不敏感的情况。例如，加拿大 Mallik 2L-38 研究井 850~890m 深度范围内的水合物饱和度为 0~10%，但此深度范围内 $V_p$ 基本保持在 2300m/s 左右，而 $V_s$ 则在 700~800m/s 内波

动；在水合物海岭，ODP1245E 孔 100～110m 深度范围内，用电阻率计算的水合物饱和度在 0～10% 变化，而 $V_p$ 和 $V_s$ 却几乎不变。这种在低饱和度时声波速度对水合物不敏感的情况较少被关注，但其产生原因以及在此情况下如何利用声速来预测水合物饱和度，是水合物勘探和资源估算中非常重要的问题。通过与模型对比后认为，当水合物饱和度低于 10% 时，水合物可能在孔隙流体中形成，这种微观分布模式对声速的影响较小；此种情况下，结合权重方程与 BGTL 模型中的速度比率公式，可以较准确地预测声速或水合物饱和度。

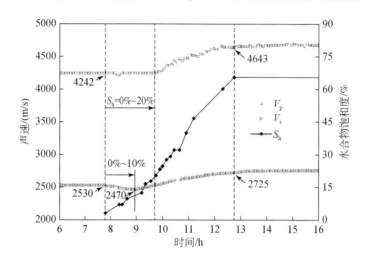

图 4.7　水合物生成和分解过程中声速随水合物饱和度的变化

$V_p$（平均）$= 0.5 \times [V_p（生成）+ V_p（分解）]$, $V_s$（平均）$= 0.5 \times [V_s（生成）+ V_s（分解）]$

### （四）模型计算与对比

应用于含水合物固结沉积物，模型计算中所采用的参数如表 4.1 所示

表 4.1　用于固结沉积物速度模型计算的弹性模量和物性参数

| 参数 | 体积模量/GPa | 剪切模量/GPa | 密度/(g/cm³) | $V_p$/(m/s) | $V_s$/(m/s) |
|---|---|---|---|---|---|
| 莫来石 | 173.9 | 89.47 | 3.19 | 9586.98 | 5295.94 |
| 水合物 | 5.6 | 2.4 | 0.9 | 3650 | 1890 |
| 纯水 | 2.29 | 0 | 1 | 1500 | 0 |

#### 1. 纵波速度的计算与对比

由于时间平均方程等模型只能预测纵波速度，不能计算横波速度，因此先对纵波速度进行了计算与对比。等效介质理论和 K-T 方程只能用于松散沉积物，在固结沉积物中未能计算出结果。Frenkel-Gassmann 方程（以下简称 F-G 方程）计算中采用实测的 $V_s$ 和水合物饱和度代入公式计算 $V_p$，为了简化 BGTL 的计算，也采用实测的 $V_s$ 和水合物饱和度计算 $V_p$。把实验实测的数据标绘在图 4.6 中。根据表 4.1 中的参数和第四轮次实测的实验数

据，由时间平均方程、伍德方程、权重方程、BGTL 方程和 F-G 方程计算的数据也标绘在图 4.8 中。

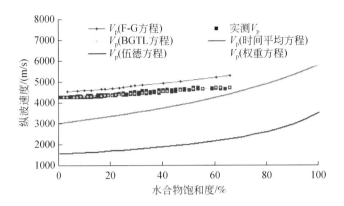

图 4.8　各模型计算的纵波速度值与实测值比较

由图 4.8 可看出时间平均方程和伍德方程与实验数据相差较大，F-G 方程比实验数据略高，而权重方程和 BGTL 方程拟合的结果很好。孙春岩等（2003）针对岩石孔隙中水合物赋存的三种微观模式（图 2.4），在没有实际的水合物岩石试验结果的情况下，对几种实用方程进行了理论分析和试验，取得了很好的效果。认为伍德方程主要适用于饱和度较大的悬浮状填充物孔隙流体介质，但从实验结果看，在人工岩心中水合物的生成显然不是悬浮模式。

时间平均方程主要适用于刚度较大或胶结度好的孔隙流体介质，从图 4.8 中可以看出，由时间平均方程所计算的 $V_p$-饱和度关系理论曲线比实测 $V_p$-饱和度关系曲线值低。这是由于时间平均方程通常适用于具较低骨架速度的岩石，而本实验为高骨架速度岩石（$V_m = 9586.98\text{m/s}$），在水合物饱和度为 0 时，实验实测的 $V_p$ 为 4242m/s，由时间平均方程计算的 $V_p$ 为 3207m/s，显然时间平均方程不适用。

权重方程和 BGTL 方程所计算的 $V_p$-饱和度关系理论曲线与实测 $V_p$-饱和度关系曲线吻合良好，且两种模型都能根据选取的参数计算出 $V_p$ 和 $V_s$，因此对两种模型预测的纵横波速度值进行了具体的验证。

2. 权重方程与 BGTL 方程验证

利用表 4.1 中的参数，计算了 BGTL 方程和权重方程的速度预测值，并与实测速度值进行了比较（图 4.9）。结果表明，对于 BGTL 方程，当 $S_h < 30\%$ 时，预测的纵、横波速度均低于实测值；当 $S_h > 30\%$ 后，预测的纵、横波速度均与实测值吻合良好。对于权重方程，在饱和度为 0~40% 期间，预测的 $V_p$ 速度与实测值一致；在饱和度大于 40% 后，预测的 $V_p$ 速度大于实测值。可知由权重方程预测的横波速度低于实测值。对两模型预测的 $V_p/V_s$ 比率值和实测比率值进行了比较，结果表明，BGTL 中的速度比率公式计算的结果比权重方程中的速度比率公式计算的结果更贴近于实测比率值（图 4.10）。因此，笔者提出用 BGTL 中的速度比率公式代替权重方程中的速度比率公式，来计算权重方程的横波速度。经过公式替换后权重方程计算的横波速度值与实测的横波速度值在饱和度为 0~40% 时具有很好的一致性（图4.9）。

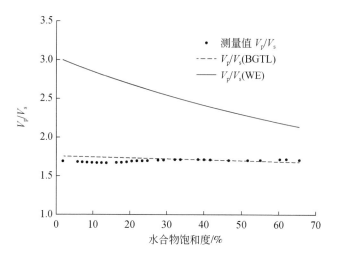

图 4.9　BGTL 和 WE 预测的纵横波速度与实验数据的比较

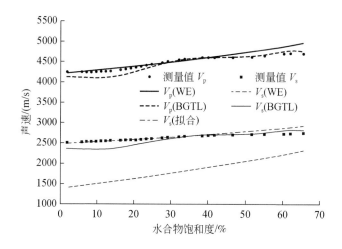

图 4.10　BGTL 与 WE 预测的 $V_p/V_s$ 比率值与实测值的比较

　　在 BGTL 模型计算中，将水合物作为基质中的一种矿物成分。从物理意义上讲，这种模式表征了水合物接触或胶结沉积物骨架的接触方式。在固结沉积物中，当水合物饱和度 >30% 后，BGTL 模型预测的速度值与实测值一致，说明水合物在饱和度大于 30% 后是依附于沉积物骨架生成的。但当饱和度 <30% 时，水合物可能在孔隙流体中以悬浮状形态生成，或者部分依附于沉积物骨架生成。

　　3. 模型及参数讨论

　　Lee（2002）曾对权重方程和 BGTL 的适用性进行了讨论，认为尚需获取水合物饱和度与波速关系的实验数据来判断哪一种模型更可靠。由上述实验验证可知，权重方程和

BGTL 均有其限定的使用范围，将两模型结合起来，可以较准确地预测含水合物固结沉积物的速度。当水合物饱和度低于 40% 时，结合权重方程和 BGTL 中的 $V_p/V_s$ 值可以准确地预测纵横波；当水合物饱和度大于 30% 时（讨论的饱和度上限为 65.5%），利用 BGTL 可以准确地预测纵波速度和横波速度。而且，从上述研究可以看出 BGTL 考虑的是水合物接触骨架的生成模式，如果将水合物在孔隙流体中生成的模式考虑进去，可能会改善该模型。

关于 BGTL 模型中 Biot 系数、参数 $G$ 和 $n$ 的确定，Lee（2002）给出了一些建议。但是，由于本书实验中所采用的人工岩心为硬质莫来石材料，而且固结度很高，不宜应用 Lee 的经验公式来求取这些参数。因此，本书采用实验实测值求取了 Biot 系数，并用自由取值的方式确定了参数 $G$ 和 $n$ 的值。

权重方程将时间平均方程和伍德方程加权在一起，根据以往文献来看，加权因子 $W$ 并没有物理意义。Nobes 等（1986）讨论了 $W>1$ 和 $W<1$ 时（$W=1$ 时不考虑），权重方程分别偏重于伍德方程和时间平均方程。而在本书计算中发现，当 $W>0$ 时，由权重方程计算的 $V_p$ 值小于时间平均方程计算的 $V_p$ 值；当 $W=0$ 时，权重方程和时间平均方程重合；当 $W<0$ 时，由权重方程计算的 $V_p$ 值比时间平均方程和伍德方程计算的 $V_p$ 值都要大。因此，$W$ 主要调节权重方程曲线的上下位置，$W$ 越大，曲线越往下移，即计算所得 $V_p$ 越小；反之，计算所得 $V_p$ 越大［图 4.11（a）］。权重方程中的参数 $n$ 表征的是与水合物的饱和度相关的常数，因此当饱和度为 0 时，$n$ 值对 $V_p$ 速度没有影响。图 4.11（b）为 $n=0.5$、$n=0.86$ 和 $n=1$ 时权重方程的计算曲线，可以看出 $n$ 值变大时曲线位置下移，且 $n$ 值变化只能改变曲线的弯曲情况。综上可得，通过调节 $W$ 和 $n$，权重方程可以较好地拟合实验测量值。当测量 $V_p$ 值高于时间平均方程计算的 $V_p$ 值时，$W$ 取值小于 0；反之，$W$ 取值则大于 0。而且，$W$ 取值主要控制权重方程曲线的上下移动；$n$ 的取值可以不同程度地改变曲线的弯曲程度来拟合实测值。在利用权重方程预测速度时，建议通过调节 $W$ 来定位无水合物时的沉积物速度，然后通过调节 $n$ 值来适应实际情况。

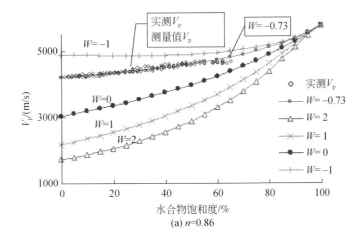

(a) $n=0.86$

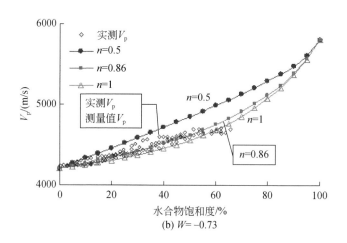

图 4.11　权重方程 $W$ 和 $n$ 取值分析

# 第二节　松散沉积物中模拟实验研究

为了解松散沉积物中天然气水合物的生成和分解规律以及水合物对沉积物声学特性的影响，在粒径为 0.18～0.28mm 的天然砂中进行了甲烷水合物的生成和分解实验，并采用了传统的超声探测技术测量了体系的纵波速度。随后，为摸索南海沉积物中纵波速度、横波速度的探测技术，在粒径较细的天然砂（0.09～0.125mm）中进行了甲烷水合物的生成和分解实验。为方便叙述，将 0.18～0.28mm 的天然砂称为天然砂 I 或松散沉积物 I，将 0.09～0.125mm 的天然砂称为天然砂 II 或松散沉积物 II，下面将分别介绍在两种沉积物中的实验情况。

## 一、松散沉积物 I（0.18～0.28mm）

### （一）实验测试过程

松散沉积物 I 中的实验装置及介绍可见上一节实验装置部分，应用传统的超声探测技术测量纵波速度等声学参数，所采用的实验材料由表 4.2 给出。

表 4.2　松散沉积物 I 中实验材料及参数一览表

| 实验材料 | 规格 | 来源 |
|---|---|---|
| 砂 | 粒径 0.18～0.28mm；孔隙度 38% | 采自于青岛海边 |
| SDS（十二烷基硫酸钠） | 浓度为 300ppm | 自行调配 |
| 甲烷 | 纯度为 99.9% | 购于南京特种气体厂 |
| TDR 探针 | 同轴型，长 0.12m | 自制 |
| 超声纵波换能器 | 发射频率 500kHz | 同济大学提供 |

松散沉积物 I 中实验过程如下：

（1）将约 600mL 的天然砂放入高压反应釜的内筒中，插入 TDR 探针并焊接好线路；

（2）分三次向天然砂中加入 300ppm 的 SDS 溶液，直至将沙完全淹没，观察 TDR 波形变化情况；

（3）用导线将 TDR 探针与同轴电缆零线短路，记录下 TDR 波形的变化以确定波形的起始点；

（4）盖上反应釜盖，对整个系统抽真空，然后打开加压阀使气体缓慢进入反应釜，直至达到实验压力；

（5）放置约 24h，使甲烷气溶入水中，同时可以试验压力是否泄漏；

（6）开启制冷系统开始实验，使水合物生成；

（7）水合物完全生成并稳定一段时间后关闭制冷，在室温下自然升温，使水合物再完全分解；

（8）通过计算机系统实时观测和记录温度、压力、TDR 波形和超声波形等实验数据。

**（二）实验结果**

松散沉积物 I 中天然气水合物生成和分解实验共进行了五个轮次，实验重复性良好，表明实验结果可靠。实验过程中各参数的变化情况如图 4.12 所示，在压力为 6MPa 的条件下，通过降低温度至 2℃以形成甲烷水合物。水合物开始生成时，由于甲烷和水生成水合物是放热反应，样品温度开始升高，且内部温度升高值远大于表层温度升高值。同时，水合物生成消耗水使含水量开始下降，水合物替代孔隙中的水使样品的弹性模量增大，$V_p$ 从 1780m/s 开始升高。然而，水合物生成一段时间后，超声信号突然变得微弱而不可获取，直至水合物快完全生成时，超声信号才能重新获得，测得水合物完全生成时 $V_p$ 值为 2790m/s，比不含水合物沉积物的 $V_p$ 值增长了 1010m/s。随后，停止制冷系统使温度开始

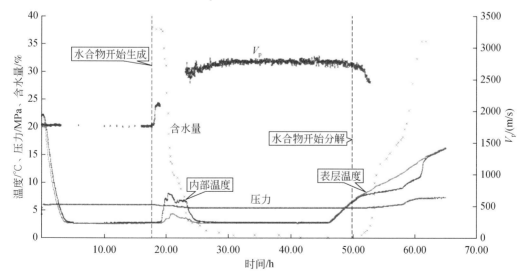

图 4.12　松散沉积物 I 实验过程中各参数的变化情况

上升，温度升至 8℃ 左右水合物开始分解，分解释放出甲烷气使系统压力上升；水合物分解一段时间后，超声信号又变微弱而不可获取，直至水合物完全分解，实验结束。实验结束后将压力放掉，再重新加压后，超声信号又重新出现，此时读取的 $V_p$ 值回到初始实验值，即 1780m/s。

### (三) 声学现象与解释

声学特性方面主要得出了超声信号与纵波速度在水合物生成和分解过程中的变化规律。如前文所述，在水合物生成过程中，超声信号先减小，然后增大，在水合物饱和度为 0 ~ 1%、90% ~ 100% 时可正常获取，在水合物饱和度为 1% ~ 90% 时信号微弱而不能获取。

纵波速度在水合物生成和分解过程中的变化情况如图 4.13 所示，从图 4.13 中可以看出，纵波速度在水合物开始生成阶段（饱和度为 0 ~ 1%）出现陡增现象，速度值从 1780m/s 增长到 2100m/s 左右；在水合物饱和度为 1% ~ 90% 时，由于超声信号淬熄，纵波速度无法获取；在饱和度为 90% ~ 100% 时，纵波速度随水合物饱和度增加而增大，从 2620m/s 增大到 2790m/s 左右。在水合物分解过程中，饱和度为 90% ~ 100% 时，纵波速度随水合物分解而减小，从 2790m/s 减小到 2500m/s 左右，随后由于超声信号问题纵波速度无法获取。

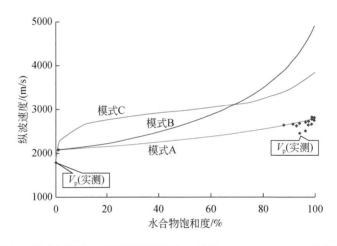

图 4.13　利用传统超声技术探测含水合物松散沉积物（粒径 0.18 ~ 0.28mm）的纵波速度及模型解释

上述描述中比较特殊的声学现象是，在水合物生成初始阶段（0 ~ 1% 饱和度）纵波速度陡然升高，超声信号急剧衰减，随后（1% ~ 90% 饱和度）超声信号淬熄，声波速度无法获取。为了对这一现象进行解释，结合实验所用沉积物的物性参数（表 4.3），利用等效介质理论的 A、B、C 三种微观模式的公式对含水合物沉积物的纵波速度进行了计算，三种模式的计算结果与实验实测的 $V_p$ 数据均标示在图 4.13 中。结果表明，水合物饱和度为 0 ~ 1% 时，等效介质理论模式 C（胶结模式）正好反映了 $V_p$ 的陡增过程，说明水合物在此期间是胶结沉积物骨架颗粒生长的（图 2.4）。而且，在水合物饱和度为 0 ~ 1% 时，超声信号强度出现很大衰减，与 Priest 等（2005）的研究结果非常相似。Priest 等发现水合物占孔隙 3%~5% 时含水合物松散砂的声速陡然增大，且声波信号的衰减在饱和度为 3%~5% 时达到峰值，他们将声波速度的陡增也解释为水合物胶结沉积物颗粒造成，但没有进行理论验证。同时，他们用 Mavko（1979）提出的交互裂隙喷出流模型（inter-crack squirt flow model）解释了声波信号的衰减现象（图4.14）。Mavko 等认为，颗粒接触面积与含水量是决定衰减的重要因素，颗粒接触面积越小、含水量越小，衰减也会越小，反之越大。当水合物生成时，颗粒接触面积增大，而含水量变化不大，因此造成衰减急剧增大。在水合物饱和度达 1% 时超声信号急剧衰减，也可由上述观点解释，但声速与声波衰减均陡增的水合物饱和度区间（0~1%）与 Priest 等（2005）所测得的饱和度区间（3%~5%）不同，说明水合物对沉积体系声学特性的影响在很大程度上还依赖于水合物的形成机制。

表 4.3　沉积物矿物成分及其物性参数

| 矿物名称 | 含量/% | 密度/($g/cm^3$) | $K$/GPa | $G$/GPa |
|---|---|---|---|---|
| 磁铁矿 | 1.94 | 5.21 | 161 | 91.4 |
| 普通闪石 | 1.10 | 3.12 | 87 | 43 |
| 绿帘石 | 0.55 | 3.4 | 106.2 | 61.2 |
| 石英 | 38.95 | 2.65 | 36.6 | 45 |
| 长石 | 57.46 | 2.62 | 76 | 26 |

注：表中矿物成分及含量由青岛海洋地质研究所教授级高级工程师王红霞测定。

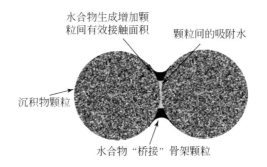

图 4.14　水合物胶结沙粒理想模型（据 Priest 等，2005 修改）

　　虽然等效介质理论模式 C 和 Mavko 的模型能很好地解释水合物饱和度为 0~1% 时的声速陡增现象和超声信号衰减现象，但却无法解释水合物饱和度为 1%~90% 时超声信号淬熄的现象，表明在饱和度为 1%~90% 时，沉积物中水合物的生成状态可能发生了改变，或者有其他因素对超声信号造成了很大衰减。图4.13 中，等效介质理论模式 A 很好地反映了水合物饱和度 1%~100% 区间 $V_p$ 的增长趋势，表明在饱和度大于 1% 以后，水合物可能开始以悬浮状形态在沉积物孔隙中生长（图2.4）。若流体介质中有悬浮粒子，超声波会在这些粒子上发生散射，当要探测的是超声的直达波或反射波时，过大的散射衰减会使接收器收不到信号。可见，水合物饱和度为 1%~90% 时，悬浮状水合物粒子造成超声波极大的散射衰减是造成超声信号无法获取的主要原因。另外，水合物开始大量生成时可能会诱使游离甲烷气进入溶液产生气泡、水合物生成放热可能使 SDS 表面活性剂产生气泡等因素也可能是造成超声波发生散射从而造成衰减的原因。当水合物饱和度达 90% 以后,虽然水合物在沉积物孔隙中仍旧以悬浮状形态生成,但足以使水合物由粒子变成块状,因此,当饱和度达 90% 后超声信号得以获取。综上可得,水合物在松散沉积物 I 中先依附于骨架生长,并胶结了沉积物颗粒,随后开始在沉积物孔隙中以悬浮状形态生成。这一实验结果为海上地球物理勘探中地震信号的解释提供了新的思路。

# 二、松散沉积物 II (0.09 ~ 0.125mm)

## (一) 实验测试过程

松散沉积物 II 中所使用的实验装置在声学探测上将原来的平板型超声换能器替换成了新型的弯曲元换能器 (图 3.4)。弯曲元悬臂梁插入松散沉积物中,避免了因耦合而产生的衰减问题,且采用的频率也比传统超声技术的频率相对较低,因而能探测整个实验过程 (水合物生成和分解过程) 中的声波速度变化情况。

松散沉积物 II 为过筛的天然砂,粒径为 0.09 ~ 0.125mm。采用较细的砂是为了使样品的性质更接近于南海沉积物,方便将模拟沉积物中掌握的探测技术及实验结果用于南海沉积物的水合物声学特性实验研究。由体积法测量饱水样品的含水量为 41.75%,由 TDR 测量高压下饱水样品的含水量为 38.53%,可能是压力作用压实了样品,使孔隙体积有所减小。由于实验在高压下进行,采用 38.53% 作为样品的孔隙度。为了加快实验进程,采用 300ppm 的 SDS 溶液进行了实验。实验过程如下:

(1) 将接收弯曲元换能器装入反应釜的底部;

(2) 将同轴型 TDR 探针固定在内筒上,并将探针和圆柱形不锈钢圈分别与 TDR 同轴电缆的正负极焊接,然后把内筒放入高压反应釜中;

(3) 向内筒中装入洗净、烘干后的天然砂,在装砂过程中用铁棒将砂捣实,最终使天然砂正好填满内筒;

(4) 向反应釜的内筒中加入浓度为 300ppm 的 SDS 溶液,直至天然砂被 SDS 溶液完全饱和;

(5) 盖好反应釜,通过金属顶杆控制发射弯曲元的位置,以确保弯曲元悬臂梁插入到沉积物中,同时确定发射、接收弯曲元端对端的距离 Ltt;

(6) 用高压甲烷气冲洗反应釜 3 ~ 5 次,以排净里面的空气;

(7) 通入高压甲烷气,使反应釜内压力达到实验预计的压力,并放置 24h 左右使甲烷气溶解在 SDS 溶液中;

(8) 降低水浴的温度至 2℃ 以形成甲烷水合物;

(9) 停止控温,使水浴温度上升,水合物分解。

整个实验过程中,温度、压力、超声波形和 TDR 波形等数据都由计算机系统实时记录。

## （二）实验结果描述

当反应釜内压力为5.4MPa左右时，将浴槽温度设定为2℃开始降温，以形成水合物（图4.15）。当实验进行到约1.1h、反应釜内温度约为4℃时，水合物开始形成。沉积物表层和内部温度异常升高，以及压力、含水量的下降均表现出水合物开始生成，同时声速也开始增大（图4.16）。待实验进行到4h左右时，因水合物生成消耗甲烷气，使系统内压力降低到3.9MPa左右（图4.17），此时向系统内进行了第一次补气，系统压力增加到4.7MPa。气体的补给促进了水合物的继续快速生成，至第6.7h，系统内压力降至3.7MPa，此时向系统进行第二次补气，系统内压力增加到4.4MPa。随后水合物继续生成，到第8.9h后进行第三次补气，压力从3.85MPa增加到4.6MPa。水合物完全生成后压力为4.5MPa，保持釜内的温度和压力约14h，系统压力没有再下降，水合物可能已经完全生成。在松散沉积物实验中，测试了水合物饱和度为0~98.85%期间各参数的变化情况。

水合物生成并保持一段时间后，停止控温，使水浴温度由2℃自然升高至室温。升温约3h后水合物开始分解，分解过程持续时间一般为8~10h左右（图4.15~图4.17）。

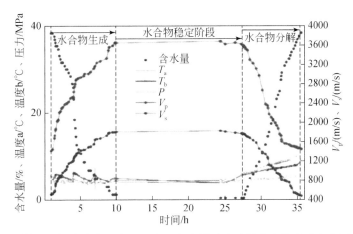

图4.15　松散沉积物实验中温度、压力、含水量及声速随水合物生成和分解的变化图

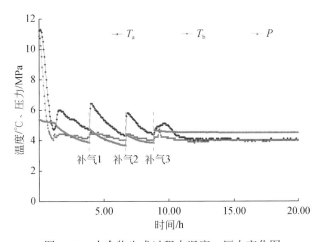

图4.16　水合物生成过程中温度、压力变化图

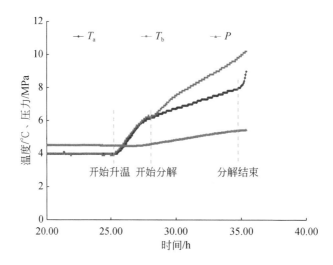

图 4.17    水合物分解过程温度、压力变化图

由图 4.15 可以看出，利用获取的温度压力数据（温压法）、声速参数（弯曲元超声探测法）和水合物饱和度数据（TDR 探测法）都能灵敏探测天然气水合物的生成和分解情况。在水合物开始生成时温度小幅度上升（由水合物生成放热引起），压力和含水量下降（水合物生成消耗气体和水），声速开始上升（水合物生成增大了沉积物的体积模量、剪切模量并降低了沉积物密度）。弯曲元超声探测法与 TDR 探测法和温压法在水合物开始形成、开始分解和完全分解等时间点的探测上吻合良好，表明联合利用新型弯曲元超声技术和 TDR 探测技术研究含水合物松散沉积物的声学特征等参数是非常有效的。

**（三）声学特性**

为了确保实验结果的可靠性，进行了 18 个轮次的重复实验，对第 17、18 轮的实验结果进行了对比（图 4.18、图 4.19），结果表明，两轮次实验中声速随水合物饱和度变化的曲线吻合很好，说明实验具有很好的重复性，实验结果可靠。以第 18 轮次的实验为例，介绍了天然气水合物生成和分解过程中声速的变化情况。结果表明，声速随水合物的生成而逐渐增大。对于含饱和水的松散沉积物，纵波速度和横波速度分别为 1440m/s 和 510m/s 左右；当水合物完全生成后，含水合物松散沉积物的纵横波速度分别为 3645m/s 和 1800m/s 左右。

**（四）水合物饱和度与声速的关系**

利用获取的数据建立了松散沉积物中声速与水合物饱和度的关系，结果如图 4.19 和图 4.20 所示。结果表明，当水合物饱和度低于 80% 时，在同一饱和度下，水合物生成过程中获取的纵波速度（或横波速度）大于分解过程中的纵波速度（或横波速度）。这一结果与前文所述的固结沉积物中的实验结果（图 4.7）有所不同，在固结沉积物中，在相同饱和度时水合物分解过程中获取的纵波速度（或横波速度）大于生成过程中获取的纵波速

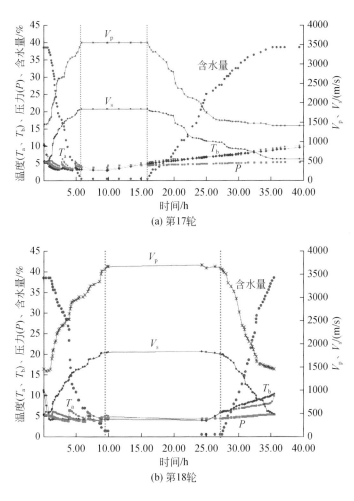

(a) 第17轮

(b) 第18轮

图4.18　各参数随水合物生成和分解变化图

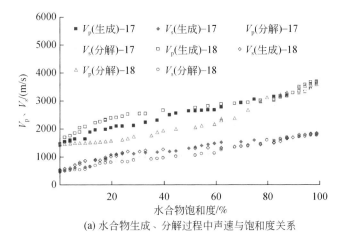

(a) 水合物生成、分解过程中声速与饱和度关系

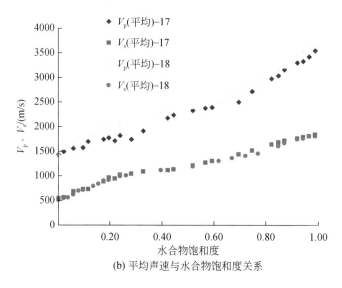

(b) 平均声速与水合物饱和度关系

图 4.19　声波与水合物饱和度的关系

度（或横波速度），这一现象可能与沉积物的骨架有关。在固结沉积物中，沉积骨架是固定的，水合物对声速的影响主要表现在水合物的微观分布（在孔隙流体中，或依附于骨架生成）和水合物的数量上，同时还与水合物本身的硬度有很大的关系。如前文所述，固结沉积物中水合物生成时除了其数量（即饱和度）有变化外，可能其本身的硬度也随着时间的推移而逐渐增大，因此，在相同饱和度下，水合物分解过程中测量的声速大于生成过程中所测得的声速。然而，在饱水松散沉积物中，沉积物的骨架是松散、没有胶结的，骨架极易受水合物生成的影响，很少的水合物就可以胶结沉积物颗粒（图 4.14），增大沉积物颗粒间的接触面积，使沉积物的声速陡增。随后水合物继续胶结沉积物颗粒生成，或在孔隙流体中生成。因此，实验过程中随着时间的推移，在生成过程中水合物对骨架的影响呈变小的趋势，在分解过程中水合物对骨架的影响呈增大的趋势，从而造成相同饱和度下，在生成过程中获取的纵波速度（或横波速度）高于分解过程中获取的纵波速度（或横波速度）。另外，从图 4.7 和图 4.20 中可以看出，在相同饱和度下，纵波速度在两阶段的差值 $\Delta V_p$ 比横波速度在两阶段的差值 $\Delta V_s$ 要大得多。这可能与水合物本身的性质有关，Helgerud（2001）曾测试了纯水合物的纵波速度和横波速度，结果表明，随着时间的推移，纯水合物的纵波速度和横波速度都有所增加，纵波速度从 1600m/s 增加到 2700m/s 左右，涨幅为 1100m/s，同时横波速度由 1000m/s 左右增加到 1500m/s 左右，涨幅为 500m/s。由于同一饱和度下生成过程和分解过程中声波速度的差异是受水合物自身的性质影响，因而在两阶段的纵波差值 $\Delta V_p$ 比横波速度的差值 $\Delta V_s$ 要大许多。

　　由于在水合物勘探中难以判断水合物是处于生成阶段还是处于分解阶段，因此采用同一饱和度时生成与分解过程的声速平均值作为实测值来讨论含水合物松散沉积物的声学特性（图 4.20），而且，从图 4.19（b）中可以看出，重复实验轮次所获取的声速随水合物饱和度的变化曲线吻合很好，说明实验数据是可靠的。实验结果表明，含水合物松散沉积

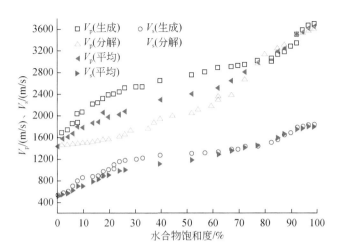

图 4.20　第 18 轮实验水合物生成和分解过程中水合物饱和度与声速之间的关系

$V_p$（平均）$= 0.5 \times [V_p$（生成）$+ V_p$（分解）$]$，$V_s$（平均）$= 0.5 \times [V_s$（生成）$+ V_s$（分解）$]$

物的声速（$V_p$ 和 $V_s$）随水合物饱和度的增加而逐渐增大，在水合物饱和度为 0 ~ 25% 时声速增长速度相对较快，为 25% ~ 60% 时增长较为缓慢，随后声速随着水合物饱和度的增大增长速度又相对加快（图 4.21）。

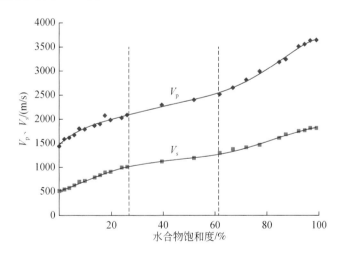

图 4.21　含水合物松散沉积物的声速随水合物饱和度变化曲线

# 三、实验结果对比与模型计算

## （一）实验结果对比

对弯曲元技术和传统超声技术测量同种聚甲醛结晶物（polyoxymethylene，POM 棒）

的纵波速度结果进行了对比实验，并取得了较为一致的结果，因此认为弯曲元技术和传统超声技术在含水合物沉积物中的测量也是没有差异的。但是，实验发现在两种松散沉积物中获取的纵波速度结果具有较大的不同（图4.22），在松散沉积物Ⅰ（粒径0.18～0.28mm）中，纵波速度仅在水合物形成初期陡然增长，从1780m/s增长至2100m/s左右，随后随水合物生成缓慢增大，水合物完全生成时纵波速度为2790m/s，涨幅为1100m/s；而在松散沉积物Ⅱ（粒径0.09～0.125mm）中，纵波速度随水合物生成而较快增长，从1500m/s左右增至3650m/s左右，涨幅达2100～2200m/s。松散沉积物Ⅰ中仅获取了纵波速度，不能获取其泊松比等参数，因此无法用泊松比等参数来解释为何饱水时松散沉积物Ⅱ的纵波速度比松散沉积物Ⅰ的纵波速度要小。然而，这种现象在前人研究中已有过报道，如王开林等（2004）测量了不同粒径大理岩的纵波速度，结果表明，粗粒样品的纵波速度为5300～5500m/s，中粒样品的纵波速度为4800～5200m/s，而细粒样品的纵波速度则在4000～5300m/s波动。可见，粒径较细的沉积物可能具有较低的纵波速度。对于水合物生成过程中两种沉积物的纵波速度涨幅不同的现象，通过模型验证进行了解释，认为可能与水合物在沉积物中的微观分布有关。在松散沉积物Ⅰ中，水合物先胶结沉积物颗粒生成，对沉积物纵波速度的影响较大，当饱和度大于1%后水合物在孔隙流体中形成，对沉积物纵波速度的影响较小；在松散沉积物Ⅱ中，水合物则是胶结沉积物颗粒生成，或接触沉积物颗粒形成，这两种分布模式均对纵波速度的影响较大，因此松散沉积物Ⅱ中由水合物生成引起的纵波速度涨幅比松散沉积物Ⅰ中要大。

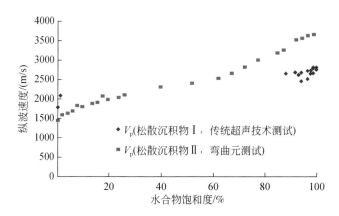

图4.22　两种松散沉积物中纵波速度随水合物饱和度变化结果对比

不同的水合物微观模式对沉积物纵波速度或横波速度影响不同，在前人研究中也有体现。将松散沉积物Ⅱ实验中测得的纵波速度和横波速度随水合物饱和度变化的关系与文献值进行了比较（图4.23），结果表明，测得的纵波速度在饱和度低于20%左右时与Ren等（2010）所测结果一致，说明两实验中水合物在沉积物中的分布模式可能都是胶结模式，Ren等（2010）利用他们改进的时间平均方程较好地拟合了实验数据，也证实了他们的实验中水合物是胶结沉积物颗粒生成的。松散沉积物Ⅱ中获取的纵波速度和横波速度在同一饱和度时比Priest等（2005）的测量值略低，可能与水合物本身的状态有关。如前文所述，Priest等（2005）采用"定量水+过量气"形成水合物，假设水全部转化为水合物，从而根据水的量来计算水合物的量。因此，他们测量的是合成好的含水合物样品的纵波速度和横波速度，不同于本书实验中测量的是水合物生成和分解过程中纵波速度和横波速度的实时变化值。在本实验中水合物自身的硬度较软，因此在饱和度相同时测量的纵波速度和横波速度值均低于 Priest 等（2005）的结果。

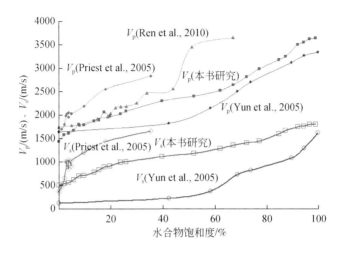

图4.23 水合物饱和度与声速关系

利用实验结果与 Yun 等（2005）测得的含 THF 水合物沉积物的纵波速度和横波速度值进行了对比，以研究甲烷水合物和 THF 水合物对沉积物声学特性的影响。结果表明，甲烷水合物对沉积物声学特性的影响与 THF 水合物是不一样的，甲烷水合物可能在较低饱和度时就开始胶结沉积物，而 THF 水合物则是先在孔隙流体中形成，达到一定的量后才开始胶结沉积物颗粒生成。可见，利用 THF 代替甲烷来研究含水合物沉积物的声学特性虽然在技术上比较容易实现，但测量的结果并不能直接指导野外甲烷水合物的勘探。本书引进弯曲元技术研究含甲烷水合物沉积物的声学特性，更贴近于实际应用，具有更为重要的理论和实践意义。

**（二）模型计算**

在前文中，利用松散沉积物 I 中获取的纵波速度与水合物饱和度关系验证了前人模型，结果表明等效介质理论的模式 A 和模式 C 分别适合于饱和度大于1%和饱和度小于1%时的纵波速度预测。说明在松散沉积物 I 中水合物先胶结沉积物颗粒，随后在孔隙流体中以悬浮状形态生成。但利用松散沉积物 II 中获取的纵波速度和横波速度验证前人模型得到的结果有所不同，如等效介质理论 B 模式更加符合纵波速度和横波速度的预测，可能与水合物在沉积物 II 中为胶结或颗粒接触的微观分布模式有关。

利用表4.4中的参数进行了各模型的计算，并将各速度模型预测的纵波速度和横波速度与弯曲元实测的纵波速度与横波速度值分别标绘在图4.24、图4.25中，可以看出：①权重方程（$W$ 取值为2，$n$ 取值为0.1）预测的纵波速度在饱和度为7%~95%时与实测的纵波速度具有很好的一致性，预测的横波速度值在饱和度小于90%时与实测的横波速度值较为接近；②BGTL（$G$取值为0.75，$n$取值为0.25）预测的纵波速度在饱和度为7%~92%时与实测的纵波速度值相近，预测的横波速度值在饱和度大于20%时与实测值较为一致；③等效介质理论模式B预测的纵波速度值略高于实测值，预测的横波速度值在饱和度为20%~70%时与实测值吻合良好；④伍德方程预测的纵波速度值略低于实测值；⑤K-T方程预测的纵波速度和横波速度值在饱和度为40%~90%时与实测值一致。上述结果表明，水合物在沉积物Ⅱ中生成时，在饱和度小于20%时水合物胶结沉积物颗粒生成（此期间纵横波速度快速增长）；当饱和度大于20%后，水合物以接触沉积物颗粒的方式或胶结沉积物颗粒形成（BGTL、等效介质理论模式B为依据）。伍德方程和K-T方程（40%~90%）预测的声波值与实测值相近，表明实验体系可视为水包容"沉积物颗粒+水合物胶结剂"的悬浮系统，体系内的流体运移通道未被堵塞，因此水合物最终几乎能完全充填孔隙。

**表4.4　沉积物矿物成分及其物性参数**

| 矿物名称 | 含量/% | 密度/(g/cm³) | $K$/GPa | $G$/GPa |
|---|---|---|---|---|
| 磁铁矿 | 2.0 | 5.21 | 161 | 91.4 |
| 普通闪石 | 1.40 | 3.12 | 87 | 43 |
| 绿帘石 | 0.5 | 3.4 | 106.2 | 61.2 |
| 石英 | 35.65 | 2.65 | 36.6 | 45 |
| 长石 | 60.45 | 2.62 | 76 | 26 |

注：表中矿物成分及含量由青岛海洋地质研究所教授级高级工程师王红霞测定。

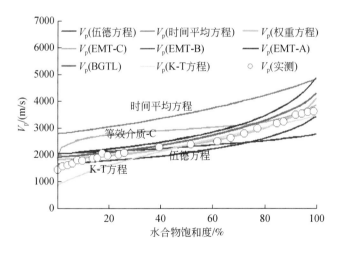

图4.24　各模型计算的纵波速度值与实测值（松散沉积物Ⅱ）比较

在上述模型计算中，权重方程和BGTL因具有调节因子而具有较好的适用性。对于权重方程中$W$和$n$的取值，按第一节中所述方法进行了选择（业渝光等，2008），取得了较好的效果。当$W=2$时，权重方程预测的纵波速度和横波速度与饱水沉积物的速度值相近，随后调节$n$值，当$n=0.1$时，权重方程预测的速度曲线与实测值一致。权重方程中$W$取

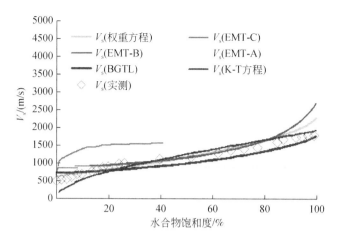

图 4.25　各模型计算的横波速度值与实测值（松散沉积物Ⅱ）比较

值大于 1，是因为松散沉积物固结度较低，偏向于伍德方程描述的"悬浮系统"。对 BGTL
中 $G$ 和 $n$ 的取值进行分析（图 4.26）。结果表明，$G$ 的取值控制 BGTL 曲线的上下移动，
当 $G$ 从 0.3 变为 0.9 的过程中，纵波速度和横波速度均变大，且横波速度的变化幅度高于
纵波速度。由于 $G$ 值主要受沉积物中黏土含量的影响（Lee，2002），而 $G$ 值的变化由横
波速度可以灵敏地反映出来，说明黏土对横波速度的影响较大。$n$ 是与分压和样品固结度
有关的参数。从图 4.26（b）中可以看出，$n$ 的取值对高饱和度的松散沉积物声速影响较
小，但随着水合物饱和度降低，$n$ 的取值对声速的影响增大。这是因为，对于含高饱和度
水合物的松散沉积物，其骨架可能受到水合物的支撑而变得比较坚硬，而含低饱和度水合
物的松散沉积物则受水合物的支撑作用小，受分压等的影响较大，因此对 $n$ 的取值更为敏
感。另外，与 $G$ 的取值相似，$n$ 的取值对横波速度的影响也比对纵波速度的影响大，说明
分压和样品固结度对横波速度也较大一些。综合可得，BGTL 中 $G$ 和 $n$ 的取值对横波速度
可能具有较大影响，在取值时应先考虑所得的曲线与实测的横波速度值一致。

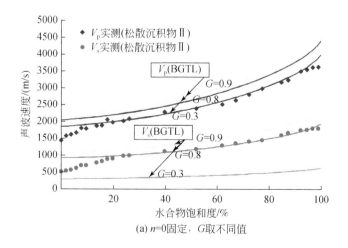

(a) $n=0$ 固定，$G$ 取不同值

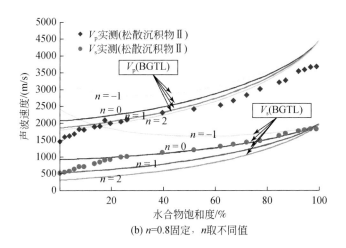

(b) $n=0.8$固定，$n$取不同值

图 4.26　BGTL 理论中 $G$ 和 $n$ 的取值分析

## 第三节　南海沉积物中模拟实验研究

## 一、沉积物样品及其地质背景

南海沉积物样品取自于南海神狐海域，由广州海洋地质调查局在 HY-2006-3 航次中取样并提供。样品所在经纬度为 $115°12.52363'E$、$19°48.40299'N$，水深为 1554m，虽然样品中不含天然水合物，但样品所处位置在钻取水合物实物样品的站位附近，与其地质背景基本相同，因此样品应具有水合物分布区沉积物的代表性。神狐海域位于南海北部陆源陆坡区的中段（西沙海槽与东沙群岛之间海域），处于南海北部陆坡珠江口盆地珠二拗陷白云凹陷，是欧亚板块、太平洋板块和印度-澳大利亚板块交汇处的一部分，经历了由板内裂陷演变为边缘拗陷的过程。新生代沉积厚度达 $1000 \sim 7000m$，沉积速率为 $40 \sim 120cm/ka$，有机碳含量为 $0.46\% \sim 1.9\%$，具有较大的生烃潜力和有利的天然气形成条件，在白云凹陷北坡-番禺低隆起发现了 LH19-3-1 等一大批油气田。由于受到北东、北东东、东西、北西方向的断裂控制，南海北部陆坡的海底地形呈阶梯状逐级下降，在陆坡上发育有深海槽、海底高原、陆坡台地、海底陡崖、陡坡和海谷海丘等各种特殊构造地貌或地质体。张性断层和褶皱构造发育，为天然气的运移和圈闭提供了有利条件。

南海沉积物样品粒度较细（图 4.27），粒径分布为 $0.02 \sim 3.91\mu m$（$9.24\%$）、$3.91 \sim 62.50\mu m$（$48.70\%$）、$62.50 \sim 2000.00\mu m$（$42.06\%$），较细的沉积物颗粒可能对水合物的生成造成一定的制约作用。对神狐海域水合物形成模式的研究表明，高压泥底辟构造、海底"气烟囱"和天然气冷泉等构造特征指示水合物的成藏模式可能是渗漏型系统成藏模式，细粒沉积物天然气系统中水合物的富集过程存在着三个特殊的控制因素：①大面积丰富的含甲烷流体的参与；②断裂构造的发育对水合物在稳定带细粒沉积物中的成核和生长过程具有重要作用，一方面促进稳定带流体的垂向和侧向运移，另一方面为水合物的成核和生长提供空间；③大型海底滑坡导致了地层中超压流体活动和构造裂隙的发育，从而促进了水合物富集。另外，水合物生长速度的数值模拟研究得出渗漏型模式中水合物的生长速度是扩散型模式中水合物生长速度的20～40倍，为0.2nm/s。尽管如此，从实验的角度看，水合物的生长速度还是很缓慢。

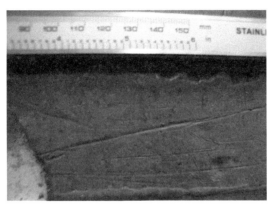

(a) 南海沉积物样品

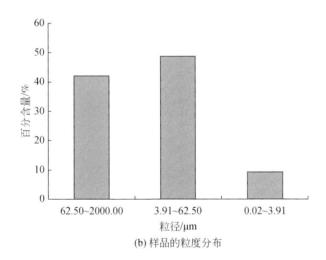

(b) 样品的粒度分布

图4.27　南海沉积物样品及粒度分布图

基于上述背景知识，采用"饱和水南海沉积物+甲烷气"系统模拟了南海沉积物中水合物的生成，并采用结冰-升温法尝试促进水合物生成，从而研究水合物生成过程中南海沉积物样品的声速等参数的变化情况。

## 二、实验测试过程

实验装置如图3.4所示，该装置采用新型的弯曲元技术探测沉积物样品的纵横波速度随水合物生成和分解的变化特征，同时采用改进的套管型 TDR 探针在海水盐度下测量沉积物中的含水量，从而确定水合物饱和度。

南海沉积物的水合物声学模拟实验步骤如下：

（1）将接收弯曲元换能器装入反应釜的底部；

（2）将套管型同轴 TDR 探针固定在内筒上，并将探针和圆柱形不锈钢圈分别与 TDR 同轴电缆的正负极焊接，然后把内筒放入高压反应釜中；

（3）用小勺将柱状（半径约 34mm）的岩心（430～461cm 段）按底→顶的顺序装入到半径为 34mm、长度为 150mm 的圆柱形反应釜内筒中，装入过程中用聚四氟乙烯棒将沉积物捣实，捣实过程中可见水渗出，说明样品的水分丢失少，样品仍处于饱和状态；

（4）盖好反应釜，通过金属顶杆控制发射弯曲元的位置，以确保发射弯曲元悬臂梁插入到沉积物中，同时确定发射、接收弯曲元端对端的距离 Ltt；

（5）用高压甲烷气冲洗反应釜 3～5 次，以排净里面的空气；

（6）通入高压甲烷气，使反应釜内压力达到实验预计的压力，并放置 24h 左右使甲烷气溶解在孔隙水中；

（7）进行结冰-化冰实验，以 2℃→-5℃→-8℃ 的顺序控温，降低水浴的温度至 -8℃ 使孔隙水冻成冰，随后将温度控制调至 2℃ 升温、化冰，以形成水合物，待水合物形成后，升高温度至室温，使水合物分解，因分解后的孔隙水存在记忆效应，可以加快下轮次实验水合物生成的速度；

（8）降低水浴的温度至 2℃ 以形成甲烷水合物；

（9）待水合物生成并保持一段时间后停止控温，使水浴温度上升，水合物分解。

整个实验过程中，温度、压力、超声波形和 TDR 波形等数据都由计算机系统实时记录。

# 三、南海沉积物的水合物声学特性

## （一）实验结果描述

完成结冰-化冰-水合物生成-水合物分解后，开始进行各个轮次的水合物生成和分解实验，以探测水合物生成和分解过程中沉积物声速随饱和度的变化情况。以第四轮次实验为例介绍实验现象。当系统压力为 7.5MPa、温度为 12.3℃ 时，开启制冷系统使水浴温度下降至 2℃ 以形成水合物。由于本轮次实验前样品被保压时间很长（约 14 天，水中溶解甲烷相对较多），且上个轮次水合物分解后的孔隙水存在记忆效应，当温压条件达到水合物形成的相平衡条件后，水合物即开始生成（图 4.28）。但是南海沉积物中水合物生成速度较为缓慢，水合物生成放出的热量被循环水快速带走，温度没有明显的升高异常。压力和水合物饱和度（含水量）的变化可以看出水合物的生成和分解 [图 4.28（b）]。水合物的生成可以分为两个阶段，从第 0.25h 至第 13.45h，水合物生成相对较快；第 13.45h 后，水合物饱和度达到 22% 左右，此后水合物生成非常缓慢，在 43 个小时内饱和度仅增长了 2% 左右。分析水合物生成缓慢的原因，可能与孔隙水中的甲烷含量有关，在前一阶段由于样品被保压很长时间，孔隙水中甲烷量较多，水合物生成较快；在后一阶段，甲烷需要很长的时间渗透到孔隙水中，然后才有足够的甲烷量形成水合物，因此水合物生成非常缓慢。

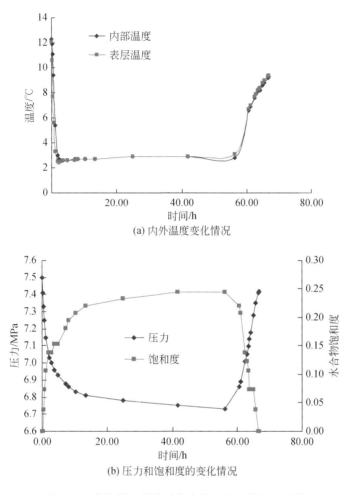

(a) 内外温度变化情况

(b) 压力和饱和度的变化情况

图4.28 南海第四轮实验水合物生成、分解过程图

## （二）声学特性

对于饱水南海沉积物，纵横波速度分别为1550m/s和440m/s，其中纵波速度值与南海野外测井中所获取的纵波速度一致（野外测井数据中未见横波速度的报道）。随着水合物生成，纵横波速度逐渐增大，但超声信号在水合物生成过程中先减弱，然后再逐渐增强。对于声波信号随水合物饱和度的增大而衰减的现象，前文松散沉积物Ⅰ实验中也遇到类似的情况，并且 Guerin 和 Goldberg（2002）、Chand 和 Minshull（2004），以及Matsushima（2005）也都曾有过报道。他们认为孔隙中存在的游离气是造成衰减的主要原因。由于样品的不均一性，样品中微裂隙的存在会造成较大的衰减，而这些因素又受到压力和流体的控制。Carcione 等（2003）研究了压力、流体含量对声衰减的影响，认为压力

对衰减的影响符合有效应力理论，而流体对衰减的影响还依赖于频率。研究结果表明，频率对衰减有一定的影响，主要表现为高频（10～20kHz）的声波信号受水合物的干扰影响，其品质因子 Q-1 可达 0.4 左右，而低频的地震波基本不受水合物的影响，存在衰减的地区对应于低饱和度的游离气带。此外，水合物形成的微粒子悬浮在孔隙流体中也有可能对声波信号造成急剧的散射衰减。综上可以得出，实验过程中超声信号衰减随水合物饱和度增加而增大可能与所采用的频率有关，也可能与水合物生成过程中甲烷气或流体的运移有关，还有可能是水合物在孔隙流体中形成悬浮的微粒子所造成的散射衰减所致。

### （三）南海沉积物中水合物饱和度与声速的关系

利用获取的实验数据，建立南海沉积物实验中水合物饱和度与声速的关系及其与松散沉积物 Ⅱ 和南海野外数据的比较（图 4.29）。结果表明，当水合物饱和度为 0～24% 时，纵波速度从 1550m/s 增长至 2060m/s，横波速度从 440m/s 增长至 680m/s。将实验测得的松散沉积物 Ⅱ 中纵波速度和横波速度与水合物饱和度的关系曲线，以及南海神狐海区 A 站位现场测试的纵波速度随水合物饱和度变化的散点图也标绘在图 4.29 中。结果表明，用弯曲元测量的含水合物南海沉积物的纵波速度与神狐海区 A 站位现场测量的结果比较一致（A 站位获取了饱和度大于 20% 时的纵波速度，水合物饱和度采用氯离子浓度法计算），表明实验测量的结果真实可靠。同时，实验获取的数据补充了饱和度为 0～20% 时，纵波速度和横波速度随饱和度变化的数据。对比发现，南海沉积物中获取的纵波速度与用弯曲元测量松散沉积物 Ⅱ 的纵波速度结果也吻合良好。然而，在同一饱和度下南海沉积物的横波速度比松散沉积物 Ⅱ 的横波速度要低许多，它们的最大差值可达 300m/s 左右（图 4.29）。这可能是南海沉积物具有较细的粒径所造成的，粒度越细的沉积物相对较软，具有较小的剪切模型，而横波速度对剪切模型相当敏感，如图 4.30 所示，当剪切模量仅仅增大约 0.5GPa 时，横波速度就相应增加了 200m/s 左右。可见含水合物南海沉积物的横波速度比颗粒较粗的松散沉积物 Ⅱ 的横波速度低是有可能的。

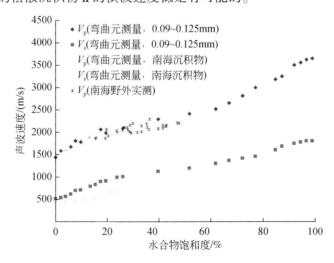

图 4.29 南海沉积物实验中水合物饱和度与声速的关系及其与松散沉积物 Ⅱ 和南海野外数据的比较

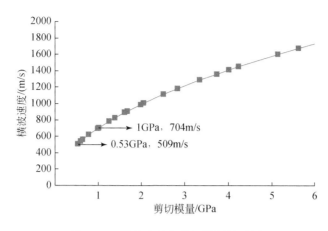

图 4.30　横波速度与剪切模量关系图

## 四、南海沉积物的水合物岩石物理模型初探

由于尚未测定南海沉积物样品的物质成分及含量参数，利用表 4.5 中参数近似计算了各种速度模型所预测的纵波速度或横波速度，并与实验实测值进行了比较（图 4.31、图 4.32）。从图 4.31 中可以看出，权重方程预测的纵波速度值与实测值吻合很好，伍德方程和 BGTL 预测的纵波速度值与实测值较为接近。由图 4.32 可知，BGTL 预测的横波速度值与实测值结果相近，等效介质理论预测的纵横波速度值比实测值普遍偏高，但如前文所述，它在松散沉积物 1 中具有很好的适用性，可能是由于南海沉积物计算中所采用的物质组成参数为近似值，使等效介质理论计算结果有所偏差。同时也说明，等效介质理论对物

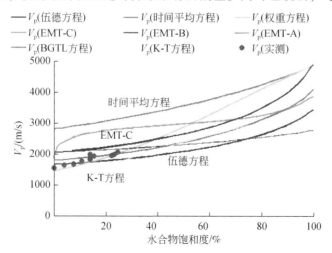

图 4.31　速度模型计算的纵波速度与含水合物南海沉积物纵波速度的
比较（权重方程 $W=3.5$，$n=2$；BGTL 方程 $G=0.6$，$n=1$）

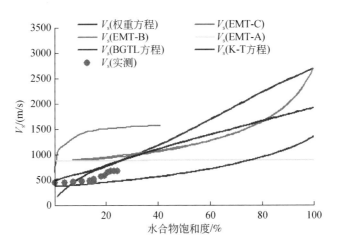

图 4.32　速度模型计算的横波速度与含水合物南海沉积物横波速度的
比较（权重方程 $W=3.5$，$n=2$；BGTL 方程 $G=0.6$，$n=1$）

质组成参数的准确度要求比较高。因此，我们将在测定了南海沉积物的物质组成后，再进一步讨论这一模型在南海沉积物中的应用有效性。然而，尽管没有精确了解物质的组成情况，权重方程和 BGTL 通过调节因子却可以较为准确地预测含水合物南海沉积物的纵横波速度，可见这两个模型具有很强的适应能力。

对 BGTL 中的参数 $G$ 和 $n$ 进行了分析（图 4.33），结果表明，$G$ 和 $n$ 的取值对横波速度具有较大影响，如前文所述，$G$ 主要和沉积物中的黏土含量有关，而 $n$ 则主要和分压和样品固结度有关。$G$ 值越大，代表黏土含量越多，所拟合的纵波速度和横波速度也较大。$n$ 值越小，表明样品受分压的影响越大，所拟合的纵波速度和横波速度也越大。当 $G=0.6$，$n=1$ 时，BGTL 预测的纵波速度和横波速度均与实测值较为接近，与松散沉积物 II

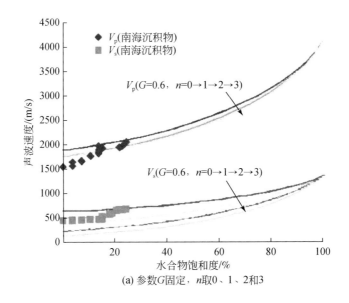

(a) 参数 $G$ 固定，$n$ 取 0、1、2 和 3

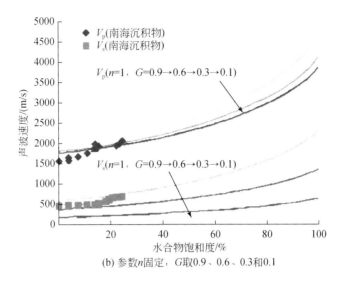

(b) 参数$n$固定，$G$取0.9、0.6、0.3和0.1

图4.33　BGTL在南海沉积物中应用的参数分析

（粒度0.09~0.125mm）中 BGTL 所用参数相比，$G$ 取值略有减小，$n$ 取值则有所增加（松散沉积物Ⅱ中 $G=0.75$，$n=0.25$），$G$ 值变小是因为南海沉积物中粒度较细，黏土含量较松散沉积物Ⅱ要高。而 $n$ 值变大则说明南海沉积物受分压的影响比松散沉积物Ⅱ受分压影响较小。

权重方程在南海沉积物中应用的参数分析如图4.34所示，首先利用饱水南海沉积物的纵波速度和横波速度确定 $W$ 的取值为3.5，随后调节 $n$，当 $n=2$ 时，权重方程预测的纵波速度与实测结果一致，横波速度也与实测结果相近。$W$ 的取值与松散沉积物Ⅱ、固结沉积物中的取值相比，分别高1.5和4.2，可能是因为南海沉积物更加松散，接近于伍德方程的悬浮体系（与图4.31中伍德方程预测值和实测值接近）。

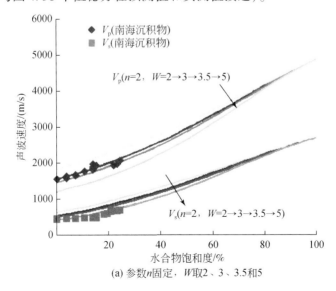

(a) 参数$n$固定，$W$取2、3、3.5和5

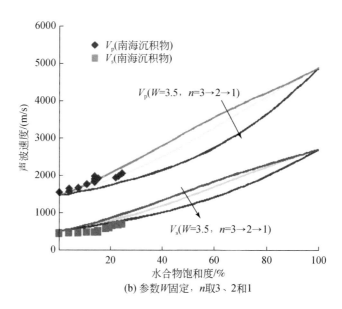

(b) 参数W固定，n取3、2和1

图4.34　权重方程在南海沉积物中应用的参数分析

# 第四节　本 章 小 结

　　地球物理勘探是天然气水合物勘探和资源评价的重要手段。天然气水合物与孔隙流体相比，具有较高的弹性波参数。因此，一般认为含水合物的沉积层具有较高的纵波速度和横波速度，为了加强对水合物沉积层的了解，各种高分辨率地震调查技术被应用于获取储层的纵横波速度等参数，同时，学者建立了多种水合物饱和度与弹性波速度之间的关系模型，以期根据获取的地震波速度更加准确地预测沉积层中是否含有水合物，或估算沉积物中水合物的饱和度，从而对储层的资源量进行评估。但是，由于缺乏实测的水合物饱和度数据，难以建立水合物饱和度与声速之间的关系来检验上述模型，也很难确定模型中的各种参数。这些问题的存在大大制约了地震技术在水合物资源估算等领域中的应用。

　　本章通过模拟实验的方法，应用超声探测技术研究固结沉积物和松散沉积物的水合物声学响应特征。虽然超声实验获取的声速随孔隙流体含量变化的幅度与地震波速度的变化会有所不同，但其总的变化趋势是相似的，因此超声实验可以为天然气水合物储集层的勘探提供基础的地球物理参数。通过建立水合物饱和度与声速之间的关系，检验各种模型在固结沉积物和松散沉积物中的适用情况。在此基础上，模拟海底真实的温度、压力条件，在南海实际沉积物中合成水合物，建立南海沉积物的水合物饱和度与声速之间的关系，从而检验各种速度模型在南海沉积物中的适用情况，探索适用于南海水合物饱和度预测的速度模型。

　　对于固结沉积物建立了固结沉积物中实测的纵横波速度与水合物饱和度之间的关系，对固结沉积物的水合物声学特性研究表明。

（1）在同一饱和度下，在水合物分解过程中测量的纵波速度（或横波速度）明显高于水合物生成过程中测量的纵波速度（或横波速度）。在同一饱和度下，将生成过程中测量的纵横波速度和分解过程中测量的纵横波速度进行平均，用平均值作为实测的纵横波速度值与水合物饱和度建立了关系。当 $S_h<10\%$ 时，纵横波速度变化不明显；当 $S_h>10\%$ 时，纵横波速度随 $S_h$ 增加而快速增大，且在 $10\%<S_h<30\%$ 时，纵横波速度增长最快。这一结果表明，在固结沉积物中水合物先在孔隙流体中生成，随后逐渐向沉积物骨架靠拢，当饱和度大于30%后，水合物开始依附于骨架生成，而且，水合物可能堵塞了孔隙间的通道，使孔隙内圈闭的一部分流体因得不到气源的补充而无法进一步生成水合物，因此固结沉积物中水合物饱和度最终仅达到65.5%。

（2）利用平均声速值建立了水合物饱和度与声速之间的关系。声波速度在饱和度低于10%时变化不明显，当饱和度高于10%后，声波速度增长速度相对较快，且在饱和度为10%~30%时增长最快。提出固结沉积物的声速对低饱和度的水合物不敏感，可能是由水合物在沉积物孔隙流体中形成、对声速影响不大所造成，在这种情况下联合采用权重方程和 BGTL 中的 $V_p/V_s$ 公式来预测纵横波速度比较准确。

（3）验证了 BGTL 等七种岩石物理模型在含水合物固结沉积物中的适用性。结果表明，权重方程适合于饱和度小于40%时的纵波速度预测，BGTL 适用于饱和度大于30%时（讨论的饱和度上限为65.5%）的纵、横波速度预测，且 BGTL 中的 $V_p/V_s$ 速度比率公式预测的值比较准确。因此，提出用权重方程预测的纵波速度和 BGTL 的 $V_p/V_s$ 公式预测饱和度小于40%时的横波，并取得了很好的效果。

在松散沉积物Ⅰ（粒径0.18~0.28mm）和松散沉积物Ⅱ（粒径0.09~0.125mm）中进行了甲烷水合物的生成和分解模拟实验，分别用传统的超声技术和新型的弯曲元技术测量了两实验过程中声波速度随水合物饱和度的变化情况，结果表明了以下几点。

（1）利用传统的超声技术灵敏地探测了水合物开始生成时松散沉积物Ⅰ的纵波速度，但在水合物饱和度为1%~90%时，超声信号微弱，纵波速度无法获取。水合物松散沉积物中可能先胶结沉积物颗粒生成，随后在孔隙流体中以悬浮状形态生成。等效介质理论模式 A 和模式 C 可以较准确地拟合这一过程。

（2）新型的弯曲元技术在松散沉积物Ⅱ中得到了成功的应用。利用弯曲元测量的纵波速度和横波速度可以灵敏地探测水合物的生成和分解点，并与温压、TDR 探测的结果一致，表明弯曲元技术在甲烷水合物声波速度的探测中具有很好的有效性。随后，得出了松散沉积物中水合物饱和度与纵波速度和横波速度的关系，在水合物饱和度为0~25%时声速增长速度相对较快；在饱和度为25%~60%时先增长较为缓慢，随后声速随着水合物饱和度的增大又快速增长。

（3）经对比研究后认为，前人采用 THF 水合物代替甲烷水合物研究含水合物沉积物的声学特性与实际情况不太相同，将弯曲元技术引进到含甲烷水合物沉积物的声学特性研究中具有更重要的理论和实践意义。

（4）利用弯曲元技术获取的纵波速度和横波速度与水合物饱和度之间的关系检验了前人提出的各种模型，结果表明，权重方程和 BGTL 因具有调节因子而具有更广泛的适用性，在书中对模型中参数的选取给了一些建议。

在真实的南海沉积物样品中进行了甲烷水合物的生成和分解模拟实验，同时采用弯曲元换能器和改进的 TDR 探针分别测试了实验过程中纵、横波速度和水合物饱和度，结果表明了以下几点。

（1）采用弯曲元技术测量含水合物南海沉积物的纵波速度和横波速度是十分有效的，可以灵敏探测南海沉积物中水合物的生成和分解。

（2）水合物在南海沉积物中生成时，对超声信号造成了一定的衰减，并且衰减先随水合物生成而增大，当饱和度大于 14% 左右后，衰减随水合物生成而减小。超声信号的衰减没有影响弯曲元测试含水合物南海沉积物的纵波速度和横波速度，体现出弯曲元技术与传统技术相比具有较大的优越性。

（3）在南海沉积物中获取的纵波速度与水合物饱和度之间的关系与神狐海区现场实测结果具有很好的一致性，实验填补了南海沉积物横波速度随水合物饱和度变化的数据。

（4）由于尚未获取南海沉积物的物质组成参数，仅粗算并初步讨论了几种模型在南海沉积物中的应用情况，结果表明权重方程和 BGTL 具有较好的适应性，并在书中对两模型中所采用的参数进行了分析。

## 参 考 文 献

孙春岩，章明昱，牛滨华，等. 2003. 天然气水合物微观模式及其速度参数估算方法研究. 地学前缘，10（1）：191-198.

王开林，杨圣奇，苏承东. 2004. 不同粒径大理岩样声学特性的研究. 煤田地质与勘探，32（2）：30-32.

业渝光，张剑，胡高伟，等. 2008. 天然气水合物饱和度与声学参数响应关系的实验研究. 地球物理学报，51（4）：1156-1164.

Carcione J M，Helbig K，Helle H B. 2003. Effects of pressure and saturating fluid on wave velocity and attenuation in anisotropic rocks. International Journal of Rock Mechanics & Mining Sciences，40（3）：389-403.

Chand S，Minshull T A. 2004. The effect of hydrate content on seismic attenuation：A case study for Mallik 2L-38 well data，Mackenzie delta，Canada. Geophysical Research Letters，31（14）：L14609.

Guerin G，Goldberg D. 2002. Sonic waveform attenuation in gas hydrate-bearing sediments from the Mallik 2L-38 research well，Meckenzie Delta，Canada. Journal of Geophysical Research，107（B5）：2088.

Helgerud M B. 2001. Wave speeds in gas hydrate and sediments containing gas hydrate：A laboratory and modeling study. Stanford：Stanford University.

Lee M W. 2002. Biot-Gassmann theory for velocities of gas hydrate-bearing sediments. Geophysics，67（6）：1711-1719.

Matsushima J. 2005. Attenuation measurements from sonic waveform logs in methane hydrate-bearing sediments at the Nankai Trough exploratory well off Tokai，central Japan. Geophysical Research Letters，32（3）：L03306.

Mavko G M，Nur A. 1979. Wave attenuation in partially saturated rocks. Geophysics，44（2）：161-178.

Nobes D C，Villinger H，Davis F F，et al. 1986. Estimation of marine sediment bulk physical properties at depth from seafloor geophysical measurements. Journal of Geophysical Research，91（B14）：14033-14043.

Prasad M，Dvorkin J. 2004. Velocity and attenuation of compressional waves in brines. SEG Technical Program Expanded Abstracts 2004，Denver，Colorado：Society of Exploration Geophysicists，23：1666-1669.

Priest J A，Best A I，Clayton C R I，et al. 2005. A laboratory investigation into the seismic velocities of methane gas hydrate-bearing sand. Journal of Geophysical Research, 110 (B4): B04102.

Priest J A, Rees E V L, Clayton C R I. 2009. Influence of gas hydrate morphology on the seismic velocities of sands. Journal of Geophysical Research, 114 (B11): B11205.

Ren S R, Liu Y J, Liu Y X, et al. 2010. Acoustic velocity and electrical resistance of hydrate bearing sediments. Journal of Petroleum Science and Engineering, 70 (1-2): 52-56.

Yun T S, Francisca F M, Santamarina J C, et al. 2005. Compressional and shear wave velocities in uncemented sediment containing gas hydrate. Geophysical Research Letters, 32 (10): L10609.

# 第五章 不同实验体系的水合物
# 声学实验及模型验证

在实验室进行水合物声学模拟实验时，大多在封闭的反应釜中采用定容法进行。随着研究的深入和技术的进步，我们逐渐发现仅仅使用封闭的反应釜进行简单的声学探测已不能满足我们对水合物声学特征的需求。要模拟真实的海底水合物成藏系统，我们需要研究气体动态供给条件下的水合物形成过程。要获得水合物在形成过程中的分布状态信息，我们需要布设多个声波测点，以获得水合物形成的速度剖面信息。本章节所指的不同实验体系主要是针对不同的实验条件下进行的实验，包括静态封闭体系、气体运移的动态体系和二维声学探测体系。以下各节将分别介绍不同实验体系的实验情况。

## 第一节 静态体系中模拟实验研究

目前，有关水合物储层声学特性的实验研究大多在一维实验模型装置中进行（李淑霞等，2014），获得了较为丰富的基础数据资料。Winters 等（2007）在不同类型沉积物中进行了实验研究，并探讨了水合物在不同类型沉积物中的声学响应特征，Priest 等（2005，2009）在过量气、过量水和溶解气体系中生成水合物并研究了水合物对沉积物纵横波速影响。胡高伟等（2008，2010，2012）研究了水合物在固结沉积物、松散沉积物和南海沉积物样品中的声学特性。

## 一、静态体系实验装置与材料

天然气水合物声学特性模拟实验研究的实验装置如图3.4所示。实验装置能够模拟海底真实的温度和压力。实验装置由五个部分组成：高压反应釜、饱和水高压罐、压力控制系统、温度控制系统和计算机控制系统（胡高伟，2010）。高压反应釜的设计压力为30MPa，高压反应釜内的热电阻温度计主要用于探测反应釜中的温度，其测量误差为±0.1℃。实验过程中温度、压力、TDR数据和超声数据都由计算机采集系统进行实时采集。

进行静态实验模拟的沉积物主要有固结沉积物、松散沉积物和南海沉积物样品。为了能够更好控制岩心的孔隙度和硬度，便于水合物在孔隙中生成，使用莫来石烧制的人工固结岩心。为了对松散沉积物中水合物对声学特性造成的影响进行研究，分别在0.18～0.28mm的天然砂、0.09～0.125mm的天然砂和南海沉积物中进行水合物的模拟实验。实验过程中采用的实验材料见表5.1。对不同沉积物中的实验结果将在下面进行概述。

表 5.1 一维实验装置中水合物声学特性实验材料

| 实验材料 | 规格 | 来源 |
|---|---|---|
| 固结岩心 | 直径68mm，长度150mm，孔隙度40.18% | 莫来石烧制 |
| 砂 | 粒径0.18~0.28mm，孔隙度38% | 取自于海边 |
| 砂 | 粒径0.09~0.125mm，孔隙度38.53% | 取自于海边 |
| 南海沉积物 | 粒径分布：0.02 ~ 3.91μm（9.24%）、3.91 ~ 62.50μm（48.70%）、62.50~2000.00μm（42.06%） | 取自于南海神狐海域 |
| SDS（十二烷基硫酸钠） | 浓度为300ppm | 自制 |
| 甲烷 | 纯度为99.9% | 气体厂 |

## 二、沉积物中水合物饱和度和声学特性

固结沉积物中水合物生成过程中的纵横波速度由传统超声探头进行测量。在水合物生成前，含水固结岩心的纵横波速度分别为4242m/s和2530m/s。当水合物饱和度为0 ~ 20%时，纵波速度没有明显变化。当水合物饱和度持续增加时，纵波速度开始增大，从4242m/s增加到4643m/s。横波速度的变化同纵波速度的变化稍有不同，当水合物饱和度为0~10%时，横波速度有一个小幅度的降低，从2530m/s降低至2470m/s。随着水合物的继续生成，横波速度逐渐增大，从2470m/s增加到2725m/s。固结沉积物中声速随水合物饱和度变化的关系为，在同一饱和度时分解过程中纵横波速度高于生成过程中的纵横波速度。在水合物饱和度为10%~30%时，纵横波速度呈现快速增长，之后声速呈小幅度变化。当水合物饱和度低于10%时，水合物可能在孔隙流体中形成，这种微观分布模式对声速的影响较小（胡高伟，2010）。

在松散沉积物实验中，在0.18 ~ 0.28mm粒径砂中，采用传统超声探头，在水合物生成过程中，超声信号先减小，然后增大，在水合物饱和度为1%~90%时信号微弱而不能获取。当水合物饱和度在0 ~ 1%时，纵波速度出现陡增现象，速度值从1780m/s增长到2100m/s左右。当水合物饱和度在90%~100%时，纵波速度从2620m/s增大到2790m/s左右。对于粒径为0.09 ~ 0.125mm的沉积物，用弯曲元探头进行探测，含水合物松散沉积物的纵波速度由1440m/s增加到3645m/s，横波速度由510m/s增加到1800m/s。声速随水合物饱和度变化的关系在水合物饱和度为0 ~ 25%时，声速增长速度相对较快；在水合物饱和度在25%~60%时，声速增长较为缓慢，随后声速增加速度又相对加快。

在南海沉积物中进行相应的实验，在水合物生成前的饱水南海沉积物中，纵横波速度分别为1550m/s和440m/s，随着水合物的生成，纵横波速度逐渐增大。南海沉积物中水合物饱和度与声速的关系在水合物饱和度为0 ~ 24%时，纵波速度从1550m/s增加到2060m/s，横波速度从440m/s增加到680m/s。将0.09 ~ 0.125mm粒径沉积物中测得的数据，以及南海神狐海区现场测试的数据同实验结果进行对比。结果表明，用弯曲元测量的含水合物南海沉积物的纵波速度与神狐海区现场测量的结果比较一致。

# 第二节　动态体系中模拟实验研究

目前，有关水合物储层声学特性的实验研究大多以静态体系为研究对象，获得了较为丰富的基础数据资料。在自然界中，水合物稳定带内产生的生物成因的甲烷往往不足以满足水合物藏的形成，需要稳定带底部下面深部气源的供给。因此，在天然气水合物系统中气体运移成了一个很关键的组成部分（Collett，2014）。由于气体垂向运移方式下水合物形成实验的技术难度较大，对模拟海底气体向上垂向运移条件下的实验研究不多，实验室模拟大多是在封闭的反应容器中进行的，无法描述流动过程中的气体或气泡在多孔介质内的运移特征，以及水合物的形成过程。为了更真实地接近自然条件，特别设计了一套装置来模拟气体垂向运移条件下水合物在沉积物中的生成，通过弯曲元探测技术和时域反射技术（time domain reflectometry，TDR）可对水合物在沉积物中生成和分解过程的声速和饱和度的变化进行实时探测，以此研究在气体不断垂向运移的条件下水合物声速同饱和度之间关系。

## 一、动态体系实验技术

为实现气体垂向运移体系下水合物生成分解实验，需要对气体运移体系进行控制，保证在实验过程中气体正常运移且不造成其他影响。通过前期的测试和探索，发现气体垂向运移体系的实现存在一些困难，主要包括：①气体实现自下而上垂向运移需要提供驱动力；②为模拟自然条件下气体运移，气体流速需要很好的控制；③沉积物体系中的水分较容易被气体带走；④气体运移通道在水合物形成过程中容易被水合物堵塞。为了解决气体垂向运移体系实现过程中遇到的问题，采取了一系列技术手段对实验体系进行控制。具体措施见如下介绍。

### （一）实验体系的压差控制

实验需要模拟接近自然条件的气体垂向运移体系下的水合物生成分解过程，需要实现气体的不间断垂向运移，因此需要对进气端气路进行一定的控制，使其对进入体系的气体提供驱动力，需要提供一套压差控制系统。

要实现气体驱动力，需要体系中存在合适的压差。沉积物进气端压力为 $P_1$，出气端的压力为 $P_2$，因此需要将进气端压力和出气端压力控制在一个适当的范围。在实验设计时，需要考虑如何将 $\Delta P$ 进行精确控制。通过在水中进行几次测试发现当 $\Delta P = 0.3\text{MPa}$ 时，气体能够顺利通过并且水分不会被大量带走。因此，初步估计当 $\Delta P = 0.3\text{MPa}$ 时，可以满足实验条件。另外，$\Delta P$ 在通过沉积物时的具体取值需要通过不断实验来确定。通过在具体条件下的实验可以获得适应于实验条件的合适的压差。

要实现气体垂向运移体系，首先在硬件上，必须保证能够实现样品室进出口 $\Delta P$ 的精确控制。系统控制原理见图 5.1。如图 5.2 所示，在反应釜内，由两块微孔烧结板将反应釜分成三个部分：下部气相空间、样品室和上部气相空间。气体由进气管路进入下部气相室，在压差驱动力的作用下由下而上依次穿过沉积物下部的微孔烧结板、样品室、上部微孔烧结板和上部气相室。

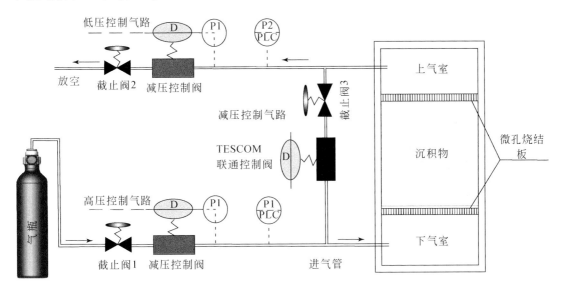

图 5.1　气体垂向运移体系控制系统原理图

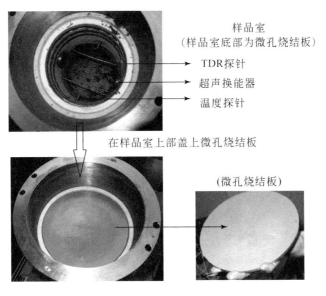

图 5.2　反应釜内部的微孔烧结板

如图 5.1 所示，气体由进气端管路进入反应系统。高压气路上有减压控制阀、联通控制阀和背压控制阀三个 TESCOM 电控气动阀。并且在每个 TESCOM 控制阀上都串联一个手动截止阀，以便在系统发生故障时通过手动截止阀控制反应系统。平时在正常进行实验时三个手动截止阀都是处于常开状态，当发生故障时才需要人工介入操作。在反应过程中，如果下气室的压力过低，减压阀将会自动开启，使压力达到设定值，如果上气室的压力过高，控制阀会自动打开，将多余的气体排出。在水合物生成过程中，为了防止由于压差过大而引起的损坏，我们对计算机系统进行设置，当下气室压力与上气室压力差大于3MPa时，联通控制阀自动打开，直接通联上下气室，避免发生事故。

### （二）微孔烧结板在反应釜中应用

气体在反应釜内垂向向上运移时，需要气体在反应釜中运移顺畅，并且反应釜中的水不能渗漏出来。在实验过程中需要保证反应体系的水分不向上或向下渗出系统，因此将微孔烧结板引入到实验体系中。微孔烧结板（图5.2）具有一定的透气不透水的功能。微孔烧结板中均匀分布微孔，能够保证气体通过。在实验过程中，气体由进气管路进入下部气相室，在压差驱动下穿过下面的微孔烧结板进入样品室中，并在沉积物中自下而上垂向渗透整个沉积物层，穿过上部的微孔烧结板后离开反应釜。在这个过程中气体携带的水分被上部微孔烧结板阻挡，留在了沉积物中。并且由于下部微孔烧结板的存在，使得反应体系中的水分在一定时间内不会向下渗漏。

### （三）防水透气砂在沉积物中的使用

之前进行的模拟实验大多是在封闭体系中进行，较少有气体垂向运移体系模式的天然气水合物实验装置。因为在"气体垂向运移体系"模式中，随着水合物生成量的增加，会导致由下而上的气路被堵塞。因此为了更好地解决堵塞问题，我们将防水透气砂应用到实验体系中。将砂子放入防水溶液中，砂子自身会保持其自身形状不被改变，防水溶液相比普通水溶液较难进入砂子。其防水原理在于砂子表面的防水涂料能够使砂子对水产生一定张力，从而能够使水浮于砂子表面而不会渗透下去（图5.3）。在反应釜中将防水透气砂布设在样品室沉积物样品底部，一般3cm左右厚度。这层防水透气砂可以进一步防止实验体系中的水分向下渗流。下面对防水透气砂的防水测试实验进行介绍。

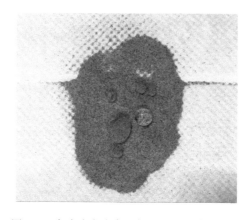

图5.3　水溶液在防水透气砂中的形态示意图

如表 5.2 所示，在防水测试过程中采用了四只 25mL 的量筒，分别标注编号为 a、b、c、d。向各个量筒中加入如表 5.2 所示的砂子，并将量筒中加满水，静置后观察底层砂子的润湿情况。

表 5.2　量筒中各层砂子与水的分布情况

| 编号 | 底层 | 中层偏下 | 中层偏上 | 顶层 |
|---|---|---|---|---|
| a | 0.125 ~ 0.18mm<br>普通砂 | 0.125 ~ 0.18mm<br>普通砂 | 0.125 ~ 0.18mm<br>普通砂 | 水 |
| b | 0.125 ~ 0.18mm<br>普通砂 | 0.15 ~ 0.30mm<br>普通砂 | 0.125 ~ 0.18mm<br>普通砂 | 水 |
| c | 0.125 ~ 0.18mm<br>普通砂 | 0.063 ~ 0.09mm<br>防水透气砂 | 0.125 ~ 0.18mm<br>普通砂 | 水 |
| d | 0.125 ~ 0.18mm<br>普通砂 | 0.063 ~ 0.09mm<br>防水透气砂 | 0.15 ~ 0.30mm<br>普通砂 | 水 |

将 a、b、c、d 实验量筒静置一段时间，逐渐向量筒中补充水分，每隔一段时间进行观察，实验情况如图 5.4 所示。

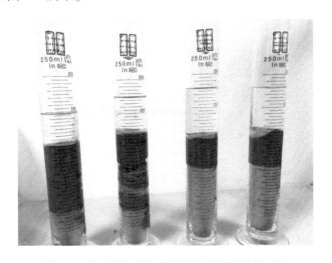

图 5.4　防水透气砂与普通砂防水测试效果对比

从图 5.4 可以看出，a、b 没有放置防水透气砂的量筒中底层的砂子逐渐被水湿润，而 c 和 d 量筒中由于防水透气砂的作用，底层砂子依然能够保持干燥，经过长时间的测试验证，加入防水透气砂的样品不会被水润湿，而未加防水透气砂的样品会逐渐水饱和，可以认为防水透气砂具有较好的防水效果。

**（四）下部加热底板的应用**

通过前面几节的介绍，将微孔烧结板和防水透气砂应用到实验体系中，已经基本可以防止水分向下渗漏，但随着实验的进行，依然会有少量的水分会在下部微孔烧结板中聚集，随着反应的进行有可能会堵塞气体运移通道，使得反应过程中气体供应不足。为了防止此类事情的发生，特别设计了下气室加热底板来解决这个问题。对下气室加热底板进行周期性加热，使得下气室外壁能够有一定的温度，当 $CH_4$ 气体由下气室通过下部微烧孔结板时，由于温度的原因不会生成水合物，从而能够保持气路的畅通，使得水合物生成实验正常进行。

如图5.5所示，下气室局部加热底板位于反应釜下气室底部，在实验过程中通过温度控制器对加热底板进行周期性循环加热，当温度降低时会自动对加热底板再次加热，整个水合物生成过程都开启加热底板。经过多次测试，当加热底板温度保持在30℃时，既不会堵塞气体运移通道，也不会导致空间温度过高，能够对实验起到良好的效果。实验装置中使用的下气室加热底板由三个部分组成：局部加热底板、Pt100温度传感器和人工智能温度控制器。

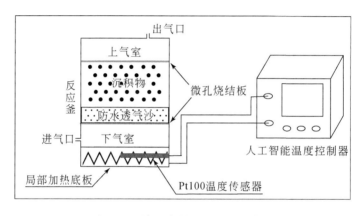

图5.5　下气室加热底板安装示意图

### （五）甲烷流量控制系统

进行不同甲烷通量模式下水合物生成及其声学响应的研究，进气模式为一定流量的气体连续供给，并且能够设置不同流量模式，需要对甲烷进气流速进行控制。通常有两个流量量程范围（100mL/min 和 500mL/min），甲烷流速控制见图5.6。在进气端有双流量计气体输入控制系统，对 5～500mL/min 的流量进行可测控的输入。

如图5.6所示，系统以 BROOKS 气体流量测控计为核心构成；采用了两个流量范围的流量计，分别为 500mL/min 和 100mL/min，精度为 1.0%（20%~100% FS）或 0.2%（小于20% FS）。这样基本可以覆盖 5～500mL/min 的流量范围，特别是在小流量范围内，比如在希望的最小流量 5mL/min 时，误差为 0.2mL。

由于 BROOKS 流量计对于测控气体的恒压要求，不得不在流量测控计的前后，各安装一个 TESCOM 手动减压阀和手动背压阀，以将进出流量计的气体压力控制在 29MPa（这也是 BROOKS 流量计的最大耐压）。在此条件下，流量测控计可以达到预期的测控精度。

为了在不同流量下自动切换流量计，在流量计出口和背压阀进口之间，两个不同流量计的气体管道上，各安装了一个气控球阀。控制系统将根据流量的不同，自动选择适当的

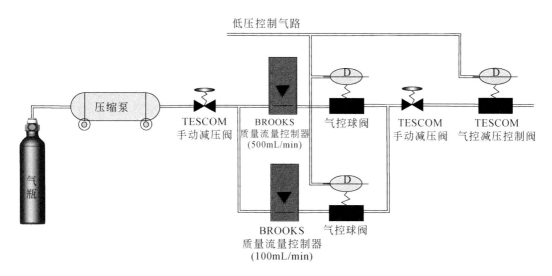

图 5.6　进气端气体流量测控系统

流量计，开放或切断气体管路。将气控球阀放置在流量计出口是为了防止流量计受到压力的冲击以及方向压力的冲击。在气体通过减压阀、流量计、气控球阀、背压阀后，由一个 TESCOM 气控减压控制阀，将气体压力调理到预设的压力（小于 20MPa），进入下进气系统。

## 二、动态体系实验测试过程

### （一）实验装置与材料

本套气体垂向运移体系下天然气水合物声学特性探测装置由四个组成部分：高压反应釜、温控箱、压力控制单元和计算机采集系统（图 5.7）。反应釜壁厚为 12mm，密封端盖厚度为 38mm，反应釜内径是 200mm。两块微孔烧结板将反应釜内空间分隔为三个部分：下气室、上气室和中间样品室。该微孔烧结板能够承受的最大压差为 3MPa。配气系统由高压供气管路、空压机、气体钢瓶和增压泵组成。压力传感器的量程为 0 ~ 35MPa，测量误差为 ±0.1MPa。实验过程中通过空气浴对反应釜进行缓慢降温。冷却空间内可控温度范围 0℃ ~ 室温，控温精度为 ±0.5℃。

实验体系的温度由两个 Pt100 热电阻测量，位于反应釜中间部位。本套实验装置中的 TDR 测试系统由 TDR 信号发生器、双棒式 TDR 探针和计算机组成。TDR 信号发生器为美国坝贝尔科学（Campbell Scientific）公司生产的 TDR100，采用自制的 TDR 探针测量样品的含水量，探针长度为 0.16m，测量误差为 ±2% ~ ±2.5%（Wright et al.，2002）。超声测量主要通过泰克（Tektronix）公司的 MDO3024 型示波器和相应的声波数据采集软件实现，超声波发射卡与超声波数据采集软件由同济大学提供。

实验沉积物为粒径为 0.425 ~ 0.85mm 的石英砂，实验溶液为 0.03% 的十二烷基硫酸

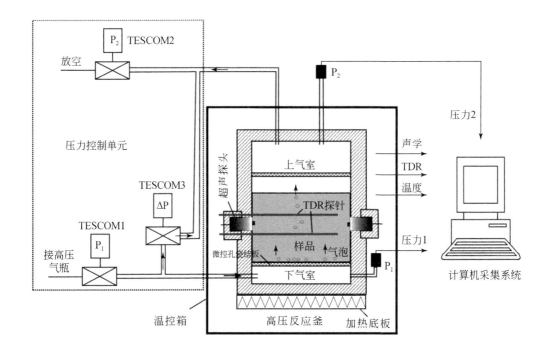

图 5.7　气体垂向运移模式天然气水合物声学模拟实验装置

钠溶液（SDS 溶液），实验的气体是纯度为 99.9% 的 $CH_4$ 气体。为了解决在气体运移过程中气路堵塞的问题，防止沉积物中的水分流入到下气室与沉积物层之间的微孔烧结板中，自制了一种防水透气砂铺设在反应釜沉积物层底部，防水透气砂是在普通砂子表面覆上一层防水涂料制成。

**（二）实验步骤**

首先装填反应釜，填装过程如下：

（1）将反应釜用到的实验内筒、弯曲元换能器、TDR 探针、Pt100 探针、烧结板等装入反应釜中并固定好；

（2）在反应釜样品室底层铺上厚度约 3cm 的防水透气砂；

（3）在样品室防水透气砂上部填入饱和水的沉积物样品；

（4）将样品室中的石英砂压实，对反应釜进行密封；

（5）向反应釜中通入一定量的气体进行气密性检测。

反应釜填装完毕，之后将整套实验装置开启进行实验，实验预设的压力为 6MPa 并开启实验：

（1）为了保证实验过程中有足够量的甲烷气体，将增压泵中的压力增压至 12MPa 左右，如果实验过程中需要再次增压，增压过程需要实验人员全程参与以保证安全；

（2）将供气管路上的手动截止阀全部打开，保持气路畅通；

（3）启动台达可编程控制器（programmable logic controller，PLC）和控制计算机，打开超声采集软件和 TDR 采集软件，存储采集到的数据；

（4）打开压力控制界面，对反应体系的压力进行设置增压，并进行压差设置；

（5）待压力设置完成后，开启恒温箱，设置温度为2℃，对反应釜进行空气浴降温；

（6）开启下气室加热底板，使加热底板的温度每隔10min 加热至30℃，防止水合物在微孔烧结板内生成；

（7）水合物生成结束并保持一段时间后，关闭制冷，开始自然升温使天然气水合物分解。

至此，一轮次天然气水合物生成与分解实验操作结束。

#### （三）实验数据

在相同实验条件下进行六个轮次实验，实验结果重复性较好，以第四轮次实验为例进行分析。将沉积物中天然气水合物生成分解试验中所获得的温度、上下气室压力、TDR 波形数据以及超声波数据进行抽样处理，所得的数据如下表所示（表5.3）。

表5.3　水合物生成分解过程实验数据

| 时间 $t$/h | 温度 $T$/℃ | 上气室 $P_1$/MPa | 下气室 $P_2$/MPa | 水合物饱和度 $S_h$/% | 横波波速 $V_s$/(m/s) | 纵波波速 $V_p$/(m/s) |
|---|---|---|---|---|---|---|
| 0 | 16.82 | 6.02 | 6.11 | 0.00 | 712.37 | 1721.82 |
| 1 | 13.34 | 6.05 | 6.11 | 0.00 | 714.55 | 1735.58 |
| 2 | 9.65 | 6.06 | 6.13 | 0.00 | 812.48 | 1807.64 |
| 3 | 7.57 | 6.02 | 6.11 | 5.64 | 819.98 | 1852.87 |
| 4 | 7.14 | 6.05 | 6.11 | 12.79 | 823.60 | 1861.68 |
| 5 | 6.85 | 6.03 | 6.10 | 15.26 | 822.23 | 1938.95 |
| 6 | 6.75 | 5.98 | 6.10 | 15.26 | 826.11 | 1946.88 |
| 7 | 6.71 | 5.97 | 6.10 | 20.34 | 852.98 | 1948.45 |
| 8 | 7.20 | 6.01 | 6.13 | 28.26 | 859.62 | 2003.63 |
| 9 | 7.02 | 5.99 | 6.12 | 33.72 | 863.33 | 2018.66 |
| 10 | 7.11 | 6.02 | 6.12 | 33.72 | 861.47 | 2049.68 |
| 11 | 6.60 | 6.03 | 6.11 | 36.49 | 862.26 | 2053.19 |
| 12 | 6.20 | 6.04 | 6.12 | 42.12 | 862.02 | 2048.32 |
| 13 | 6.16 | 6.05 | 6.13 | 53.53 | 935.95 | 2226.43 |
| 14 | 6.84 | 6.06 | 6.12 | 56.40 | 962.93 | 2225.23 |
| 15 | 7.11 | 6.08 | 6.12 | 59.25 | 1026.86 | 2243.44 |
| 16 | 7.08 | 6.09 | 6.12 | 64.91 | 1026.86 | 2246.30 |
| 17 | 6.72 | 6.10 | 6.12 | 64.91 | 1026.86 | 2246.30 |
| 18 | 5.75 | 6.10 | 6.12 | 64.91 | 1026.86 | 2365.37 |
| 19 | 4.88 | 6.10 | 6.13 | 64.91 | 1031.38 | 2365.37 |

| 时间 $t$/h | 温度 $T$/℃ | 上气室 $P_1$/MPa | 下气室 $P_2$/MPa | 水合物饱和度 $S_h$/% | 横波波速 $V_s$/(m/s) | 纵波波速 $V_p$/(m/s) |
|---|---|---|---|---|---|---|
| 20 | 4.38 | 6.11 | 6.12 | 64.91 | 1163.27 | 2365.37 |
| 21 | 3.99 | 6.08 | 6.12 | 64.91 | 1159.25 | 2417.28 |
| 22 | 3.79 | 6.08 | 6.12 | 64.91 | 1165.39 | 2417.28 |
| 23 | 3.58 | 5.98 | 6.13 | 64.91 | 1183.98 | 2470.65 |
| 24 | 3.43 | 5.92 | 6.14 | 64.91 | 1159.25 | 2470.65 |
| 25 | 3.31 | 5.91 | 6.14 | 64.91 | 1171.39 | 2498.67 |
| 26 | 3.25 | 5.92 | 6.14 | 67.71 | 1165.39 | 2498.67 |
| 27 | 3.25 | 6.03 | 6.13 | 67.71 | 1161.74 | 2498.67 |
| 28 | 3.24 | 6.06 | 6.12 | 67.71 | 1145.25 | 2498.67 |
| 29 | 3.23 | 6.08 | 6.12 | 67.71 | 1183.98 | 2555.74 |
| 30 | 3.23 | 6.09 | 6.13 | 67.71 | 1188.97 | 2523.72 |
| 35 | 3.06 | 5.91 | 6.14 | 67.71 | 1182.79 | 2582.89 |
| 40 | 3.13 | 6.07 | 6.11 | 67.71 | 1184.18 | 2549.27 |
| 45 | 3.17 | 6.08 | 6.12 | 67.71 | 1158.87 | 2519.21 |
| 47 | 3.14 | 6.06 | 6.11 | 67.71 | 1158.87 | 2519.21 |
| 49 | 3.06 | 5.93 | 6.12 | 64.91 | 1164.81 | 2496.90 |
| 50 | 3.99 | 5.93 | 6.18 | 62.09 | 1160.02 | 2435.65 |
| 51 | 6.29 | 5.93 | 6.29 | 59.25 | 1136.27 | 2378.14 |
| 52 | 7.91 | 6.02 | 6.12 | 56.40 | 1087.38 | 2240.58 |
| 53 | 8.50 | 6.01 | 6.12 | 56.40 | 959.90 | 2204.16 |
| 54 | 8.71 | 6.02 | 6.12 | 53.53 | 958.08 | 2195.92 |
| 55 | 8.82 | 6.01 | 6.11 | 50.67 | 876.59 | 2127.66 |
| 56 | 8.88 | 6.02 | 6.12 | 44.96 | 863.92 | 1953.18 |
| 57 | 9.00 | 6.01 | 6.12 | 44.96 | 787.75 | 1924.39 |
| 58 | 9.09 | 6.01 | 6.12 | 42.12 | 782.85 | 1916.02 |
| 59 | 9.18 | 6.01 | 6.12 | 42.12 | 762.04 | 1910.83 |
| 60 | 9.33 | 6.01 | 6.12 | 33.72 | 762.78 | 1906.18 |
| 61 | 9.44 | 6.02 | 6.12 | 33.72 | 765.18 | 1907.73 |
| 62 | 9.64 | 6.02 | 6.12 | 28.26 | 762.86 | 1894.91 |
| 63 | 9.86 | 6.02 | 6.12 | 20.34 | 759.08 | 1881.76 |
| 64 | 10.15 | 6.02 | 6.12 | 15.26 | 758.51 | 1856.97 |
| 65 | 10.51 | 6.03 | 6.12 | 12.79 | 740.82 | 1841.45 |
| 66 | 10.98 | 6.02 | 6.11 | 10.37 | 740.82 | 1841.45 |
| 67 | 11.49 | 6.02 | 6.11 | 7.98 | 724.01 | 1796.87 |

续表

| 时间 $t$/h | 温度 $T$/℃ | 上气室 $P_1$/MPa | 下气室 $P_2$/MPa | 水合物饱和度 $S_h$/% | 横波波速 $V_s$/(m/s) | 纵波波速 $V_p$/(m/s) |
|---|---|---|---|---|---|---|
| 68 | 11.98 | 6.03 | 6.11 | 5.64 | 724.97 | 1796.87 |
| 69 | 12.62 | 6.03 | 6.11 | 3.34 | 724.97 | 1796.87 |
| 70 | 13.15 | 6.03 | 6.11 | 1.08 | 726.39 | 1768.47 |
| 75 | 15.62 | 5.99 | 6.08 | 0.64 | 724.97 | 1782.78 |
| 80 | 16.10 | 5.99 | 6.08 | 0.64 | 688.98 | 1715.95 |

# 三、动态体系实验结果分析

## （一）温压与水合物饱和度

水合物生成与分解过程中反应釜内温度、压力、饱和度和声速变化图如图 5.8 所示。图 5.8 中在 0h 时开始进行水合物生成分解实验，实验过程中的温压变化可以大致分为以下几个过程。

（1）在 0～3h，为温度下降阶段，由最初的 16.82℃ 下降至 7℃ 左右，此时未达到水合物生成的相平衡条件，沉积物中没有水合物生成。通过 TESCOM 控制阀的作用使得上下气室压力 $P_1$、$P_2$ 稳定保持在 6MPa 左右。且反应体系上下气室之间保持一定的压差，为气体垂向运移提供驱动力。

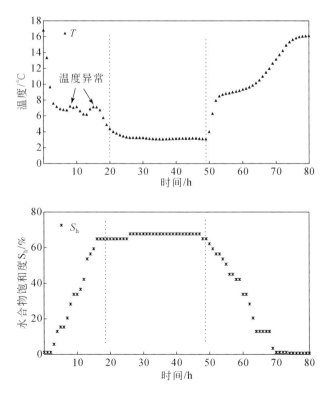

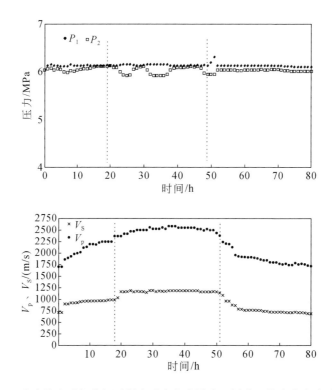

图5.8　水合物生成与分解过程中反应釜内温度、压力、饱和度和声速变化

（2）在3～15h，此阶段温度约为7℃。由于水合物的生成过程是一个放热过程，因此在水合物的生成过程中可能会导致温度短暂地异常上升。在这个过程中反应釜内上下气室的压力 $P_1$、$P_2$ 基本保持平衡，压力保持在6MPa左右，表明在实验过程中气体运移体系的供气顺畅，气体运移通道没有发生堵塞。

（3）在15～26h，此阶段温度持续下降，温度达到3℃以下。在这个过程中水合物大量生成，上气室压力 $P_1$ 出现很小的压力波动，但基本保持不变。下气室压力 $P_2$ 依然保持为6.1MPa左右。

（4）在26～50h，此阶段温度和上下气室压力 $P_1$、$P_2$ 基本不变，是水合物生成的一个保持阶段，水合物饱和度也基本不变。

（5）在50～80h，此阶段为水合物分解阶段，将温控箱和进气端截止阀关闭，并将下气室加热底板关闭，使反应釜在室温下自然升温分解。由图5.8中可以看出温度先有一个快速的上升，之后缓慢上升，上下气室压力 $P_1$、$P_2$ 及上下气室压力差基本保持不变，水合物分解产生的气体由排气口处背压阀控制排出。待到反应釜内水合物分解完全，实验结束。

由图5.8可得水合物饱和度的变化可以分为四个阶段，在0～3h的开始阶段，随着温度的下降未达到水合物生成的相平衡条件，没有水合物生成。在3～25h阶段，反应釜内压力保持不变，随着温度的下降水合物饱和度逐渐变大，饱和度最大值达到67%左右。之后在25～50h阶段，水合物饱和度基本保持不变，达到一个相对稳定平衡的状态。在50h

之后阶段，反应釜开始升温，水合物开始分解，水合物饱和度呈现下降趋势直至水合物分解完毕。

在进行的六个轮次实验中，前两个轮次实验未启用加热底板，在实验进行中随着水合物的生成将下部底板堵塞，造成了反应釜压力下降，随着反应的进行，体系成了一个封闭体系，为了确定反应釜是何时堵塞，进行了如下定量计算。

假设某一时间反应釜堵塞，则其会形成一个相对封闭的空间，通过气体状态方程可以得到某时刻釜内气体的量：

$$n = \frac{PV}{ZRT} \tag{5-1}$$

式中，$P$ 为体系内压力，Pa；$V$ 为反应釜气相体积，$m^3$；$Z$ 为气体的压缩因子；$R$ 为摩尔气体常数，$8.314J/(mol·℃)$；$T$ 为水合物生成过程中系统温度。则某一个时间段内 $\Delta n1$ 为釜内消耗的甲烷量。

随着反应釜内水合物的生成，我们可以由水合物的饱和度求得生成水合物的甲烷量：

$$V = z×A×P×H×E \tag{5-2}$$

式中，$V$ 为天然气的体积，$m^3$；$z$ 为天然气水合物稳定带的厚度，即沉积物厚度，m；$A$ 为含天然气水合物的面积，即反应釜的截面积，$m^2$；$P$ 为平均孔隙度，%；$H$ 为天然气水合物饱和度，%；$E$ 为天然气水合物容积倍率，它是天然气水合物分解成天然气的体积当量或膨胀系数，取 165（龚建明，2007）。由天然气水合物的饱和度可计算得到某一时间段内生成水合物中甲烷量 $\Delta n2$。

由图 5.9 可以看到，一开始消耗甲烷量与生成水合物中甲烷量不一致，表明反应釜没有被堵塞，气体运移顺畅，从 14h 左右开始，消耗量与生成量较为一致。则可以认为在实验进行到第 14h 左右，反应釜被堵塞，形成一个相对封闭的空间。在 14h 左右，水合物的饱和度大约为 30%（图 5.10）。

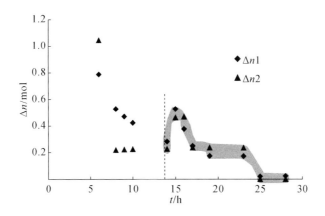

图 5.9　反应釜消耗甲烷的量同生成水合物中甲烷的量随时间变化图

$\Delta n1$ 为甲烷消耗量；$\Delta n2$ 为生成水合物中甲烷量

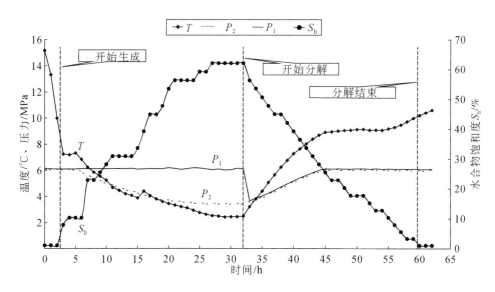

图 5.10　水合物生成分解过程中温度、压力和水合物饱和度变化图

### （二）含水合物沉积物的声学特性

实验体系有适宜的温度、压力，有充足的孔隙空间和水，并且具有很好的气体垂向运移体系，能够非常好地模拟气体垂向运移体系下水合物的生成过程。为确保实验的可靠性，进行了六个轮次实验。由实验结果可得，含水合物沉积物的声速随水合物饱和度变化的趋势较为一致，表明实验结果具有很好的重复性。以第四轮为例对水合物生成分解过程中声学特性进行描述（图 5.8）。由图 5.8 可见，在水合物生成的初始阶段，含水合物沉积物的声速有一个较快速的增长，之后声速有一个较缓慢的增长，随后当水合物饱和度达到 60% 左右时声速再次有一个较快速的增长。在水合物分解阶段的初期，含水合物沉积物声速下降非常快，之后随着水合物饱和度的下降声速缓慢下降。在实验开始时纵波波速和横波波速分别为 1702m/s 和 712m/s。当水合物生成完全时水合物饱和度达到 67%，纵波波速和横波波速分别达到 2580m/s 和 1184m/s。

根据所获得的实验数据建立了含水合物沉积物中水合物饱和度和声速之间的关系，结果如图 5.11 和图 5.12 所示。当水合物饱和度小于 50% 时，在相同的饱和度下，水合物生成过程中的纵波速度和横波速度比水合物分解过程中的纵波速度和分解速度大。实验结果同胡高伟等（2012）在封闭体系下得到的声速与水合物饱和度之间关系相吻合。沉积物骨架的声速很容易被水合物的形态所影响，在水合物形成过程中胶结沉积物颗粒，导致沉积物的声速增加非常迅速（Priest 等，2005）。之后水合物继续胶结沉积物颗粒或在孔隙流体中生成。我们推断如果水合物首先在颗粒接触处分解，颗粒之间的胶结作用将会被破坏，所以同水合物生成过程相比，分解过程将会导致较低声速（图 5.11）。实验结果表明，在封闭体系下，随着水合物饱和度的增加，声速增加速率较稳定。在气体垂向运移体系下，在水合物饱和度在 0~20% 时，声速有一个小幅度的快速增加。当水合物饱和度在 20%~

60%时，声速的增加幅度变慢。当水合物饱和度大于60%时，声速的增加再次变快。总体来说，随着水合物饱和度的增加，含水合物沉积物声速呈现出快速–慢速–快速的增长趋势。

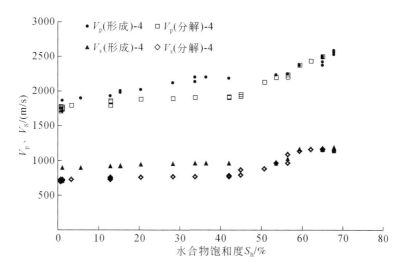

图 5.11　水合物生成和分解过程中纵横波速度随水合物饱和度的变化

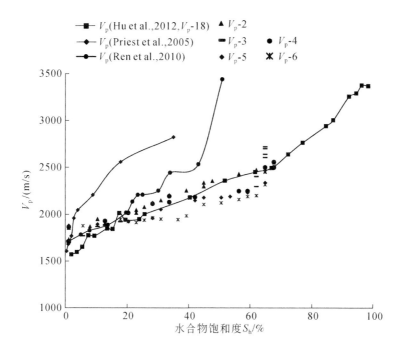

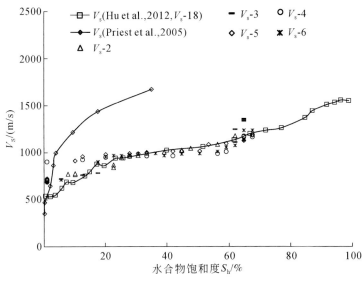

图 5.12　声速随水合物饱和度变化

**（三）模型计算与分析**

针对含水合物沉积物的速度模型研究，主要有经验公式计算和建立在岩石物理模型基础上的理论模型研究。适应于本实验研究的经验公式有 Wood 方程、权重方程和 K-T 方程，理论模型有等效介质理论和 BGTL 模型。将经验公式和理论模型计算结果同实验所获得数据进行对比分析。

利用 Dvorkin 等（1999）和 Helgerud 等（1999）提出的等效介质理论模型对含水合物松散沉积物的纵波速度进行计算。等效介质理论模型的三种模式则分别指示水合物在孔隙流体中与沉积物颗粒接触或与沉积物颗粒胶结。三种模式的计算结果与实验实测的数据见图 5.13 和图 5.14。

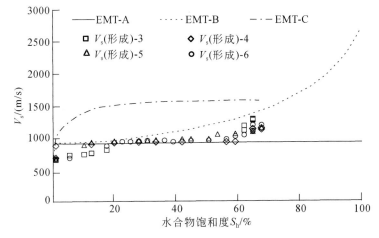

图 5.13　等效介质理论预测的横波速度与实测值对比图

EMT-A 为水合物孔隙充填模式；EMT-B 为水合物与沉积物颗粒接触模式；EMT-C 为水合物胶结沉积物模式

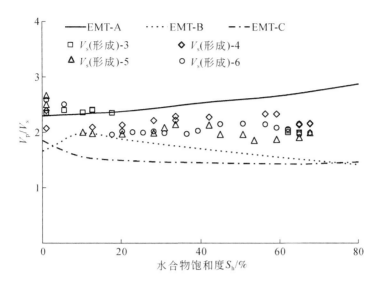

图5.14 等效介质理论预测的纵横波速度比与实测值对比图

EMT-A 为水合物孔隙充填模式；EMT-B 为水合物与沉积物颗粒接触模式；EMT-C 为水合物胶结沉积物模式

在水合物形成的初期，实验结果同等效介质理论模式 C（胶结模式）的计算结果有相似的趋势，实验结果同等效介质理论模型并不吻合直到水合物饱和度达到 20%。当水合物饱和度为 20%~60% 时，实验结果同等效介质理论模式 A 的计算结果接近。我们知道纵波速度受游离气影响很大，但是游离气的存在对横波速度影响很小（Riedel et al., 2014）。在水合物生成过程中，$V_p/V_s$ 的变化要比单独的纵波或横波的变化显著，因此用 $V_p/V_s$ 的变化对水合物生成过程中的声速进行描述。随着水合物饱和度的增加，$V_p/V_s$ 表现出减小的趋势。由于纵波速度和横波速度随着水合物饱和度的增加而增加，所以 $V_p/V_s$ 的变化体现出 $V_s$ 的增长速率要大于 $V_p$ 的增长速率。在水合物的形成过程中，$V_p/V_s$ 的变化范围在等效介质理论模式 C 和等效介质理论模式 A 之间。

BGTL 中具有调节因子，因此可以对 BGTL 中的调节因子 $G$ 和 $n$ 进行取值分析（图 5.15 和图 5.16）。结果表明，$G$ 和 $n$ 的取值对横波速度的影响比对纵波速度的影响大。当 $n=0.1$ 不变时，随着 $G$ 的增大纵横波速度逐渐增大。当 $G$ 不变时，随着 $n$ 的增大纵横波速度逐渐减小。从图 5.16 和图 5.17 中可以看出，当 $G=0.6$，$n=0.2$ 时，BGTL 预测的纵波速度值同实验实测值接近一致。当 $G=0.7$，$n=0.1$ 时，在水合物饱和度为 0~20% 时，BGTL 预测的横波速度同实测值接近，当 $G=0.8$，$n=0.1$ 时，在水合物饱和度为 20%~60% 时，BGTL 预测的横波速度和实测值较一致。

通过调节权重因子 $W$ 和 $n$ 来使得权重方程适应实测值。对权重因子 $W$ 和 $n$ 进行取值分析如下（图 5.17 和图 5.18）。$W$ 为权重因子，$n$ 为与水合物饱和度相关的常数。当 $W=2$ 不变时，$n$ 越大纵横波声速越大。当 $n=0.1$ 不变时，$W$ 越大纵横波声速越小。当 $W$ 值不变时，$n$ 值的变化只能改变曲线的弯曲程度，当水合物饱和度为 0 和 1 时，$n$ 值对声速没有影响。如图 5.19 所示，当 $n=0.1$ 不变时，$W=1$ 时预测声速同实测声速之间仍有差距。

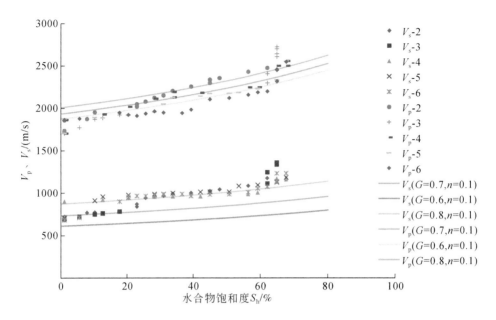

图 5.15　BGTL 中 $G$ 和 $n$ 的取值分析（$n=0.1$，$G$ 取不同值）

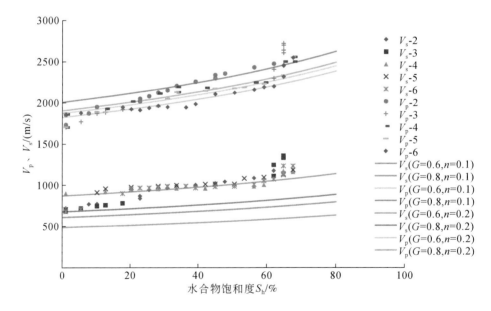

图 5.16　BGTL 中 $G$ 和 $n$ 的取值分析（$n$ 取 0.1 和 0.2，$G$ 取 0.6 和 0.8）

由于 $W>1$ 时，方程偏重 Wood 方程；$W<1$ 时，方程偏重时间平均方程。而时间平均方程更偏重于固结岩石的计算，因此当 $W<1$ 时并不可取，所以在本实验中权重方程并不适应实测横波速度值。由图 5.17 可见，当 $W=2$，$n=0.1$ 时，权重方程的预测值同实验实测纵波速度有较好一致性。

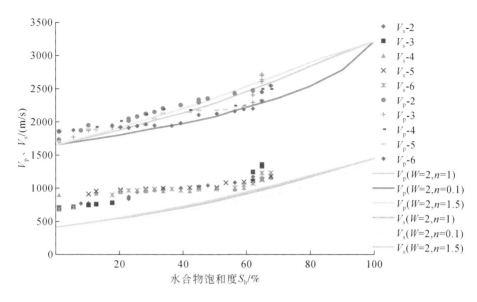

图 5.17　权重方程中 $W$ 和 $n$ 的取值分析（$W=2$，$n$ 取不同值）

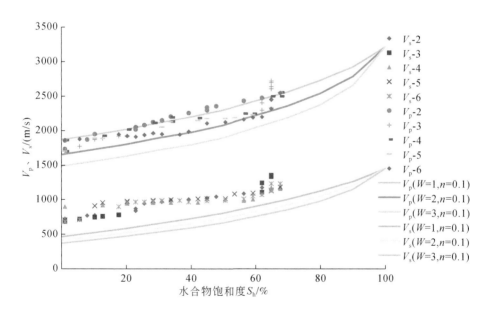

图 5.18　权重方程中 $W$ 和 $n$ 的取值分析（$n=0.1$，$W$ 取不同值）

　　将 Wood 方程和 K-T 方程的计算结果同实验实测结果进行比较，结果如图 5.19 所示。Wood 方程和 K-T 方程的预测值同实验实测结果变化趋势基本不一致，K-T 方程的值同实验实测值有较为近似的变化趋势，但效果不如前面模型的计算结果。因此 Wood 方程和 K-T 方程不能用于本实验的结果预测。

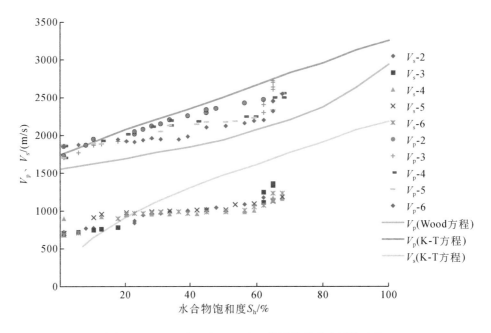

图 5.19　Wood 方程和 K-T 方程的计算值和实测值比较

### （四）　水合物形成过程中水合物分布特征

水合物的微观分布模式主要指水合物生成过程中水合物与沉积物颗粒间的接触关系。Eeker（2001）提出了三种经典的水合物微观分布模式，Jiang 等（2014）在 Eeker 的基础上对模型进行修正，水合物在孔隙空间中三种主要类型为孔隙充填型、骨架/颗粒支撑型和胶结型。对于水合物微观分布模式的研究主要有理论模型推断和直接观测（X-CT 技术等）。Priest 等（2009）、Waite 等（2009）和 Sultaniya 等（2015）均通过实验与理论相结合的方法对水合物的微观分布模式进行推断。X-CT 技术的应用使沉积物孔隙空间中水合物微观分布的观测成为可能，Jin 等（2006）、胡高伟等（2014）和 Yang 等（2016）均通过 X-CT 技术对水合物的微观分布进行直接观测，并取得良好效果。

之前在实验室研究中已经观测到在水合物形成过程中甲烷水合物形态对弹性波速度的影响。我们之前在 X-CT 条件下对水合物的空间分布进行过直接观测。结果表明，在水合物一开始的形成阶段水合物主要胶结沉积物颗粒，之后在中间阶段水合物以接触颗粒或是悬浮在孔隙流体中，最后阶段水合物重新胶结沉积物颗粒（胡高伟等，2014）。在不同的水合物饱和度条件下水合物有多种生长模式，很少量的水合物就能增加沉积物的强度（Dai et al.，2012）。Priest 等（2009）发现当水合物在过量气条件下生成时，会首先在颗粒接触处形成水合物。Sultaniya 等（2015）也发现在用过量气方法进行实验时，水合物会先在颗粒接触处生成，并且优先在颗粒接触处分解。根据得到的实验数据，并且同等效介质理论模型对比分析，结合前人的实验结果，对本次实验过程中水合物的形态变化和分布模式进行描述（图 5.20）。

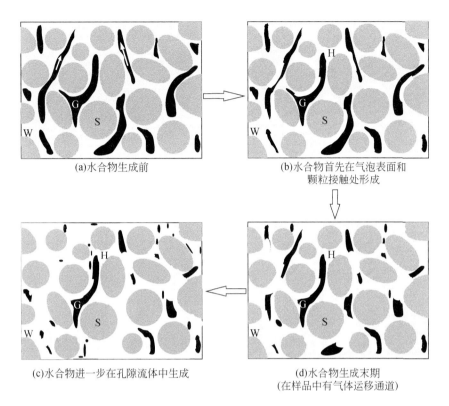

(a)水合物生成前　　　　　　　　　　　(b)水合物首先在气泡表面和
　　　　　　　　　　　　　　　　　　　颗粒接触处形成

(c)水合物进一步在孔隙流体中生成　　　　(d)水合物生成末期
　　　　　　　　　　　　　　　　　　　(在样品中有气体运移通道)

图 5.20　实验中水合物生成的概念模型
S 代表沉积物颗粒；W 代表水；H 代表水合物；G 代表气体

　　在水合物生成反应的开始阶段，水合物饱和度较小并且声波速度增加较快，水合物优先在颗粒接触处和气泡表面以胶结方式形成［图 5.20 (b)］，沉积物颗粒通过水合物壳相互结合在一起。之后随着水合物饱和度的增加，声速增加幅度变小，实验的结果比悬浮模式的结果小一点，可能受气体的影响。由于气体不断在沉积物体系中运移，水合物的形成过程要比封闭体系下困难。在这个阶段，水合物主要在孔隙流体中（悬浮态）生成［图 5.20 (c)］。之后随着水合物饱和度的增加，流体中的水合物同沉积物颗粒相互接触在一起，加强了沉积物骨架的强度［图 5.20 (d)］，所以声速快速增加。在水合物生成过程中，声速同水合物饱和度之间并不是线性关系。随着气体在体系中不停运移，沉积物体系中会始终存在一条气体运移通道［图 5.20 (d)］。在水合物分解过程中，水合物首先在颗粒接触处进行分解，因为砂相较气体或水合物而言有较高的导热性（Cortes et al., 2009），这会破坏水合物胶结骨架。因此，在水合物分解初始阶段声速有一个快速的下降，之后随着水合物持续分解声速的下降幅度变小。

# 第三节　不同甲烷通量模式对水合物形成
# 声学的影响规律

　　目前，有关水合物储层声学特性的实验研究大多以静态体系为研究对象，获得了较为丰富的基础数据资料。气体垂向运移方式下水合物形成的实验技术难度较大，对模拟海底气体向上垂向运移条件下的实验研究不多，针对不同甲烷通量模式的水合物生成模拟实验较少，一般为单一固定甲烷通量供给，且仅有少量实验针对声学特性进行了研究。

　　对野外实际站位和实验的水合物甲烷通量进行调研和计算，计算结果如表5.4所示。关进安等（2009）根据墨西哥湾海底慢速、中速、快速三种渗漏区域分别计算了三种情况下六种不同渗流通量（表5.5），探讨渗流通量对水合物形成和成藏的影响。最小从 $0.05kg/m^2$ 到 $100kg/m^2$，这个取值范围基本能包括目前在全球海域发现的水合物渗漏区域的通量大小范围。

表5.4　甲烷通量实际资料

| 站位 | 甲烷通量/[mol/(m² · s)] | 数据来源（文献资料） |
|---|---|---|
| GC185 区块 Bush Hill | 0.000792745 | 墨西哥湾（Sassen et al., 2001） |
| G23 | $1.32547×10^{-8}$ | 台湾西南部海岸（Chuang et al., 2010） |
| N8 | $6.72248×10^{-9}$ | 台湾西南部海岸（Chuang et al., 2010） |
| GH-10 | $4.09056×10^{-9}$ | 台湾西南部海岸（Chuang et al., 2010） |
| ODP Site 1178 | $1.90259×10^{-10}$ | 日本南海海槽（He et al., 2006） |
| ODP Site 1176 | $2.53678×10^{-10}$ | 日本南海海槽（He et al., 2006） |
| ODP Site 1174 | $2.44165×10^{-9}$ | 日本南海海槽（He et al., 2006） |
| ODP Site HP04 | $2.44165×10^{-9}$ | 日本南海海槽（Toki et al., 2001） |
| ODP Site 1043 | $2.21969×10^{-9}$ | 哥斯达黎加近岸（Ruppel and Kinoshita, 2000） |
| ODP164-994 | $2.79046×10^{-10}$ | Black Ridge（Borowski et al., 1996） |
| ODP164-99 | $2.6002×10^{-10}$ | Black Ridge（Borowski et al., 1996） |
| ODP164-11-8 | $5.70776×10^{-10}$ | Black Ridge（Borowski et al., 1996） |
| ODP204-1244 | $8.56164×10^{-10}$ | Hydrate Ridge（Fang and Chu, 2008） |
| ODP204-994 | $2.50507×10^{-10}$ | Hydrate Ridge（Dickens, 2001） |
| ODP204-995 | $2.40994×10^{-10}$ | Hydrate Ridge（Dickens, 2001） |
| ODP204-997 | $2.28311×10^{-10}$ | Hydrate Ridge（Dickens, 2001） |
| GC-9 | $1.23668×10^{-9}$ | 东沙海域（邬黛黛等，2013） |
| GC-10 | $1.20497×10^{-9}$ | 东沙海域（邬黛黛等，2013） |
| GC-11 | $1.87088×10^{-9}$ | 东沙海域（邬黛黛等，2013） |
| HS-A | $8.24455×10^{-10}$ | 神狐海域（Yang et al., 2010） |
| HS-B | $6.34196×10^{-10}$ | 神狐海域（Yang et al., 2010） |

| 站位 | 甲烷通量/[mol/(m² · s)] | 数据来源（文献资料） |
|---|---|---|
| 模拟实验（数值计算） | $9.90931 \times 10^{-7}$ [0.5kg/（m² · a）] | （关进安等，2009） |
| 模拟实验 | 14.7 | （周红霞等，2012） |

**表5.5　不同甲烷渗流通量范围决定的渗漏体系演化阶段**（关进安等，2009）

| 体系演化阶段大致范围/[kg/(m² · a)] | 慢速<0.55 | | 中速 0.55 ~ 20 | | 快速>20 | |
|---|---|---|---|---|---|---|
| 甲烷通量/[kg/(m² · a)] | 0.05 | 0.5 | 1 | 20 | 50 | 100 |
| 反应时间/ka | 2400 | 2397 | 2396 | 1134 | 456 | 226 |
| 水合物含量/(kg/m²) | 38.35 | 38.35 | 38.35 | 37.74 | 36.87 | 36.15 |

由表5.5中数据可见，野外实际资料显示甲烷通量相对实验模拟较小，实际野外水合物成藏历经时间较长，而实验模拟时间较短，关进安等（2012）模拟渗漏体系下实验甲烷通量为 14.7mol/（m² · s）。美国石溪大学（Eaton et al.，2007）研制的水合物的灵活的综合研究（flexible integrated study of hydrates，FISH）实验装置进行的初步模拟从上部进水下部进气的方式，采用的气体流速为 70 ~ 2000mL/min。针对实验室目前已有的实验装置，对所能提供的甲烷通量进行计算：当压差为 0.01 ~ 1.05MPa 时，甲烷通量为 0.12 ~ 11.51mol/（m² · s），流量范围为 5.11 ~ 490.51mL/min。

纵观上述实验研究，大多在封闭的反应容器中进行的，无法描述流动过程中的气体或气泡在多孔介质内的运移特征，以及水合物的形成过程。甲烷渗流通量是影响水合物形成的重要参数，不同的渗流通量会使水合物的形成速度、成藏资源量、含水合物沉积层的成藏形态和产状有很大不同。通过实验模拟不同甲烷通量供应模式下水合物的生成过程，将有助于理解渗漏型水合物的成藏特性。

# 一、实验测试过程

不同甲烷通量供应模式下天然气水合物声学特性模拟实验装置有五个组成部分：高压反应釜、温度控制系统、压力控制系统、气体流量控制系统和计算机采集系统（图5.21），在前期实验体系基础上增加了一套流量控制系统。两块微孔烧结板将反应釜内空间分隔为三个部分：下气室、上气室和中间样品室。实验过程中通过空气浴对反应釜进行缓慢降温。冷却空间内可控温度范围0℃ ~ 室温，控温精度±0.5℃。

## （一）实验步骤

不同甲烷通量供应模式下沉积物中甲烷水合物饱和度和超声探测实验过程如下。

（1）对实验所用的超声弯曲元换能器、TDR 探针、温度和压力传感器进行标定，检测各部分软硬件设施正常使用性，并安装入反应釜内。

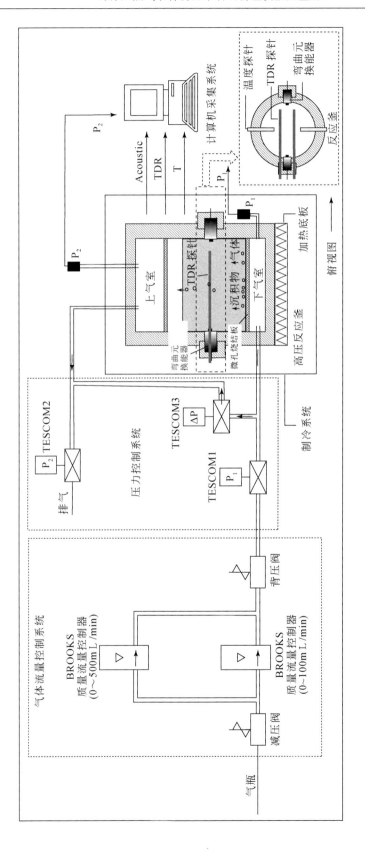

图5.21 气体流量控制模式天然气水合物声学模拟实验装置

（2）在反应釜样品室底部布置约 2cm 厚的防水透气砂，并在防水透气砂上部垫入两层防水滤纸，在滤纸上部填入粒径为 0.15~0.30mm 饱水天然海砂。

（3）将沉积物样品压实，继续加入水使样品过饱和，密封反应釜，并将反应釜充入甲烷气体，使反应釜内压力达到 5MPa，并记录压力，静置 10h 左右为反应釜进行气密性检测。

（4）将反应釜内压力增加至 6MPa，设置实验压差为 0.3MPa，打开反应釜进气端进气阀门。

（5）开启恒温空调装置设置温度为 -20℃，开启气浴室温度控制装置，设置温度为 2℃，对反应釜进行空气浴降温，并开启下气室加热底板。

（6）设置进气流量控制装置，依据实验中所需的甲烷流体通量，对流量控制器进行设置。

（7）待反应釜内压力下降，甲烷水合物开始生成，记录甲烷通量、温度、压力、声波速度和 TDR 数据，当 TDR 波形显示的含水量不再变化时，关闭反应釜进气端进气阀门、制冷系统和加热底板。

### （二）实验数据结果

分别在 30mL/min、60mL/min、200mL/min 和 400mL/min 四种甲烷通量条件下进实验，将不同流体通量下沉积物中天然气水合物生成试验中所获得的温度、上下气室压力、TDR 波形数据以及超声波数据进行抽样处理，所得的数据如表 5.6~表 5.9 所示。

表 5.6 30mL/min 甲烷流速下水合物生成实验数据

| 时间 $t$/h | 甲烷流速 /(mL/min) | 下气室压力 $P$ /MPa | 上气室压力 $P$ /MPa | 温度 $T$/℃ | 横波波速 $V_s$ /(m/s) | 纵波波速 $V_p$ /(m/s) |
|---|---|---|---|---|---|---|
| 0 | 30.05 | 6.15 | 6.14 | 16.81 | 746.11 | 1610.31 |
| 1 | 30.08 | 6.00 | 6.01 | 11.92 | 746.11 | 1610.31 |
| 2 | 30.05 | 5.78 | 5.76 | 8.09 | 786.78 | 1858.24 |
| 3 | 30.05 | 5.56 | 5.53 | 6.83 | 831.16 | 2079.00 |
| 4 | 30.05 | 5.30 | 5.31 | 6.25 | 1202.34 | 2480.51 |
| 5 | 30.05 | 5.03 | 5.01 | 5.62 | 1212.75 | 2525.25 |
| 6 | 30.05 | 4.69 | 4.68 | 5.17 | 1212.75 | 2525.25 |
| 7 | 30.05 | 4.37 | 4.34 | 5.03 | 1223.35 | 2571.64 |
| 8 | 30.05 | 4.06 | 4.04 | 4.45 | 1256.28 | 2619.76 |
| 9 | 30.05 | 3.79 | 3.77 | 3.96 | 1256.28 | 2619.76 |
| 10 | 30.05 | 3.59 | 3.56 | 3.56 | 1291.04 | 2669.72 |
| 11 | 30.05 | 3.47 | 3.44 | 3.31 | 1291.04 | 2669.72 |
| 12 | 30.05 | 3.38 | 3.35 | 3.12 | 1291.04 | 2669.72 |
| 14 | 30.05 | 3.31 | 3.28 | 2.70 | 1291.04 | 2669.72 |

| 时间 $t$/h | 甲烷流速 /(mL/min) | 下气室压力 $P$ /MPa | 上气室压力 $P$ /MPa | 温度 $T$/℃ | 横波波速 $V_s$ /(m/s) | 纵波波速 $V_p$ /(m/s) |
|---|---|---|---|---|---|---|
| 16 | 30.05 | 3.33 | 3.29 | 2.69 | 1291.04 | 2669.72 |
| 18 | 30.05 | 3.38 | 3.35 | 2.69 | 1291.04 | 2669.72 |
| 20 | 30.05 | 3.44 | 3.42 | 2.55 | 1291.04 | 2669.72 |
| 22 | 30.05 | 3.50 | 3.45 | 2.45 | 1291.04 | 2669.72 |
| 24 | 30.08 | 3.51 | 3.47 | 2.26 | 1291.04 | 2669.72 |
| 30 | 30.05 | 3.58 | 3.55 | 1.59 | 1291.04 | 2669.72 |
| 36 | 30.05 | 3.66 | 3.63 | 1.43 | 1291.04 | 2669.72 |
| 40 | 30.05 | 3.86 | 3.83 | 1.43 | 1291.04 | 2669.72 |
| 46 | 30.05 | 4.04 | 4.00 | 1.43 | 1291.04 | 2669.72 |

表 5.7 60mL/min 甲烷流速下水合物生成实验数据

| 时间 $t$/h | 甲烷流速 /(mL/min) | 下气室压力 $P$ /MPa | 上气室压力 $P$ /MPa | 温度 $T$/℃ | 横波波速 $V_s$ /(m/s) | 纵波波速 $V_p$ /(m/s) |
|---|---|---|---|---|---|---|
| 0 | 0 | 6.07 | 6.04 | 23.79 | 746.91 | 1657.98 |
| 1 | 0 | 6.02 | 6.01 | 22.11 | 746.91 | 1657.98 |
| 2 | 0 | 5.77 | 5.74 | 16.08 | 746.91 | 1657.98 |
| 3 | 60 | 5.52 | 5.49 | 11.80 | 746.91 | 1657.98 |
| 4 | 60 | 5.27 | 5.24 | 9.00 | 889.23 | 2075.92 |
| 5 | 60 | 5.10 | 5.08 | 7.77 | 949.54 | 2107.16 |
| 6 | 60 | 4.89 | 4.89 | 7.37 | 1004.02 | 2172.56 |
| 7 | 60 | 4.65 | 4.63 | 6.89 | 1041.36 | 2242.15 |
| 8 | 60 | 4.44 | 4.42 | 6.17 | 1267.66 | 2619.76 |
| 9 | 60 | 4.27 | 4.25 | 5.74 | 1267.66 | 2619.76 |
| 10 | 60 | 4.21 | 4.19 | 5.47 | 1327.77 | 2721.62 |
| 11 | 60 | 4.20 | 4.19 | 5.14 | 1327.77 | 2721.62 |
| 12 | 60 | 4.20 | 4.19 | 4.92 | 1327.77 | 2721.62 |
| 14 | 60 | 4.23 | 4.23 | 4.61 | 1327.77 | 2721.62 |
| 16 | 60 | 4.29 | 4.28 | 4.40 | 1327.77 | 2721.62 |
| 22 | 60 | 4.54 | 4.53 | 4.08 | 1327.77 | 2721.62 |
| 28 | 60 | 4.84 | 4.82 | 3.90 | 1327.77 | 2721.62 |
| 34 | 60 | 5.10 | 5.07 | 3.45 | 1327.77 | 2721.62 |
| 40 | 60 | 5.44 | 5.44 | 3.69 | 1327.77 | 2721.62 |
| 46 | 60 | 5.54 | 5.53 | 3.58 | 1327.77 | 2721.62 |

表 5.8 200mL/min 甲烷流速下水合物生成实验数据

| 时间 $t$/h | 甲烷流速 /(mL/min) | 下气室压力 $P$ /MPa | 上气室压力 $P$ /MPa | 温度 $T$/℃ | 横波波速 $V_s$ /(m/s) | 纵波波速 $V_p$ /(m/s) |
| --- | --- | --- | --- | --- | --- | --- |
| 0 | 200.3 | 6.09 | 6.05 | 24.35 | 771.60 | 1619.62 |
| 1 | 200.3 | 6.07 | 6.08 | 23.82 | 771.60 | 1619.62 |
| 2 | 200.4 | 6.05 | 6.06 | 19.12 | 771.60 | 1619.62 |
| 3 | 200.5 | 5.94 | 5.94 | 13.04 | 771.60 | 1619.62 |
| 4 | 200.4 | 5.76 | 5.77 | 8.64 | 771.60 | 1619.62 |
| 5 | 200.4 | 5.57 | 5.79 | 6.53 | 833.63 | 1843.56 |
| 6 | 200.4 | 5.33 | 5.79 | 6.41 | 912.41 | 2172.56 |
| 7 | 200.3 | 5.05 | 5.80 | 6.37 | 1129.58 | 2480.51 |
| 8 | 200.4 | 4.82 | 5.80 | 5.73 | 1172.14 | 2548.23 |
| 9 | 200.5 | 4.66 | 5.80 | 5.24 | 1172.14 | 2548.23 |
| 10 | 200.5 | 4.63 | 5.80 | 4.94 | 1447.18 | 2951.10 |
| 11 | 200.4 | 4.70 | 5.80 | 4.48 | 1466.89 | 3014.64 |
| 12 | 200.4 | 4.83 | 5.80 | 3.88 | 1466.89 | 3014.64 |
| 14 | 200.4 | 5.17 | 5.80 | 2.83 | 1466.89 | 3014.64 |
| 16 | 200.4 | 5.56 | 5.80 | 2.29 | 1531.06 | 3150.32 |
| 22 | 0.0 | 6.57 | 5.71 | 1.61 | 1531.06 | 3150.32 |
| 28 | 0.0 | 6.58 | 5.80 | 1.72 | 1531.06 | 3150.32 |
| 34 | 0.1 | 6.59 | 5.77 | 1.37 | 1531.06 | 3150.32 |
| 40 | 0.0 | 6.59 | 5.76 | 1.59 | 1531.06 | 3150.32 |

表 5.9 400mL/min 甲烷流速下水合物生成实验数据

| 时间 $t$/h | 甲烷流速 /(mL/min) | 下气室压力 $P$ /MPa | 上气室压力 $P$ /MPa | 温度 $T$/℃ | 横波波速 $V_s$ /(m/s) | 纵波波速 $V_p$ /(m/s) |
| --- | --- | --- | --- | --- | --- | --- |
| 0 | 400.8 | 6.11 | 6.07 | 27.17 | 750.91 | 1601.10 |
| 1 | 400.7 | 6.12 | 6.12 | 23.06 | 750.91 | 1601.10 |
| 2 | 400.7 | 6.11 | 6.10 | 15.80 | 750.91 | 1601.10 |
| 3 | 400.8 | 6.12 | 6.11 | 10.01 | 750.91 | 1601.10 |
| 4 | 400.8 | 6.13 | 6.13 | 7.92 | 969.26 | 2075.92 |
| 5 | 400.8 | 6.14 | 6.15 | 7.19 | 1041.36 | 2107.16 |
| 6 | 400.8 | 6.13 | 6.14 | 6.74 | 1172.14 | 2480.51 |
| 7 | 400.7 | 6.11 | 6.10 | 6.66 | 1202.34 | 2571.64 |

续表

| 时间 $t$/h | 甲烷流速 /(mL/min) | 下气室压力 $P$ /MPa | 上气室压力 $P$ /MPa | 温度 $T$/℃ | 横波波速 $V_s$ /(m/s) | 纵波波速 $V_p$ /(m/s) |
|---|---|---|---|---|---|---|
| 8 | 400.8 | 6.07 | 6.07 | 6.68 | 1202.34 | 2571.64 |
| 9 | 400.8 | 6.05 | 6.04 | 7.10 | 1327.77 | 2721.62 |
| 10 | 400.9 | 6.12 | 6.12 | 6.77 | 1482.42 | 2951.10 |
| 11 | 400.8 | 6.14 | 6.07 | 6.09 | 1498.29 | 3080.99 |
| 12 | 401.0 | 6.13 | 6.14 | 5.69 | 1547.99 | 3222.84 |
| 13 | 400.7 | 6.13 | 6.14 | 4.68 | 1547.99 | 3222.84 |
| 15 | 400.7 | 6.13 | 6.14 | 3.53 | 1547.99 | 3222.84 |
| 17 | 400.8 | 6.13 | 6.09 | 3.17 | 1547.99 | 3222.84 |
| 19 | 400.7 | 6.14 | 6.14 | 2.96 | 1638.58 | 3298.77 |
| 21 | 400.7 | 6.13 | 6.14 | 2.81 | 1638.58 | 3298.77 |
| 23 | 400.8 | 6.13 | 6.10 | 2.60 | 1638.58 | 3298.77 |
| 25 | 400.7 | 6.13 | 6.11 | 2.52 | 1638.58 | 3298.77 |
| 27 | 400.5 | 6.13 | 6.15 | 2.50 | 1638.58 | 3298.77 |
| 29 | 400.8 | 6.13 | 6.15 | 2.50 | 1638.58 | 3298.77 |
| 31 | 400.8 | 6.13 | 6.14 | 2.52 | 1638.58 | 3298.77 |
| 33 | 400.9 | 6.13 | 6.15 | 2.68 | 1638.58 | 3298.77 |
| 35 | 400.9 | 6.12 | 6.12 | 2.74 | 1638.58 | 3298.77 |
| 37 | 400.8 | 6.11 | 6.05 | 2.72 | 1638.58 | 3298.77 |

# 二、实验数据分析

## （一）实验过程中温压特性

在实现气体流速控制的条件下，进行了不同甲烷通量供应模式下的多轮次模拟实验，分别进行了 30mL/min、60mL/min、200mL/min 和 400mL/min 的甲烷流速控制，分别对各通量模式选取一轮实验数据进行分析，实验过程中温度如图 5.22 所示，上下气室的压力变化如图 5.23 所示。

从图 5.22 可发现温度在水合物生成过程中的变化。随着温度的下降至相平衡以下，水合物开始生成，一般由于水合物生成过程中放热，会导致生成过程中出现温度异常升高点。由图 5.22 可见，在四组不同甲烷通量模式下均出现了温度异常点，但是在 30mL/min 和 60mL/min 流速模式下变化很小，出现轻微波动，而在 200mL/min 和 400mL/min 流速模式下可见非常明显的温度异常点。可能由于在较高甲烷通量模式下水合物生成过程比较低甲烷通量模式剧烈，在温度下降过程中造成了较大的温度波动；而较低通量下，水合物形成放热伴随流动气体被带走，温度异常不明显。

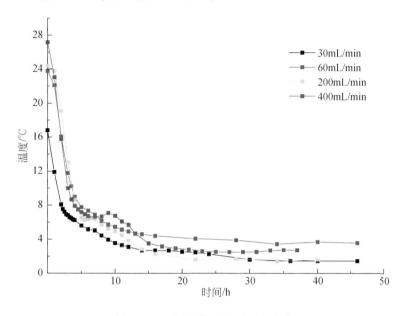

图 5.22　不同流体通量下温度变化

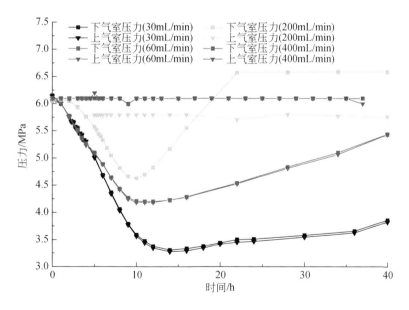

图 5.23　不同流体通量下压力变化

从图5.23可发现实验过程中反应釜上下气室间压力基本保持不变，在30mL/min和60mL/min流速供气实验前期，即水合物达到最大饱和度之前，反应釜内压力有所下降，表明反应消耗掉气体大于30mL/min和60mL/min的甲烷供应速度，随着水合物的生成，甲烷消耗量逐渐减少，当达到最大水合物饱和度，探测得到饱和度基本不再变化时，反应釜内压力逐渐回升。而当以200mL/min流速供气时，当水合物开始形成，反应釜上气室压力减少至5.8MPa左右，下气室压力降到最低4.6MPa左右，且由于水合物达到最大水合物饱和度，下气室压力开始快速回升，表明200mL/min的供气速度已接近水合物生成过程中甲烷消耗量，同时由于水合物阻塞沉积物中的孔隙通道，造成反应釜下气室与上气室压力产生压差。当以400mL/min流速进行供气时，压力基本没有变化，表明供气速度满足水合物生成过程中的甲烷消耗量，并能保持反应釜内的压力稳定。

### (二) 不同甲烷流速下水合物饱和度变化特性

通过实验，得到了不同甲烷通量对水合物生成速率及水合物生成量的影响（图5.24）。不同甲烷通量条件下，水合物的成核时间不同，且相同时间段内水合物饱和度增量也各不相同（图5.25）。在30mL/min供气流速下，水合物在1h左右开始生成，并在1~5h内生成速率最高，之后在5~10h内生成速率下降，经过10h水合物就达到最高饱和度（71.4%）；在60mL/min供气流速下，水合物在3h左右生成，并在3~10h内生成速率最高，经过10h水合物就达到最高饱和度（74.2%）；在200mL/min供气流速下，水合物在4h左右生成，并在4~7h内生成速率最高，之后在7~16h内生成速率下降，经过16h水合物就达到最高饱和度（82.7%）；在400mL/min供气流速下，水合物在3h左右生成，并在3~6h内生成速率最高，之后在6~19h内生成速率下降，经过19h水合物就达到最高饱和度90.9%。表明在实验条件下，甲烷供应通量越小，生成最大水合物饱和度所需时间越少，甲烷通量越大，生成最大水合物饱和度用时越长，且越易形成高饱和度水合物，但在400mL/min供气流速下，水合物成核时间缩短，可能由于高通量影响成核时间。

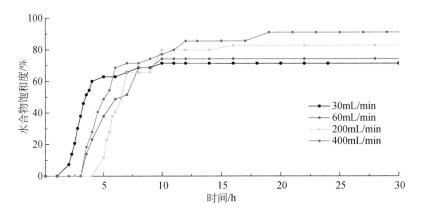

图5.24 不同流体通量下水合物饱和度变化

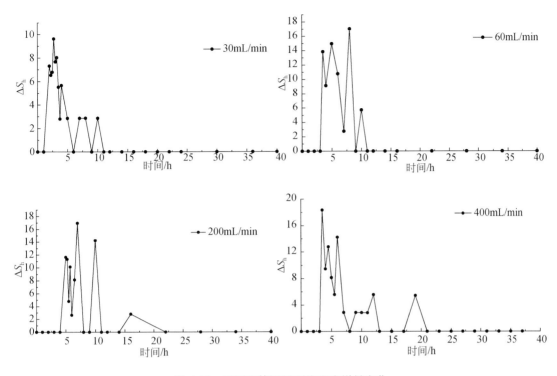

图 5.25　不同流体通量下饱和度增量变化

**(三) 声学特性**

在控制不同流体通量的条件下，分别测得了水合物饱和度和纵横波声速变化数据（图 5.26）。沉积样品中水合物含量的多少直接影响声速变化，且相同时间段内声波速度增量也相应变化（图 5.27）。在 30mL/min 的低通量供气流速下，随着水合物的生成，纵横波速度随之增加，纵波速度在 10h 达到最高声速值 2669.72m/s，横波速度在 10h 达到最高声速值 1291.04m/s；在 60mL/min 供气流速下，纵横波速度在 3h 开始增加，经过 10h 左右，纵波速度达到最高声速值 2721.62m/s，横波速度达到最高声速值 1327.77m/s；在高通量 200mL/min 的供气流速下，声波速度在 4h 左右开始增加，经过 16h 纵波声速达到最高声速值 3150.32m/s，横波声速达到最高声速值 1531.06m/s；在 400mL/min 供气流速下，声波速度在 3h 左右开始增加，经过 19h 纵波速度达到最高声速值 3298.77m/s，横波声速达到最高声速值 1638.58m/s。表明在实验条件下，随着甲烷流体供应通量增大，纵横波最高声速增加，在低甲烷通量下（30mL/min 和 60mL/min）纵波速度随时间变化曲线的斜率比较接近，表明低通量下声波速度增速相近，且最高声速相近。在高通量下（200mL/min 和 400mL/min）纵横波速度随时间变化曲线的斜率比较接近，表明低通量下声波速度增速相近，且最高声速相近。

如图 5.27 所示为不同流体通量下相同时间内的纵横波声速增量，整体情况下纵波与横波声速在相同的时间段内都增加，在 30mL/min 的低通量供气流速下，纵波速度增量最

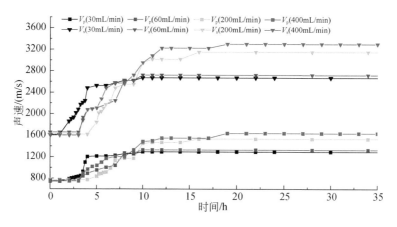

图 5.26　不同流体通量下纵横波声速变化

高为 247.94m/s，横波速度增量最高为 174.09m/s；在 60mL/min 供气流速下，纵波速度增量最高为 377.60m/s，横波速度增量最高为 226.29m/s；在高通量 200mL/min 的供气流速下，纵波速度增量最高为 402.86m/s，横波速度增量最高为 275.04m/s；在 400mL/min 供气流速下，纵波速度增量最高为 331.53m/s，横波速度增量最高为 154.65m/s。表明在实验条件下，随着甲烷流体供应通量增大，纵横波速度增量升高，在 400mL/min 的供气流速下纵横波速度又开始降低，说明在高通量下影响水合物生成速度，从而对声波速度产生影响。

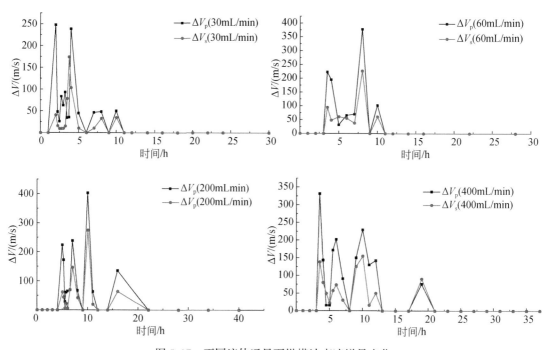

图 5.27　不同流体通量下纵横波声速增量变化

利用获得的实验数据建立不同甲烷通量模式下声速同水合物饱和度之间的关系。由图5.28可见，随着水合物饱和度的增加，纵横波速度逐渐增大。各不同甲烷通量模式体现出较为一致的变化趋势。在整体变化趋势上，各轮实验呈现出相似趋势，如图5.29所示，在水合物生成初期，水合物饱和度低于25%左右，纵横波声速增长相对较快，之后随着水合物继续生成，水合物饱和度为25%~50%，纵横波声速的增长降低，呈现出较为平缓的增长趋势，在水合物饱和度大于50%，纵横波声速的增加速率明显变快。含水合物沉积物纵横波声速随水合物饱和度的增加呈现出快速–慢速–慢快速的变化趋势。

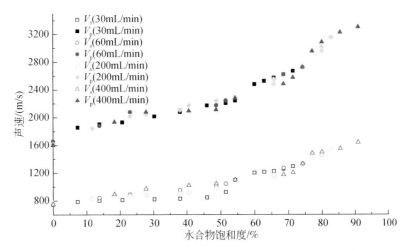

图5.28　不同甲烷通量模式下声速随水合物饱和度变化曲线

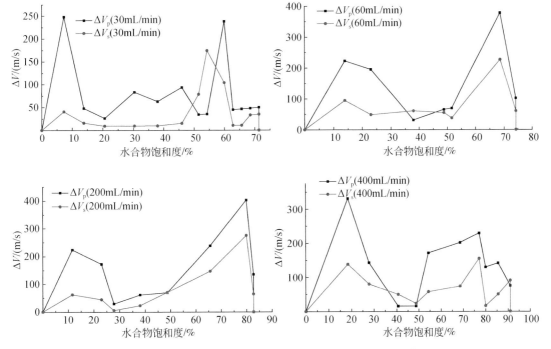

图5.29　不同流体通量下纵横波声速随饱和度增量变化

## 三、含气沉积物体系声学特性模型研究

### (一) 岩石物理模型选取

根据沉积物样品的 X 射线衍射分析，获取矿物类型及含量数据，岩石骨架的不同矿物类型的物性参数如表 5.10 所示。

表 5.10　骨架组分及物性参数

| 矿物名称 | 含量/% | 密度/（g/cm³） | $K$/GPa | $G$/GPa |
|---|---|---|---|---|
| 总黏土矿物 | 3.59 | 2.58 | 20.9 | 6.6 |
| 石英 | 38.95 | 2.65 | 36.6 | 45 |
| 长石 | 57.46 | 2.62 | 76 | 26 |
| 水合物 | — | 0.9 | 5.6 | 2.4 |
| 水 | — | 1.03 | 2.5 | 0 |
| 甲烷气 | — | 0.23 | 0.12 | 0 |

前人通过对孔隙充填型水合物岩石物理模拟的研究结果表明，在气体对沉积体系弹性波速度影响的情况下，权重方程（weighted equation，WE）、改进的 Biot-Gassmann 理论（Biot-Gassmann theory by Lee，BGTL）和简化三相方程（simplified three-phase equation，STPE）的计算结果与实验测试的波速吻合程度相比其他岩石物理模型更具优势。因此本书针对实验选取了权重方程、BGTL 和 STPE 岩石物理模型，计算了不同饱和度下，含水合物的天然海砂纵横波速度变化特征。

#### 1. 权重方程

权重方程将伍德方程和时间平均方程加权在一起，通过调节权重因子 $W$ 和与水合物饱和度相关常数 $n$ 来适应实际情况。其方程如下：

$$\frac{1}{V_{\text{p}}} = \frac{W\phi\,(1-S_{\text{h}})^{n}}{V_{\text{p1}}} + \frac{1-W\phi\,(1-S_{\text{h}})^{n}}{V_{\text{p2}}} \tag{5-3}$$

式中，$V_{\text{p}}$ 为权重方程计算的沉积介质纵波速度，m/s；$V_{\text{p1}}$ 为伍德方程计算得到的纵波速度，m/s；$V_{\text{p2}}$ 为时间平均方程得到的纵波速度，m/s；$W$ 为权重因子；$n$ 为水合物饱和度相关的常数；$S_{\text{h}}$ 为孔隙中天然气水合物的饱和度，%；$\phi$ 为孔隙度，%。

权重方程预测含水合物沉积物的横波速度公式为

$$V_{\text{s}} = V_{\text{p}}\big[\alpha(1-\phi) + \beta_{\text{h}}\phi S_{\text{h}} + \gamma\phi(1-S_{\text{h}})\big] \tag{5-4}$$

式中，$\alpha$ 为基质的 $V_{\text{s}}/V_{\text{p}}$ 值；$\beta_{\text{h}}$ 为水合物的 $V_{\text{s}}/V_{\text{p}}$ 值；$\gamma$ 为水的 $V_{\text{s}}/V_{\text{p}}$ 值。

#### 2. BGTL

BGTL 在预测速度时不仅考虑了分压的影响，而且还考虑了岩石的孔隙度、固结度等因素的影响，其公式为

$$V_p = \sqrt{\frac{K + 4\mu/3}{\rho}} \ , \ V_s = \sqrt{\frac{\mu}{\rho}} \tag{5-5}$$

式中，$V_p$ 为 BGTL 方程计算的沉积介质纵波速度，m/s；$V_s$ 为 BGTL 方程计算的沉积介质横波速度，m/s；$K$ 为沉积介质的体积模量，GPa；$\mu$ 为沉积介质的剪切模量，GPa；$\rho$ 为沉积介质的体积密度，g/cm³。其中，沉积介质的体积模量 $K$ 由式（5-6）可得

$$K = K_{ma}(1 - \beta) + \beta^2 M, \quad \frac{1}{M} = \frac{\beta - \phi}{K_{ma}} + \frac{\phi}{K_{fl}} \tag{5-6}$$

式中，$K_{ma}$ 为岩石骨架的体积模量，GPa；$K_{fl}$ 为孔隙中流体的体积模量量，GPa；$\beta$ 为 Biot 系数，表征了流体体积变化与岩石体积变化的比值，与沉积介质的孔隙度有关；$M$ 为模量，表征了沉积介质体积不变的情况下，将一定量的水压入沉积介质所需要的静水压力增量；$\phi$ 为孔隙度，%。

对于松散沉积物，Biot 系数由式（5-7）可得

$$\beta = \frac{-184.05}{1 + e^{(\phi + 0.56468)/0.09425}} + 0.99494 \tag{5-7}$$

BGTL 假设沉积介质速度比率与沉积物基质速度比率之间存在如式（5-8）关系：

$$V_s = V_p G \alpha (1 - \phi)^n \tag{5-8}$$

式中，$\alpha$ 为基质部分的 $V_s/V_p$ 值；$G$ 为与沉积物中黏土含量有关的常数；$n$ 为取决于分压大小及岩石的固结程度；$\phi$ 为孔隙度，%。

综上得出沉积介质的剪切模量为

$$\mu = \frac{\mu_{ma} G^2 (1 - \phi)^{2n} K}{K_{ma} + 4\mu_{ma}[1 - G^2(1 - \phi)^{2n}]/3} \tag{5-9}$$

式中，$\mu_{ma}$ 为岩石骨架的剪切模量，GPa。其中，$K_{ma}$ 和 $\mu_{ma}$ 可由 Hill 平均方程计算：

$$K_{ma} = \frac{1}{2}\left[\sum_{i=1}^{m} f_i K_i + \left(\sum_{i=1}^{m} f_i/K_i\right)^{-1}\right], \quad \mu_{ma} = \frac{1}{2}\left[\sum_{i=1}^{m} f_i \mu_i + \left(\sum_{i=1}^{m} f_i/\mu_i\right)^{-1}\right] \tag{5-10}$$

式中，$m$ 为岩石固相部分中矿物的种数；$f_i$ 为第 $i$ 种矿物占固相部分的体积分数；$K_i$ 为第 $i$ 种矿物的体积模量，GPa；$\mu_i$ 为第 $i$ 种矿物的剪切模量，GPa。

3. STPE

用于纵横波速度建模的简化三相方程（STPE）公式如下所示：

$$V_p = \sqrt{\frac{K + 4\mu/3}{\rho}} \ , \ V_s = \sqrt{\frac{\mu}{\rho}} \tag{5-11}$$

式中，$V_p$ 为 BGTL 方程计算的沉积介质纵波速度，m/s；$V_s$ 为 BGTL 方程计算的沉积介质横波速度，m/s；$K$ 为沉积介质的体积模量，GPa；$\mu$ 为沉积介质的剪切模量，GPa；$\rho$ 为沉积介质的体积密度，g/cm³。其中，沉积介质的体积模量 $K$ 和剪切模量 $\mu$ 由式（5-12）可得

$$K = K_{ma}(1 - \beta_p) + \beta_p^2 K_{av}, \quad \mu = \mu_{ma}(1 - \beta_s) \tag{5-12}$$

式中，$K$ 为沉积介质的体积模量，GPa；$\mu$ 为沉积介质的剪切模量，GPa；$K_{ma}$ 为岩石骨架的体积模量，GPa；$\mu_{ma}$ 为岩石骨架的剪切模量，GPa。

式（5-12）中 $K_{av}$、$\beta_p$ 和 $\beta_s$ 由式（5-13）可得

$$\frac{1}{K_{av}} = \frac{\beta_p - \phi}{K_{ma}} + \frac{\phi_w}{K_w} + \frac{\phi_h}{K_h}, \quad \beta_p = \frac{\phi_{as}(1+\alpha)}{1+\alpha\phi_{as}}, \quad \beta_s = \frac{\phi_{as}(1+\gamma\alpha)}{1+\gamma\alpha\phi_{as}} \quad (5\text{-}13)$$

式中，$\alpha$ 为沉积物的有效压力和固结程度的固结参数；$\gamma$ 为与剪切模量相关参数；$K_w$ 为水的体积模量，GPa；$K_h$ 为水合物的体积模量，GPa；$\phi$ 为沉积介质的孔隙度，%。

其中，式中 $\phi_{as}$、$\phi_w$ 和 $\phi_h$ 由式（5-14）可得

$$\phi_{as} = \phi_w + \varepsilon\phi_w, \quad \phi_w = (1 - S_h)\phi, \quad \phi_h = S_h\phi \quad (5\text{-}14)$$

式中，$S_h$ 为水合物饱和度，%；$\varepsilon$ 为水合物形成使沉积物骨架发生硬化的降低量，Lee 推荐使用 $\varepsilon = 0.12$ 为建模数值。

其中与剪切模量相关参数 $\gamma$ 和固结参数 $\alpha_i$ 由式（5-15）可得

$$\gamma = (1 + 2\alpha)/(1 + \alpha), \quad \alpha_i = \alpha_0 (P_0/P_i)^n \approx \alpha_0 (d_0/d_i)^n \quad (5\text{-}15)$$

式中，$\alpha_0$ 为有效压力 $P_0$ 或深度 $d_0$ 处的固结参数；$n$ 为 Mindlin（1949）推荐，$n = 1/3$，$\alpha_i$ 为有效压力 $P_i$ 或深度 $d_i$ 处的固结参数。

式（5-11）中水合物填充沉积物孔隙空间的体积密度 $\rho$ 由式（5-16）可得

$$\rho = \rho_s(1 - \phi) + \rho_w\phi(1 - S_h) + \rho_h\phi S_h \quad (5\text{-}16)$$

### （二）模型计算结果分析

将速度模型计算值同实验实测值进行对比，由图 5.30 可以看出，在 BGTL 中，当 $G = 0.6$，$n = 0.1$ 时，水合物饱和度为 20% ~75% 时，BGTL 预测的纵波速度值同实验实测值接近，但 BGTL 预测的横波速度值低于实测值。在权重方程中，当 $W = 1.5$，$n = 0.1$ 时，水

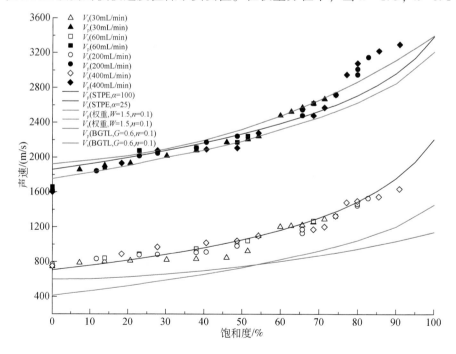

图 5.30　模型计算纵横波速度值同实测值比较

合物饱和度为 0~70% 时，权重方程预测的纵波速度值同实验测试值符合较好，横波速度计算值与实际值趋势相同，但低于实际值。在 STPE 理论中，当固结参数 $\alpha = 100$ 时，水合物饱和度为 0~70% 时，STPE 理论预测的纵波速度值同实验测试值符合较好，当固结参数 $\alpha = 25$ 时，理论预测的横波速度值与实测值不但趋势相近且符合程度较高。

对于含水合物沉积物的速度模型研究，除了上述理论模型，还有一个比较重要的等效介质理论（effective medium theory，EMT）。等效介质理论由 Helgerud 和 Dvorkin（1999）提出，主要适用于松散、高孔隙度沉积物。Ecker（2001）提出了水合物在沉积物中赋存的三种微观模式，并给出了 A、B、C 三种模式在等效介质理论中对应的公式。对于模式 A，水合物被认为是孔隙流体的一部分；对于模式 B，水合物被认为是岩石骨架的一部分，产生了两个效应，一个是使孔隙度减小，另一个是改变了骨架的体积模量和剪切模量；对于模式 C，一方面在孔隙度降低方面等同于模式 B，另一方面，岩石骨架的体积模量和剪切模量的改变需根据 Dvorkin 和 Nar（1993）的胶结理论进行修正，三种模式的计算过程如下。

1. 等效介质理论模式 A

$$V_{\mathrm{p}} = \sqrt{\frac{K_{\mathrm{sat}} + \frac{4}{3}G_{\mathrm{sat}}}{\rho}} \tag{5-17}$$

式中，$V_{\mathrm{p}}$ 为 EMT 方程计算的沉积介质纵波速度，m/s；$K_{\mathrm{sat}}$ 为等效介质的体积模量，GPa；$G_{\mathrm{sat}}$ 为沉积介质的体积模量，GPa；$\rho$ 为沉积介质的体积密度，g/cm$^3$。

计算沉积介质体积密度 $\rho$ 的公式如下：

$$\rho = (1 - \phi)\rho_{\mathrm{s}} + \phi\rho_{\mathrm{f}} \tag{5-18}$$

式中，$\rho_{\mathrm{s}}$ 为岩石固相的体积密度，g/cm$^3$；$\rho_{\mathrm{f}}$ 为流体相的体积密度，g/cm$^3$；$\phi$ 为沉积介质的孔隙度，%。

式 5-18 中的岩石固相的体积密度 $\rho_{\mathrm{s}}$ 和流体相的体积密度 $\rho_{\mathrm{f}}$ 可以根据其各组分的体积百分含量对组分的密度进行算术平均求得，式（5-17）中沉积物的体积模量 $K_{\mathrm{sat}}$ 和剪切模量 $G_{\mathrm{sat}}$ 由式（5-19）可得

$$K_{\mathrm{sat}} = K_{\mathrm{ma}}\frac{\phi K_{\mathrm{dry}} - (1 + \phi)K_{\mathrm{f}}K_{\mathrm{dry}}/K_{\mathrm{ma}} + K_{\mathrm{f}}}{(1 - \phi)K_{\mathrm{f}} + \phi K_{\mathrm{ma}} - K_{\mathrm{f}}K_{\mathrm{dry}}/K_{\mathrm{ma}}}, \ G_{\mathrm{sat}} = G_{\mathrm{dry}} \tag{5-19}$$

式中，$K_{\mathrm{ma}}$ 为岩石固相的体积模量，GPa；$K_{\mathrm{dry}}$ 为干岩石的体积模量，GPa；$G_{\mathrm{dry}}$ 为干岩石的剪切模量，GPa；$K_{\mathrm{f}}$ 为流体的体积模量，GPa。

在模式 A 中，孔隙中有水合物生成，因此式（5-19）中流体的体积模量 $K_{\mathrm{f}}$ 的计算公式为

$$K_{\mathrm{f}} = \left[\frac{1 - S_{\mathrm{h}}}{K_{\mathrm{w}}} + \frac{S_{\mathrm{h}}}{K_{\mathrm{h}}}\right]^{-1} \tag{5-20}$$

式中，$S_{\mathrm{h}}$ 为水合物占孔隙的体积分数，%；$K_{\mathrm{h}}$ 为水合物的体积模量，GPa；$K_{\mathrm{w}}$ 为水的体积模量，GPa；$K_{\mathrm{f}}$ 为流体的体积模量，GPa。

在式（5-19）中，干岩石的体积模量 $K_{\mathrm{dry}}$ 和剪切模量 $G_{\mathrm{dry}}$ 的计算公式为

$$K_{dry} = \begin{cases} \left[ \dfrac{\phi/\phi_c}{K_{hm} + \dfrac{4}{3}G_{hm}} + \dfrac{1 - \phi/\phi_c}{K_{ma} + \dfrac{4}{3}G_{hm}} \right]^{-1} - \dfrac{4}{3}G_{hm}, \quad \phi < \phi_c \\[20pt] \left[ \dfrac{(1 - \phi)/(1 - \phi_c)}{K_{hm} + \dfrac{4}{3}G_{hm}} + \dfrac{(\phi - \phi_c)/(1 - \phi_c)}{\dfrac{4}{3}G_{hm}} \right]^{-1} - \dfrac{4}{3}G_{hm}, \quad \phi \geqslant \phi_c \end{cases} \tag{5-21}$$

$$G_{dry} = \begin{cases} \left[ \dfrac{\phi/\phi_c}{G_{hm} + Z} + \dfrac{1 - \phi/\phi_c}{G_{ma} + Z} \right]^{-1} - Z, \quad \phi < \phi_c \\[20pt] \left[ \dfrac{(1 - \phi)/(1 - \phi_c)}{G_{hm} + Z} + \dfrac{(\phi - \phi_c)/(1 - \phi_c)}{Z} \right]^{-1} - Z, \quad \phi \geqslant \phi_c \end{cases} \tag{5-22}$$

$$Z = \frac{G_{hm}}{6} \left( \frac{9K_{hm} + 8G_{hm}}{K_{hm} + 2G_{hm}} \right) \tag{5-23}$$

$$K_{hm} = \left[ \frac{n^2(1 - \phi_c)^2 G_{ma}^2}{18\pi^2(1 - \nu)^2} P \right]^{\frac{1}{3}}, \quad G_{hm} = \frac{5 - 4\nu}{5(2 - 4\nu)} \left[ \frac{3n^2(1 - \phi_c)^2 G_{ma}^2}{2\pi^2(1 - \nu)^2} P \right]^{\frac{1}{3}} \tag{5-24}$$

式中，$P$ 为有效压力，MPa；$K_{ma}$ 为岩石骨架的体积模量，GPa；$G_{ma}$ 为岩石骨架的剪切模量，GPa；$\nu$ 为岩石骨架的泊松比；$n$ 为临界孔隙度时单位体积内颗粒平均接触的数目，一般取 $8 \sim 9.5$；$\phi_c$ 为临界孔隙度，一般取 $0.36 \sim 0.40$（Nur et al., 1998）。其中，岩石骨架的体积模量 $K_{ma}$ 和剪切模量 $G_{ma}$ 可由 Hill 平均方程计算求得

$$K_{ma} = \frac{1}{2} \left[ \sum_{i=1}^{m} f_i K_i + \left( \sum_{i=1}^{m} f_i/K_i \right)^{-1} \right], \quad G_{ma} = \frac{1}{2} \left[ \sum_{i=1}^{m} f_i G_i + \left( \sum_{i=1}^{m} f_i/G_i \right)^{-1} \right] \tag{5-25}$$

式中，$m$ 为岩石固相部分中矿物的种数；$f_i$ 为第 $i$ 种矿物占固相部分的体积分数；$K_i$ 为第 $i$ 种矿物的体积模量，GPa；$G_i$ 为第 $i$ 种矿物的剪切模量，GPa。

在式（5-24）中的岩石骨架的泊松比 $\nu$，由式（5-26）可得

$$\nu = 0.5 \left( K_{ma} - \frac{2}{3}G_{ma} \right) / (K_{ma} + G_{ma}/3) \tag{5-26}$$

### 2. 等效介质理论模式 B

模式 B 中将水合物被认为是岩石骨架的一部分，产生了两个效应：一个是使孔隙度减小，另一个是改变了骨架的体积模量和剪切模量。因此，在模式 A 的基础上，需对沉积物孔隙度进行修正，即 $\phi_r = \phi(1 - S_h)$。同时，应将水合物作为矿物组分代入公式来计算岩石的 $K_{ma}$ 和 $G_{ma}$。此外，沉积物孔隙中只有水，孔隙流体的密度和体积模量等直接用水的替代。由于水合物生成减小孔隙度，在计算 $K_{dry}$ 和 $G_{dry}$ 时，应注意孔隙度 $\phi_r$ 与 $\phi_c$ 的大小关系，在式（5-21）和式（5-22）中选择合适的公式。

### 3. 等效介质理论模式 C

模式 C 一方面在孔隙度降低方面等同于模式 B，另一方面，岩石骨架的体积模量和剪切模量需根据 Dorkin 等的胶结理论进行修正。因此，在计算 $\phi_r$、$K_{ma}$、$G_{ma}$、$K_f$ 和 $\rho_f$ 时与模式 B 相同，在计算 $K_{dry}$ 和 $G_{dry}$ 时，则使用下列公式计算：

$$K_{dry} = \frac{1}{6} n(1 - \phi) \left( K_h + \frac{4}{3}G_h \right) S_n \tag{5-27}$$

$$G_{dry} = \frac{5}{3}K_{dry} + \frac{3}{20}n(1-\phi)G_hS_\tau \tag{5-28}$$

式（5-27）和式（5-28）中的 $S_n$ 和 $S_\tau$ 是与胶结的压力和胶结的水合物数量等成正比的参数，它们的计算公式为

$$S_n = A_n(\Lambda_n)\alpha^2 + B_n(\Lambda_n)\alpha + C_n(\Lambda_n) \ ,$$
$$A_n(\Lambda_n) = -0.024153\Lambda_n^{-1.3646} \ ,$$
$$B_n(\Lambda_n) = 0.20405\Lambda_n^{-0.89008} \ ,$$
$$C_n(\Lambda_n) = 0.00024649\Lambda_n^{-1.9864} \ 。 \tag{5-29}$$

$$S_\tau = A_\tau(\Lambda_\tau,\nu)\alpha^2 + B_\tau(\Lambda_\tau,\nu)\alpha + C_\tau(\Lambda_\tau,\nu) \ ,$$
$$A_\tau(\Lambda_\tau,\nu) = -10^{-2}(2.26\nu^2 + 2.07\nu + 2.3)\Lambda_\tau^{0.079\nu^2+0.1754\nu-1.342} \ ,$$
$$B_\tau(\Lambda_\tau,\nu) = (0.0573\nu^2 + 0.0937\nu + 0.202)\Lambda_\tau^{0.0274\nu^2+0.0529\nu-0.8765} \ ,$$
$$C_\tau(\Lambda_\tau,\nu) = 10^{-4}(9.654\nu^2 + 4.945\nu + 3.1)\Lambda_\tau^{0.01867\nu^2+0.4011\nu-1.8186} \ ,$$

$$\Lambda_n = \frac{2G_h}{\pi G}\frac{(1-\nu)(1-\nu_h)}{1-2\nu_h} \ ; \ \alpha = \left[\frac{2S_h}{3(1-\phi)}\right]^{0.5} \ ; \ \Lambda_\tau = \frac{G_h}{\pi G} \tag{5-30}$$

式中，$G_h$ 为水合物的剪切模量，GPa；$\nu_h$ 为水合物的泊松比，g/cm³；$\nu$ 为沉积物的泊松比；$\alpha$ 为水合物胶结沉积物颗粒后胶结部分半径同沉积物颗粒半径的比值。

应用 EMT 三种模型进行计算，将计算结果同实测值比较。计算结果如图 5.31 与图 5.32 所示，在不考虑沉积体系中气体对声速的影响下，EMT 三种模型中，EMT-A 模型计算结果整体上与实验结果相差较大，在水合物饱和度小于 60% 左右，纵横波速度计算结果大于实测值，水合物饱和度大于 70% 左右，纵横波速度小于实测值；EMT-B、EMT-C 模型计算的纵横波速度结果均大于实验测试值，与实测值偏差较大。在甲烷通量供应体系下，由于沉积体系中甲烷气和水共同存在，因此在此考虑气体存在，针对有气水分布条件下使用 EMT-B 模型计算，由图 5.31 可见，当考虑到沉积体系中气水均匀分布或非均匀分

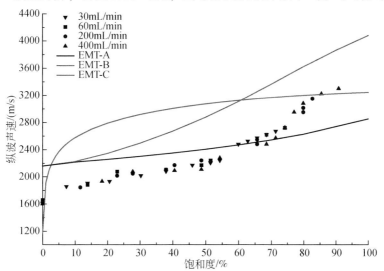

图 5.31　等效介质理论模型计算纵波速度值同实测值比较

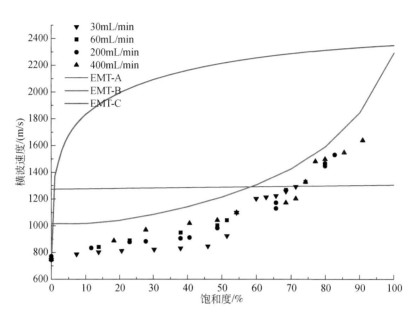

图 5.32　等效介质理论模型计算横波速度值同实测值比较

布的情况下，EMT-B 模型纵波速度计算结果同实验数据有较高吻合度，随着水合物饱和度的增高，实验测得的结果与模型计算结果趋势相近，但横波速度模型计算结果整体趋势大于实测数据。

## 四、气水微观分布对声学模型影响的研究

### （一）考虑甲烷气体影响下声学模型研究

在控制不同流体通量的条件下模拟水合物生成实验获得的数据可知，沉积物孔隙中的甲烷气体的存在会影响水合物的生成时间和饱和度，从而影响含水合物沉积物的声学特性，而沉积物孔隙中甲烷气泡的存在对声波速度亦有影响。由于实验中获取声波数据时，难以获取孔隙中准确的甲烷气体的分布和含量，从而对声学速度模型的使用并未考虑甲烷气体的影响。本研究通过下部进气模式，随着沉积物中水合物的生成，通过工业 X-CT 仪器直接获取孔隙中甲烷气体的含量，从而将气体影响考虑进声学模型中，进行验证。当考虑到孔隙中气体存在时，对不同声学模型计算过程有不同改变，对于将水合物视为孔隙流体的声学模型时，如 STPE 和 EMT-A 理论，孔隙中就包含固（水合物）、液（水）、气（甲烷）三相，因此对计算公式中的孔隙流体密度和体积模量的计算方程做出相应调整；对于将水合物视为岩石骨架的声学模型时，如 BGTL 和 EMT-B 理论，孔隙流体密度应考虑气体影响。

1. EMT-B 模型

将气体对沉积体系弹性波速度的影响考虑进去，考虑到两种情况，第一种情况是体系

中气体和水均匀分布, 基于此种考虑, 将流体的体积模量根据 Reuss 的方法重新计算:

$$\overline{K_f} = \left[\frac{S_w}{K_w} + \frac{1 - S_w}{K_g}\right]^{-1} \tag{5-31}$$

式中, $K_w$ 为水的体积模量, GPa; $K_g$ 为气的体积模量, GPa; $S_w$ 为孔隙中水的饱和度,%。其中, 在计算时用式 (5-31) 新计算的 $K_f$ 替代式 (5-19) 中的 $K_f$, 以此来求出等效介质的体积模量 $K_{sat}$。

另一种情况是气水的非均匀分布, 这种情况下等效介质的体积模量 $K_{sat}$ 通过 Dvorkin 和 Nur (1993) 的方程计算:

$$\frac{1}{K_{sat} + 4/3 G_{sat}} = \frac{S_w}{K_{satW} + 4/3 G_{sat}} + \frac{1 - S_w}{K_{satG} + 4/3 G_{sat}} \tag{5-32}$$

式中, $K_{satW}$ 为沉积物完全充满水时的体积模量, GPa; $K_{satG}$ 为沉积物完全充满气时的体积模量, GPa; $S_w$ 为孔隙中水的饱和度,%。其中, 分别用 $K_w$ 和 $K_g$ 代替式 (5-19) 中的 $K_f$ 来获得 $K_{satW}$ 和 $K_{satG}$。

以上两种情况中剪切模量是不变的, $G_{sat} = G_{Dry}$ [式 (5-19)]。沉积介质的密度通过式 (5-33) 计算:

$$\rho = \phi\left[S_w\rho_w + (1 - S_w)\rho_g\right] + (1 - \phi)\rho \tag{5-33}$$

式中, $\rho_w$ 为流体相的体积密度, g/cm$^3$; $\rho_g$ 为气相的体积密度, g/cm$^3$; $\rho$ 为岩石骨架的体积密度, g/cm$^3$。

2. STPE 理论

将气体对沉积体系弹性波速度的影响考虑进去, 将式 (5-13) 中 $K_{av}$ 使用式 (5-34) 重新计算:

$$\frac{1}{K_{av}} = \frac{\beta_p - \phi}{K_{ma}} + \frac{\phi_w}{K_w} + \frac{\phi_h}{K_h} + \frac{\phi_g}{K_g}, \quad \beta_p = \frac{\phi_{as}(1 + \alpha)}{1 + \alpha\phi_{as}}, \quad \beta_s = \frac{\phi_{as}(1 + \gamma\alpha)}{1 + \gamma\alpha\phi_{as}} \tag{5-34}$$

式中, $K_g$ 为孔隙中甲烷气体的体积模量, GPa; $\phi_g$ 为甲烷含量。其中, 式中 $\phi_{as}$、$\phi_w$ 和 $\phi_h$ 可由式 (5-35) 获得

$$\phi_{as} = \phi_w + \varepsilon\phi_w, \quad \phi_w = (1 - S_h - S_g)\phi, \quad \phi_h = S_h\phi, \phi_g = S_g\phi \tag{5-35}$$

式中, $S_g$ 为甲烷气饱和度,%。

沉积介质的密度 $\rho$ 可通过式 (5-36) 计算代替式 (5-16):

$$\rho = \rho_s(1 - \phi) + \rho_w\phi S_w + \rho_h\phi S_h + \rho_g\phi S_g \tag{5-36}$$

式中, $\rho_g$ 为孔隙中甲烷气体的体积密度, g/cm$^3$; $S_g$ 为甲烷气饱和度,%。

### (二) 水合物生成过程中气水含量变化对声学模型影响

估算水合物饱和度的声学速度模型中主要分为将水合物作为孔隙流体和岩石骨架两种模式, 两种方式下真实孔隙度的计算方式有所不同, 通过 CT 获取的气、水、水合物的微观统计数据, 当将水合物视为孔隙流体一部分时, 水合物生成过程中孔隙水和甲烷气饱和度变化如图 5.33 所示, 随着水合物饱和度增高, 孔隙水饱和度降低, 而甲烷气体饱和度基本维持不变, 保持在 7% 左右。当将水合物视为岩石骨架一部分时, 孔隙度随着水合物生成而降低, 水合物生成过程中孔隙水和甲烷气饱和度变化如图 5.34 所示, 随着水合物

饱和度增高，甲烷气体饱和度也随之增加，而孔隙水饱和度随之降低。

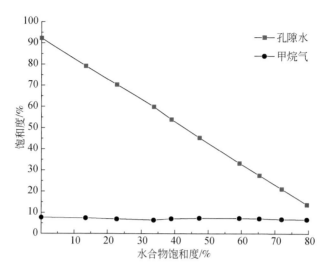

图 5.33　水合物生成过程中孔隙水和甲烷气饱和度变化（将水合物视为孔隙流体一部分）

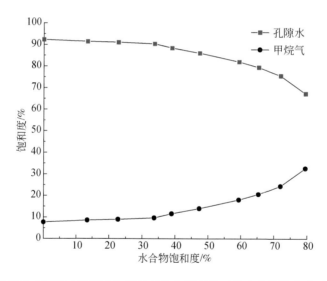

图 5.34　水合物生成过程中孔隙水和甲烷气饱和度变化（将水合物视为岩石骨架一部分）

### （三）模型计算结果分析

　　应用考虑甲烷气体影响下的 EMT-B 和 STPE 理论模型进行计算，将计算结果同实测值比较。计算结果如图 5.35 所示，EMT-B 模型计算的横波速度结果均大于实验测试值，与实测值偏差较大。气水非均匀分布模式下，EMT-B 纵波计算结果大于实测值，而考虑气水均匀分布模式下，模型计算的纵波速度与实测值拟合度较高。使用 STPE 理论模型计算，当固结参数 $\alpha = 25$ 时，理论预测的横波速度值与实测值不但趋势相近且符合程度较高。

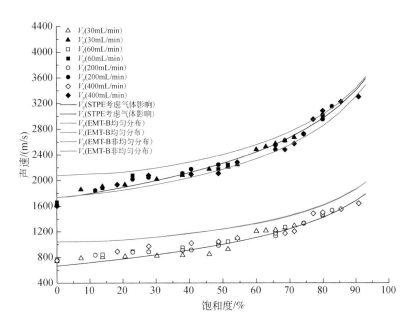

图 5.35　模型计算纵横波速度值同实测值比较

# 第四节　二维探测体系中模拟实验研究

　　层速度一般由地震勘探或声波测井获得的层状地层中地震波的传播速度，大多采集纵波层速度，鲜有与之对应的水合物含量和分布的数据。大量研究表明，含水合物沉积层密度较小，地层波速较高（梁劲等，2008；徐华宁等，2014）。天然气水合物的垂向分布很可能是以层状形式存在（徐华宁等，2014）。由于水合物在沉积物中形成没有特定的规律性（徐华宁等，2010），有必要对不同层位的纵横波速度和对应的水合物饱和度进行相应的实验研究。青岛海洋地质研究所水合物地球物理模拟实验装置经过多年的研究，已初步建立了一维沉积物中水合物饱和度与纵横波速度之间的关系，为了对水合物储层的层状声学特性进行精细研究，研制了层速度及二维速度剖面实验装置。本书将对弯曲元技术和时域反射技术（TDR）进行拓展，获得同一剖面上不同层位的温度、声速和饱和度数据，以及丰富的实验数据。这不仅具有重要的学术意义，更具为我国天然气水合物勘探和资源评价服务的实际意义。

## 一、二维实验装置中实验测试过程

### （一）实验装置与材料

　　目前，国内外关于含水合物沉积物声学特性的实验研究大多集中于一维模型中单一层内水合物含量和声速的研究，如英国南安普顿大学的共振柱装置和青岛海洋地质研究所的地球物理模拟实验装置，可以获取一维的水合物饱和度与纵横波速度关系的实验数据，取得了很好的效果。但由于水合物在沉积物中形成具有随机分布特征，单一层位研究的叠加难以阐明水合物对沉积物速度剖面结构的影响。

本工作将弯曲元技术和时域反射技术（TDR）进行拓展，一方面发展了含水合物沉积物纵横波速度剖面结构的探测技术，另一方面利用 TDR 技术探测了含水合物沉积物不同层位的含水量和水合物饱和度，在此基础上将两者结合，可准确获取水合物生成或分解过程中含水合物沉积物的速度剖面结构和其对应层位的水合物饱和度。不仅具有重要的学术意义，更具有为我国天然气水合物勘探和资源提供评价服务的实际意义。

实验装置由压力控制系统、制冷系统、高压反应釜和计算机采集系统组成（图5.36）。其中压力控制系统由气瓶、增压设备和压力传感器组成，主要控制和监测高压反应釜内的气体压力；制冷系统由制冷设备和水浴池组成，用于控制高压反应釜的温度；高压反应釜内主要装有沉积物样品、温度探针、TDR 探针和弯曲元换能器，可在其中进行水合物生成和分解实验并探测实验过程中各参数；参数的实时监控和采集由计算机采集系统完成，其中声学探测主要包括四对纵横波一体化弯曲元换能器，同时，采用切换发射方式进行弯曲元探测一发多收的采集，获取每一层位的层速度。与每对弯曲元换能器对应，布置了四对双棒型 TDR 探针，每对 TDR 探针探测每个层位的水合物饱和度。此外，在样品内部的四个层位中共安装了 16 支 Pt100 探针监测温度。其中高压反应釜是最核心的部件，在其内自上而下四个层位上布置了新型弯曲元换能器、TDR 探针和温度探针，经过特别的设计与加工，使各参数可同时进行测量。该设计国内外鲜有报道。

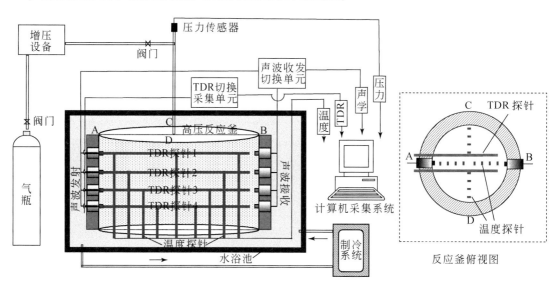

图 5.36　含水合物沉积物速度剖面结构特性研究实验装置简图

采用 0.15～0.3mm 粒径的砂和 0.3～0.6mm 粒径的砂为沉积介质，研究不同粒径下的水合物生成情况。实验所用气体为纯度为 99.9% 的甲烷气体。实验溶液为 0.03% 的十二烷基硫酸钠溶液（SDS 溶液），使其促进水合物的生成。

## （二）实验步骤

实验采用超声探测技术和 TDR 技术分别测量沉积物样品的纵、横波速度和含水量。声学探测系统由 Twave40612 高频任意波形发生器、AG1016 功率放大器、研祥工控机、弯曲元换能器探头、超声采集通道切换装置和 Tektronix 公司的 MDO3034 型示波器以及配套的软件程序所组成。弯曲元发射与接收探头分别位于反应釜两侧，分四层布设。在实验中纵横波的中心频率分别为 40kHz 和 20kHz。探测的过程中每个探头发射的信号可由四个探头同时进行接收，为避免声学探头同时采集所产生的干扰，利用通道切换装置，间隔一定时间分别采集记录每个层位的纵横波信号。时域反射系统由 TDR 信号发生器、四对双棒型 TDR 探针以及工控机组成，探针长度为 0.27m，测量误差为 ±2% ~ ±2.5%（Wright et al.，2002）。

含水合物沉积物储层超声探测实验过程如下：

（1）向反应釜中加砂。由下而上依次为第一层至第四层，第一层和第三层加入 0.15 ~ 0.30mm 粒径的饱和水砂；第二层和第四层加入 0.30 ~ 0.60mm 粒径的饱和水砂；

（2）将反应釜密封，之后利用起吊装置将反应釜放置于水浴槽中，再向水浴槽中加入冷却液；

（3）向反应釜中缓慢加入气体直到反应釜内压力升到 5 ~ 6MPa；

（4）打开温度压力采集软件、TDR 采集软件和超声采集软件，开始存储数据；

（5）通过梯度降温来生成天然气水合物。启动循环水浴制冷系统进行降温操作，每降低 1℃将实验状态保持 24h，以 1℃的梯度进行降温，降到 2.5℃ 为止。

## （三）实验数据

在相同实验条件下进行六个有效轮次实验，以第六轮次实验为例进行分析。由于实验持续时间长，数据量大，在数据处理时选取具有代表性的时间点进行处理。根据 TDR 探针和弯曲元探头在反应釜中的分布位置，将反应釜从下到上分为第一层 ~ 第四层。实验过程中获取的温度和水合物饱和度如表 5.11 所示。

表 5.11　温压和各层水合物饱和度随时间变化的数据

| 时间/h | 压力/MPa | 第一层温度/℃ | 第一层饱和度/% | 第二层温度/℃ | 第二层饱和度/% | 第三层温度/℃ | 第三层饱和度/% | 第四层温度/℃ | 第四层饱和度/% |
|---|---|---|---|---|---|---|---|---|---|
| 0.0 | 5.68 | 14.2 | 0.00 | 14.4 | 0.00 | 14.2 | 0.00 | 14.0 | 0.00 |
| 5.4 | 5.55 | 9.9 | 0.00 | 10.0 | 0.00 | 9.9 | 0.00 | 9.5 | 0.00 |
| 22.7 | 5.55 | 9.8 | 0.00 | 10.0 | 0.00 | 9.8 | 0.00 | 9.5 | 0.00 |
| 28.8 | 5.50 | 8.8 | 0.00 | 8.9 | 0.00 | 8.8 | 0.00 | 8.4 | 0.00 |
| 47.4 | 5.52 | 8.8 | 1.89 | 8.9 | 1.94 | 8.8 | 1.89 | 8.4 | 1.94 |
| 54.4 | 5.51 | 8.7 | 1.89 | 8.8 | 5.84 | 8.7 | 3.77 | 8.4 | 5.84 |
| 59.5 | 5.49 | 7.9 | 3.77 | 8.0 | 9.39 | 7.9 | 7.51 | 7.6 | 9.39 |

| 时间/h | 压力/MPa | 第一层温度/℃ | 第一层饱和度/% | 第二层温度/℃ | 第二层饱和度/% | 第三层温度/℃ | 第三层饱和度/% | 第四层温度/℃ | 第四层饱和度/% |
|---|---|---|---|---|---|---|---|---|---|
| 71.2 | 5.49 | 7.9 | 3.77 | 7.9 | 9.39 | 7.9 | 7.51 | 7.6 | 9.39 |
| 77.2 | 5.45 | 6.8 | 7.51 | 6.9 | 11.77 | 6.8 | 9.39 | 6.5 | 11.77 |
| 143.1 | 5.44 | 6.8 | 11.27 | 6.9 | 15.83 | 6.8 | 11.27 | 6.4 | 15.83 |
| 148.9 | 5.41 | 5.9 | 19.01 | 5.9 | 19.01 | 5.9 | 13.17 | 5.7 | 19.01 |
| 168.3 | 4.98 | 5.4 | 21.00 | 5.8 | 23.03 | 5.4 | 27.18 | 5.0 | 23.03 |
| 173.3 | 4.74 | 4.9 | 29.31 | 5.2 | 28.78 | 4.9 | 31.47 | 4.7 | 28.78 |
| 191.4 | 4.34 | 5.0 | 32.93 | 5.1 | 33.66 | 5.0 | 38.15 | 4.6 | 33.66 |
| 197.6 | 4.10 | 3.9 | 37.40 | 4.1 | 38.15 | 3.9 | 45.12 | 3.6 | 38.11 |
| 215.4 | 3.94 | 4.0 | 40.45 | 4.1 | 42.77 | 4.0 | 49.91 | 3.6 | 42.97 |
| 221.2 | 3.84 | 3.5 | 45.12 | 3.5 | 47.50 | 3.5 | 54.78 | 3.2 | 47.94 |
| 239.3 | 3.77 | 3.4 | 49.91 | 3.5 | 52.33 | 3.4 | 57.24 | 3.1 | 53.01 |
| 245.4 | 3.68 | 2.9 | 52.33 | 3.0 | 57.24 | 2.9 | 62.21 | 2.5 | 58.14 |

## 二、二维实验结果分析

### （一）实验过程中数据分析

二维水合物声学实验共进行了六个有效轮次，实验重复性良好。选取第六轮次实验结果进行分析，实验过程中对反应釜进行梯度降温（表5.12），水合物生成过程中反应釜内温度和压力的变化如图5.37所示，实验过程中各个层位的水合物饱和度和声波速度变化如图5.38所示。

表5.12 水合物生成过程中降温操作

| 水合物生成时间/h | 水浴槽降温操作/℃ |
|---|---|
| 0 | 控制温度 9.5~10.5 |
| 22 | 控制温度 8.5~9.5 |
| 47 | 控制温度 7.5~8.5 |
| 71 | 控制温度 6.5~7.5 |
| 143 | 控制温度 5.5~6.5 |
| 168 | 控制温度 4.5~5.5 |
| 191 | 控制温度 3.5~4.5 |
| 215 | 控制温度 3.0~4.0 |
| 239 | 控制温度 2.5~3.5 |

反应体系初始压力为5.68MPa，通过循环水浴控制温度降至2.5℃以形成水合物。由于水浴槽为分梯度降温，所以反应釜内温度呈阶梯状下降（图5.37）。将反应釜由下而上分为1~4层，随着反应的进行，由于甲烷和水生成水合物是放热反应，会造成体系内短暂的温度异常。为了更清晰地体现温度的变化，将a、b、c、d四处温度异常时间段局部放大。在整个降温过程中，每层温度的小趋势：第一层温度<第四层温度<第三层温度≤第二层温度。第二、三层分布的温度要比第一、四层的稍高，可能由于第一、四层跟反应釜壁接触较多，而第二、三层处于反应釜内部中间位置，随着水合物的生成，会释放一定热量，处在内部的二、三层散热较慢，而在反应釜周边的一、四层位更易与周边及环境温度达到平衡。当温度降至6℃及以下时，反应釜内压力呈快速下降趋势，表明水合物快速生成。

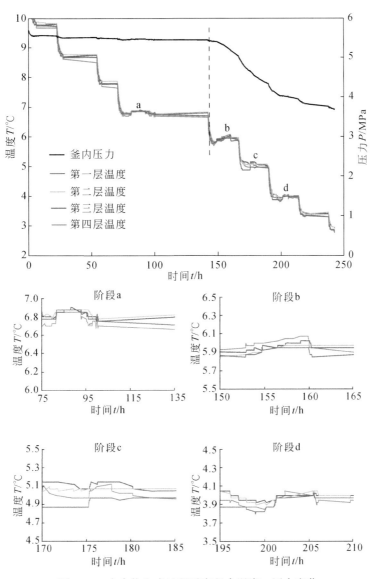

图5.37 水合物生成过程反应釜内温度、压力变化

　　水合物的生成过程分为三个阶段：0～50h 为第一阶段，50～150h 为第二阶段，150h
之后为第三阶段。在 0～50h，温度降至 7～8℃，压力降低幅度很小，可能由温度下降而
导致，含水合物沉积物波速同水合物饱和度一样，基本没有变化（图 5.38）；在 50～
150h，随着温度的分梯度下降，压力缓慢下降，水合物饱和度有较小的变化，第四层水合
物饱和度较其他层位水合物饱和度变化大（第四层位沉积物与气体接触最为充分），在开
始阶段水合物饱和度和纵横波速度快速增加，之后基本保持不变，在 90～135h，温度处于
保持阶段（图 5.37），水合物饱和度和声波速度保持基本不变（图 5.38）；在 150h 之后，
当温度降至 6℃以下时水合物开始大量生成，压力下降明显，水合物饱和度增加较快。利
用获取的温度压力数据、水合物饱和度数据和声速参数都能较好地反映天然气水合物的生
成情况。在水合物开始生成时压力和含水量会有所下降，并且声速会变大。

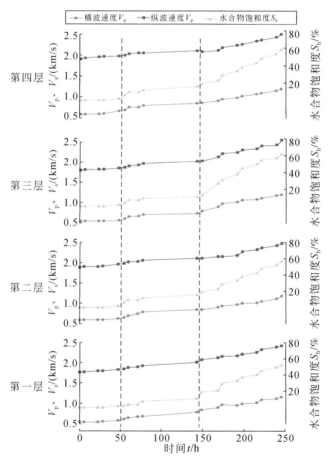

图 5.38　生成过程中水合物饱和度及纵横波速度变化（第一层～第四层）

　　二维实验与前人的一维实验相比，通过每个层位布放的探测温度点，可以大致推测水
合物生成反应发生的层位和剧烈程度。例如，由图 5.37 可以看出，阶段 a 为水合物生成
的最开始阶段，在此阶段，每个层位的温度变化较一致且压力变化小。阶段 b 为反应体系
压力开始快速下降阶段，第四层位率先出现温度异常，按照温度异常幅度由大到小，依次

为第四层位、第三层位、第二层位和第一层位。由于上部层位优先接触气体，表明此阶段水合物优先在上部层位形成。阶段 c 同样出现温度异常，但是同阶段 b 不同，第三层位和第二层位率先出现异常且持续时间长，其次是第四层位和第一层位，异常幅度明显比中间两层低，表明此阶段水合物优先在沉积层中间层位形成，且形成速度较快。阶段 d 为水合物生成末期，温度变化同阶段 c 相同，但远没有阶段 c 异常幅度大，表明在水合物生成结束阶段水合物生成反应不再剧烈。通过多点布放探针，获取各层位参数，使二维实验信息与以往一维实验数据信息成倍地增长，将对水合物形成机理研究具有较大促进作用。

### （二）含水合物沉积物的声学特性

选取每一层位中位置平行的一对探头的纵横波数据，结合各层位的水合物饱和度数据，对沉积物中各层声速及水合物饱和度的变化情况进行分析。图 5.38 所示为实验过程中各层纵横波数据随时间变化曲线，图 5.39 所示为纵横波与水合物饱和度的对应关系曲线。

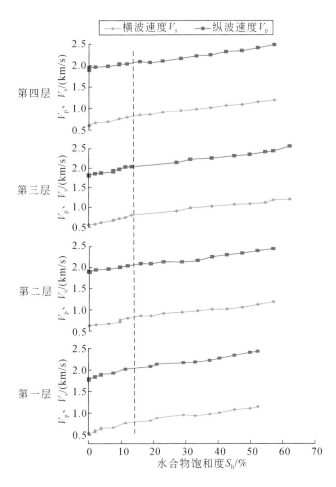

图 5.39  生成过程中纵横波速度与水合物饱和度之间关系（第一层～第四层）

在开始阶段，未达到水合物生成相平衡条件，水合物饱和度和纵横波速度基本保持不变。随着温度的降低，水合物逐渐生成，储层纵横波速度随着水合物饱和度的增加而增加。储层有 0.15 ~ 0.30mm（第一层、第三层）和 0.30 ~ 0.60mm（第二层、第四层）两种粒径互层，第一层和第三层初始的纵波速度和横波速度为 1762 ~ 1807m/s 和 544 ~ 549m/s，第二层和第四层初始的纵波速度和横波速度为 1880 ~ 1905m/s 和 579 ~ 588m/s。生成结束水合物饱和度可达 52% ~ 62%，储层纵横波速度可达 2417 ~ 2564m/s 和 1156 ~ 1207m/s。

利用获取的实验数据建立了储层中纵横波速度与水合物饱和度的关系，随着天然气水合物的生成，储层中声速也随之增强。并且随着水合物的生成，生成的水合物会替代储层孔隙中的水，使得样品的密度降低，储层的体积模量和剪切模量增大，使得纵横波速度变大。针对不同粒度的沉积物，粒度较粗层位的初始纵横波速度要稍大于粒度较细层位的纵横波速度。由图 5.39 可见，当水合物饱和度小于 15% 时，纵横波速度的增长较快；当水合物饱和度大于 15% 时，声速随饱和度平稳增加。在水合物的形成初期，声波速度变化规律符合水合物颗粒与沉积物颗粒接触关系为胶结模式，这与之前研究结果一致（Hu et al.，2010），在松散沉积物颗粒中水合物形成初期主要以接触和胶结模式为主，而在固结沉积物和其他类型沉积物中水合物形成初期并不是以胶结模式为主导（胡高伟等，2010）。

超声层析成像技术应用的是 Radon 变换及逆变换。利用正演建立相关模型，使用射线追踪技术构建传播路径矩阵和走时。之后利用正演结果反推模型，计算矩阵的值，用联合迭代重建算法（SIRT）进行层析成像的反演（方跃龙等，2015）。

利用层析成像技术（方跃龙等，2015），结合纵横波速度数据，可得到水合物生成过程中储层的声学速度剖面结构图像（图 5.40）。由于得到数据较多，在此选取具有代表性的数据进行处理分析。0h、54h、148h、245h 为声速特殊变化时间点（图 5.38），分别代表水合物生成前、水合物开始生成、水合物生成过程和水合物生成结束的时间。随着天然气水合物的增多，纵横波剖面图中第三、四层声速较高，表明第三、四层天然气水合物含量较多，由于第三、四层位于储层的上方，更容易获得气体，导致水合物生成初期上部层位速度相对较大。随着水合物的继续生成，在 148h 和 245h，二维声速剖面结构中声速差异越来越小，随着反应的进行各层位纵横波速度逐渐趋于一致，表明在水合物生成后期水

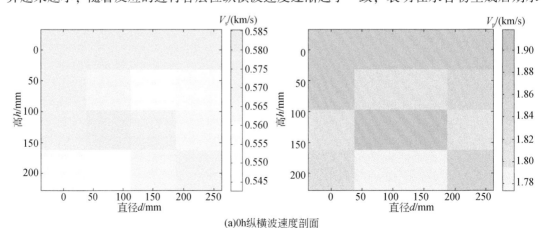

(a)0h纵横波速度剖面

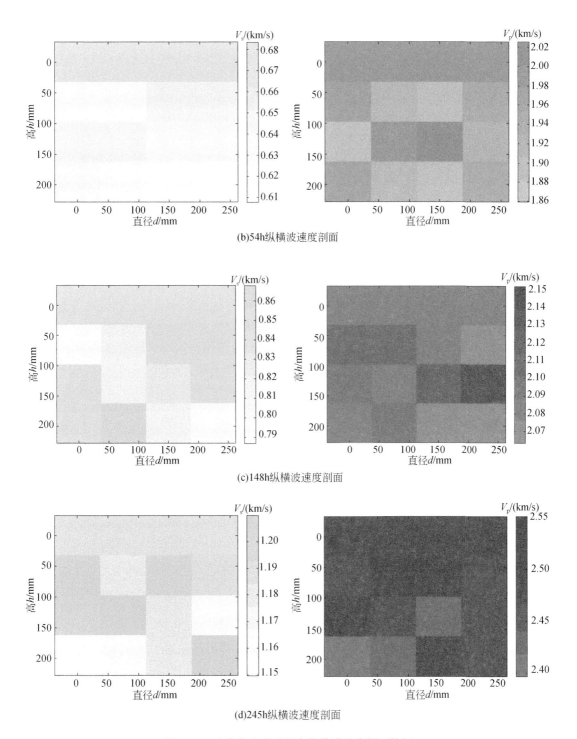

(b)54h纵横波速度剖面

(c)148h纵横波速度剖面

(d)245h纵横波速度剖面

图 5.40　水合物生成过程中纵横波速度剖面特征

由上而下分别为 0h、54h、148h、245h 纵横波速度剖面，蓝色代表横波，红色代表纵波

合物在储层中的分布比较均匀，孙建业等（2010）的模拟实验也观察到类似实验结果。由于储层不同层位沉积物粒度存在差异，其纵波速度与横波速度在天然气水合物生成初期差异较大，由速度剖面可见粒度较大层位（第二、四层）比粒度较小层位（第一、三层）颜色深，在水合物生成后期，这种差异逐渐减小，表明沉积介质粒度差异对声速的影响随着水合物饱和度的增大而降低。

### （三）水合物形成的空间分布推断

根据实验获取的温压数据、水合物饱和度数据和声学数据，获取了水合物形成的二维变化特征。水合物生成过程中 0h、54h、148h、245h 时间点温度、压力、水合物饱和度、声速及速度剖面变化特征见表 5.13 和图 5.40。在 0h，水合物还未达到生成条件，第二层和第四层的纵横波速度大于第一层和第三层，速度剖面图上可以清晰地看到第二层和第四层的颜色明显比第一层和第三层要深。随着温度的下降，反应釜内压力逐渐降低至 5.51MPa，在 54h 开始有少量水合物生成，第二层和第四层水合物饱和度要稍大于第一层和第三层水合物饱和度，并且对应层位的纵横波速度表现出相同的趋势。随着反应继续进行，在 14h 以后阶段 b（图 5.37，图 5.41），第四层温度异常最大，第一层温度异常最小，由于水合物生成过程为放热反应，通过降温法生成水合物过程中会造成温度的异常升高，所以水合物在第四层优先形成并大量放热。在水合物生成阶段初期，最先接触气源的沉积物反应较剧烈，水合物饱和度达到 19%，各层位水合物饱和度值及纵横波速度值差距在逐渐减小，由图 5.40 可见各层声速值并不唯一，在反应釜两侧的沉积物声速要稍高于反应釜中间沉积物声速。水合物在反应釜中生成时会产生"爬壁效应"（Zhou 等，2007；余汇军等，2011；Yang 等，2012；李小森等，2013；杨波等，2014），水合物在边界区域的生成要多于中间部位，一方面，由于边界区域传热速率较快导致水合物的生成速率快，另一方面，釜壁处形成的水合物结构疏松，由于水合物的亲水性，自由水在毛细作用下沿着釜壁润湿，使气-水接触面增加，水合物的连续生成速率提高。进入水合物生成末期，在 245h，第二层和第三层温度要稍高于第一层和第四层（图 5.37、图 5.41），可能在水合物生成末期，已经生成大量水合物，但处于反应釜内部的沉积物相对于与反应釜壁接触的沉

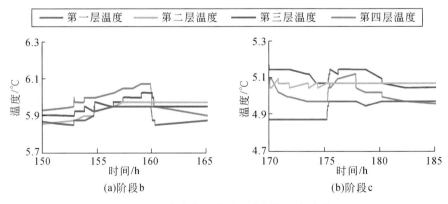

图 5.41　水合物生成过程中局部温度变化

积物降温要慢，所以显示出稍高的温度。距离气源最远的第一层水合物饱和度最低，由图5.40可见，在245h各层纵横波速度基本相近，但反应釜两侧比反应釜内部声速稍大，表明在水合物生成阶段末期，粗砂和细砂对沉积物声速影响不大，"爬壁效应"依然对含水合物沉积物声速有影响。

表5.13　不同时间点各层温度、压力、水合物饱和度和纵横波速度

| 时间/h | 层位 | 压力 $P$/MPa | 温度 $T$/℃ | 饱和度 $S_h$/% | $V_s$/(m/s) | $V_p$/(m/s) |
|---|---|---|---|---|---|---|
| 0 | 第四层 | 5.68 | 14.25 | 0 | 579.48 | 1905.97 |
| | 第三层 | 5.68 | 14.25 | 0 | 549.34 | 1807.22 |
| | 第二层 | 5.68 | 14.27 | 0 | 588.35 | 1880.87 |
| | 第一层 | 5.68 | 14.17 | 0 | 544.46 | 1762.63 |
| 54 | 第四层 | 5.51 | 7.75 | 5.83 | 683.37 | 1996.00 |
| | 第三层 | 5.51 | 7.80 | 3.77 | 611.24 | 1880.87 |
| | 第二层 | 5.51 | 7.85 | 5.83 | 651.74 | 1977.58 |
| | 第一层 | 5.51 | 7.65 | 1.89 | 612.24 | 1845.01 |
| 148 | 第四层 | 5.41 | 5.92 | 19.00 | 856.41 | 2084.78 |
| | 第三层 | 5.41 | 5.85 | 19.00 | 801.28 | 2043.59 |
| | 第二层 | 5.41 | 5.85 | 19.00 | 844.35 | 2105.26 |
| | 第一层 | 5.41 | 5.82 | 19.00 | 841.04 | 2074.68 |
| 245 | 第四层 | 3.68 | 2.87 | 58.13 | 1193.31 | 2504.17 |
| | 第三层 | 3.68 | 3.00 | 62.20 | 1207.24 | 2564.10 |
| | 第二层 | 3.68 | 2.95 | 57.24 | 1184.83 | 2469.13 |
| | 第一层 | 3.68 | 2.87 | 52.33 | 1156.51 | 2417.40 |

通过上述过程的分析，得到水合物生成过程中二维分布的初步认识：粗粒沉积物较细粒沉积物更有助于水合物生成，水合物在反应釜中生成趋势为上部比下部优先生成，由反应釜周围向内部逐渐生成。水合物生成过程中的水合物分布分为四个阶段（图5.42）。

阶段Ⅰ代表水合物生成前沉积物在反应釜中的分布。由于实验采用粗粒沉积物和细粒沉积物互层的分布，在水合物生成的初始阶段（阶段Ⅱ），在粗粒沉积物中的声速要比细粒沉积物中声速大，水合物优先在粗粒沉积物中生成，这与王家生等（2007）的研究结果一致。在水合物生成的后期阶段（阶段Ⅲ和阶段Ⅳ），颗粒的粗细对水合物声速的影响并不大。在水合物生成过程中，纵向上离气源越近，越易生成水合物，随着时间推移各层水合物饱和度逐渐趋于一致；在横向上水合物优先在反应釜周边生成，并逐渐在反应釜内部生成。二维层速度实验同一维模拟实验相比，更直观地将水合物生成过程中温度压力、水合物饱和度及纵横波速度分层次分区域展现，有利于我们对水合物生成机理进行探讨，对水合物生成过程中声学响应机理研究有重要意义。

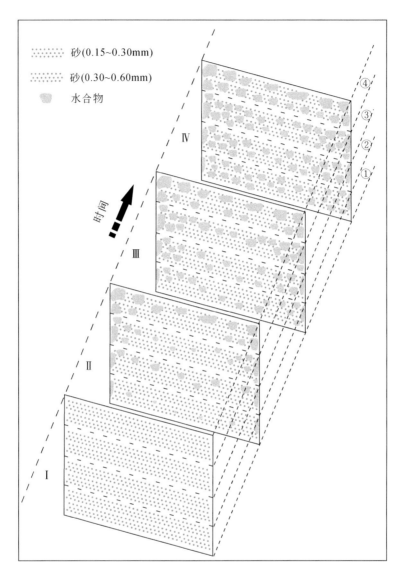

图 5.42　水合物形成过程中不同阶段的水合物分布图

## （四）水合物微观分布模式

对固结沉积物和松散沉积物中水合物的微观分布前人已经做过一定研究（胡高伟等，2010，2014）。在固结沉积物中，水合物饱和度小于30%时，水合物在孔隙流体中或部分依附于骨架形成；在水合物饱和度大于30%时，水合物胶结沉积物颗粒生成（胡高伟等，2010）。自然资源部天然气水合物重点实验室研制了适宜的实验装置，可以对水合物生成分解时的微观分布直接观测（图5.43）。由图5.43可知，水合物在形成初期以胶结模式为主，中期以悬浮或颗粒接触模式为主，在形成后期水合物又重新胶结沉积物颗粒（胡高伟等，2014）。

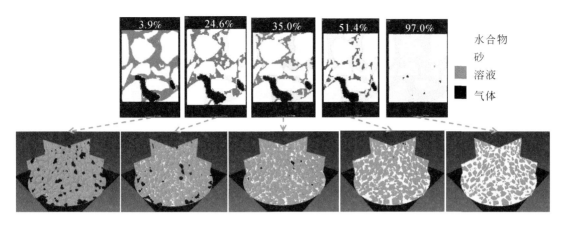

图5.43　水合物在松散沉积物中生成的微观分布变化图

### （五）储层速度实验与野外勘探结果的对比分析

自然界中天然气水合物主要赋存于海底沉积物和陆上永久冻土带中，不同的沉积环境会形成不同的沉积物储层，储层特性对声速有较大的影响。Riedel 等（2014）综合全球水合物钻探航次，得出了粒度对含水合物沉积物的纵横波速度影响，得出不同环境下 $V_p$-$V_s$ 间的经验公式。包括泥质为主的沉积物、粉砂质泥沉积物、粉砂质砂沉积物和砂质为主的沉积物。由于本研究实验所采用的沉积介质为砂，因此主要对砂质为主的沉积物进行讨论。砂质为主的沉积物的 $V_p$-$V_s$ 间的经验公式为

极地冻土区站位为代表（Mallik 5L-38 和 Ignik-Sikumi）：

$$V_p = 1.4202 \times V_s + 1.0684 \tag{5-37}$$

Greenberg 和 Castagna（1992）在页岩条件下提出的经验公式：

$$V_s = 0.76969 \times V_p - 0.86735 \tag{5-38}$$

Greenberg 和 Castagna（1992）在砂岩条件下提出的经验公式：

$$V_s = 0.80416 \times V_p - 0.85588 \tag{5-39}$$

如图 5.44 所示，蓝色曲线为极地冻土地区纵横波关系曲线，紫色和绿色曲线为 Greenberg 和 Castagna（1992）分别在页岩和砂岩条件下提出的经验公式。本研究实验测量的储层纵横波数据在图 5.44 中显示出很强的线性关系。拟合线性关系为

$$V_p = 0.9661 \times V_s + 1.2969 \tag{5-40}$$

相关系数 $R^2 = 0.966$。并且图 5.44 中可见实验数据同 Greenberg 和 Castagna（1992）的砂岩经验公式曲线具有非常接近的变化趋势。表明实验结果可靠，实验模拟建立的公式具有一定应用价值。与此同时，实验模拟数据曲线同极地冻土区野外数据曲线存在一定差距。实验模拟得到的纵横波速之间的关系与野外实际数据中关系不同，假如同样的横波波速，实验模拟公式的纵波波速计算值要偏小。纵波的波速受体积模量的影响，体积模量代表体系的不可压缩量。可能由于实验采用的储层同冻土区地层相比可压缩量较大，造成实验模拟结果同实际野外数据间存在差异。

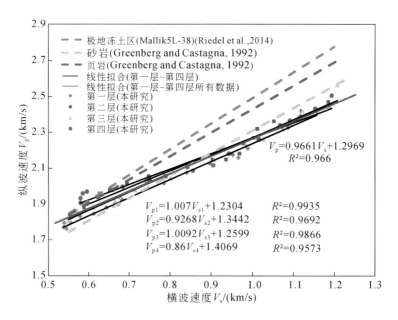

图 5.44　纵波速度与横波速度之间关系（第一层~第四层）

水合物替代了孔隙流体，使得沉积物的纵波速度和横波速度增大。但是游离气体的存在，会使储层的纵波速度减小，而横波速度变化不大。很多岩石物理模型已对弹性波的这种特性进行了很好的描述（Berryman，1999；Chand et al.，2004；Dai et al.，2004，2008）。在储层中水合物存在多种赋存状态，水合物会以不同类型的产状产出，如孔隙充填型、骨架支撑型、胶结型、裂隙充填型等。水合物的不同赋存模式会对含水合物储层的体积弹性特征产生影响（Chand et al.，2004；Dai et al.，2004）。

在野外航次的实地探测中，由上而下经过非水合物储层、水合物稳定带和下部游离气层时，由于储层性质的变化，纵波速度和横波速度都会有波动变化。而经过多次探测经验可知，$V_p/V_s$ 的变化特征要比纵波速度和横波速度的单独变化明显。因此，我们采用 $V_p/V_s$ 的变化对含水合物储层特性进行描述。

随着水合物的生成，$V_p/V_s$ 的增大或减小受多种因素影响。一方面，$V_p/V_s$ 由水合物的生成模式决定；另一方面，是否水合物的存在会增加体系的刚性对 $V_p/V_s$ 的变化也有影响。在水合物生成过程中，如图 5.46 所示，随着水合物饱和度的增加，$V_p/V_s$ 呈现出变小的趋势。由于储层纵波速度和横波速度会随着水合物饱和度的增加而增加，所以 $V_p/V_s$ 的减小表明含水合物储层 $V_s$ 的增长速度比 $V_p$ 的增长速度要大。横波速度主要受剪切模量的影响，表明水合物的存在增强了储层的刚性特性。

图 5.45 中红色曲线为极地冻土区 Mallik 5L-38 站位的数据拟合 $V_p/V_s$ 同水合物饱和度 $S_h$ 间的线性关系。得到的经验公式为

$$V_p/V_s = 2.6783 - 0.76 \times S_h \tag{5-41}$$

本研究所得实验数据并不完全符合经验公式的变化趋势，由图 5.45 可见，当水合物饱和度小于 15% 时，实验测得 $V_p/V_s$ 公式计算值要大，而当水合物饱和度大于 15% 时，实

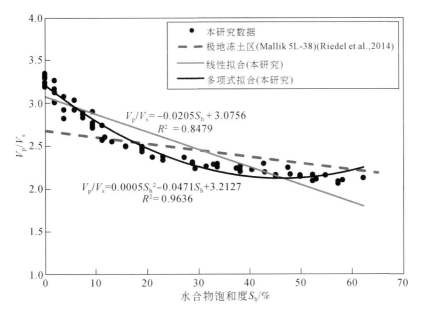

图 5.45　$V_p/V_s$ 同水合物饱和度之间关系

验测得的 $V_p/V_s$ 值同经验公式曲线的变化趋势较为接近。对本研究所得到的数据进行线性拟合，得到拟合公式为（图 5.45 蓝色拟合曲线）：

$$V_p/V_s = - 0.0205 \times S_h + 3.0756 \tag{5-42}$$

对本研究数据进行多项式拟合，得到拟合公式为（图 5.45 黑色拟合曲线）：

$$V_p/V_s = 0.0005 \times S_h^2 - 0.0471 \times S_h + 3.2127 \tag{5-43}$$

式（5-42）相关系数 $R^2 = 0.8479$，式（5-43）相关系数 $R^2 = 0.9636$，由图 5.45 中曲线相关性可知多项式拟合公式［式（5-43）］更能体现纵横波速度变化同水合物饱和度之间的关系，通过公式可以由 $V_p$、$V_s$ 估测水合物饱和度 $S_h$。

# 第五节　静态体系与动态体系下水合物声学特性对比

## 一、封闭体系和气体运移体系下水合物饱和度和声学特性对比

静态体系是指相对静态的环境，没有大量的气体（流体）的运移，与其相对的就是气体运移体系。无论是在野外环境还是实验室条件下，都存在这两种沉积体系。前面分别在不同体系下进行了相关模拟实验研究，将气体垂向运移体系下和静态体系下相关数据进行对比分析，结果见图 5.46。

由图 5.47 可见，封闭体系下随着水合物饱和度的增加，声速几乎呈线性增加，而在气体运移体系下，在水合物生成初期声速增加较快，之后在水合物生成中期声速增加非常缓慢，当水合物饱和度达到 60% 之后，声速的增加再次变快。一方面，声速的变化可能受

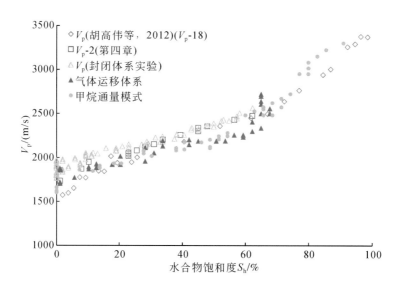

图 5.46　不同体系下声速同水合物饱和度间关系

水合物形成时的微观分布模式影响；另一方面，在野外的气体运移体系中，水合物稳定带会显示出较高的声速，低速带主要受游离气控制（Bunz and Mienert，2004；Crutchley et al.，2015）。并且在烃类渗漏系统里，游离气控制的低速层经常代表着渗漏过程（Løseth et al.，2009）。在本研究中，在气体不断供给的过程中，气流的存在会对声速产生影响。在气体运移体系中，游离气的存在会对纵波速度产生影响，直到大量的水合物生成（水合物饱和度在60%左右）。

　　沉积物体系声速的变化受控于两个方面，一方面，水合物的生成改变了沉积骨架的性质，对声速有加强的影响；另一方面，气体的存在也会对沉积物的物理力学性质发生改变，对声波的传播速度产生影响。研究表明，沉积物的声速随着沉积物气体体积含量的增加而减小，气体含量小于10%时，声速急剧减小，在气体含量大于10%之后，声速减小相对变慢（李红星等，2015）。在同样饱和度条件下，同样的沉积物颗粒，水合物的生成对声速的贡献相同，而不同沉积体系下声速并不完全相同，主要受存在气体的影响。这种差异主要体现在水合物生成中期阶段，在封闭体系下，随着水合物的生成，气体量逐渐减少，且孔隙中流体基本不发生移动，环境相对稳定。在气体（流体）运移体系下，孔隙中气体随着水合物的生成而被消耗，气源稳定的气体供应，使得孔隙中始终存在气体并发生运移。导致在水合物大量生成的阶段气体对声速产生了较大的影响，当生成阶段末期大量水合物生成并充填于孔隙中时，在两种体系下孔隙中气体含量都会减少，此时水合物对沉积骨架的贡献要大于气体对声速的影响。

　　综上所述，不管是在封闭体系中还是在气体运移体系下，含水合物沉积物的声速都是随着水合物饱和度的增加而增大的。不同的是，在封闭体系中，声速的增加较快，没有明显阶段性变化；在气体垂向运移体系下，气泡存在沉积物中会使声速有所下降，所以表现出声速的增加较慢。随着水合物饱和度的增加，声速表现出快速-慢速-快速增加的趋势。

## 二、实验结果同南海沉积物中实测数据对比

为了进一步验证实验结果在我国南海沉积物中的适应性，将获取的实验数据与神狐海区 SHA、SHB 和 SH2 站位获得的声速及水合物饱和度间关系的数据一同标绘到图 5.47 中。神狐海区各站位的声速来自于测井数据，水合物饱和度由电阻率和孔隙水氯离子浓度变化估测而来。结果表明，在水合物饱和度为 0～50% 时，气体运移模式下获得的含水合物沉积物的纵波速度同神狐海区实地站位获取的测量结果比较一致。第五章已对速度模型适应性进行验证，在此体系下，合适的速度模型为 BGTL 和等效介质理论，通过调节参数，可以得到适宜的理论预测模型。因此，由实验结果可知，在已知南海神狐海区沉积物声速的条件下，通过理论模型可以对水合物饱和度进行估算，为水合物分布和资源量计算提供参考。

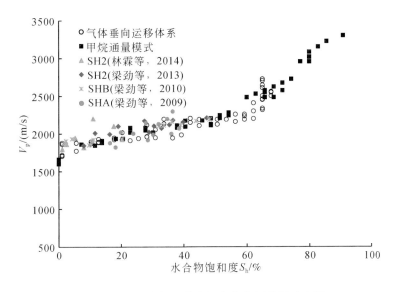

图 5.47　实验数据同南海沉积物实测数据对比图

以取自南海神狐海域的沉积物为介质进行水合物生成实验，并通过 X-CT 技术对水合物生成过程进行在线观测（图 5.48）（李承峰等，2016）。实验结果表明，沉积物中分布有大量的有孔虫，并且有孔虫壳体大部分具有空腔。空腔的存在使南海沉积物的孔隙度和渗透性大大提高，不仅为水合物的发育提供了生长空间，还是较好的气水储集空间。经过实验发现，有孔虫壳体内部能够形成水合物，且水合物与有孔虫壳体内壁大多直接接触。由于神狐海区 SHA、SHB 和 SH2 站位获得的声速及水合物饱和度间的关系同实验结果具有较好的一致性。由第五章得到水合物饱和度为 25%～55% 时，实验结果同等效介质理论模式 B 计算结果相接近，推断出水合物在沉积物中主要以颗粒接触模式生成，同南海沉积物的直接观测结果较为一致。

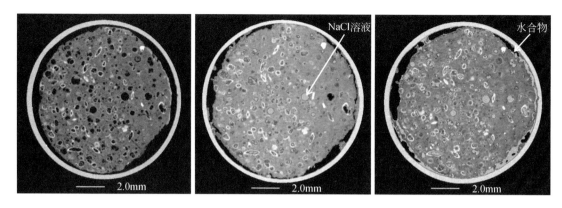

图 5.48　甲烷水合物在南海沉积物中生长过程微观分布

其中黑色代表气体，黄绿色代表水合物，蓝绿色代表水，亮白色为有孔虫壳体，其余为沉积物

# 第六节　本章小结

本章主要介绍了不同实验体系中开展水合物声学模拟实验的情况，包括静态体系、动态体系、二维探测体系等，获得了系列实验结果，并进行了相应对比研究。简要总结如下，为了解决气体动态运移体系实现过程中遇到的问题，需要克服存在的困难，本章主要介绍了实现气体垂向运移过程中采取的一系列技术手段和控制方法。

（1）为模拟气源由下而上供给的实验环境，研制了一套压差控制系统。应用 TESCOM 控制阀实现了实验过程中气体由下而上的自动供给。

（2）为防止实验过程中体系内部水分的渗漏和被气体带出，将微孔烧结板应用到沉积物的上部和下部。

（3）将防水透气砂应用到沉积物层的下部，防止沉积物中的水分下渗，在水合物生成过程中堵塞下部微孔烧结板。

（4）将加热底板应用于下气室下部，避免反应过程中长时间制冷导致下部底板生成水合物堵塞气体运移通道。

（5）使用 BROOKS 流量控制器对进入反应体系的气体流量进行控制。

在气体运移体系下进行了松散沉积物中甲烷水合物的生成和分解模拟实验，对沉积体系的温度、压力、纵横波速度和水合物饱和度进行了实时探测。并对实验结果进行分析和模型验证，结果表明了以下几点。

（1）在相同的饱和度下，水合物生成过程中的纵波速度和横波速度比水合物分解过程中的纵波速度和分解速度大。在封闭体系下，随着水合物饱和度的增加，声速增加速率较稳定。在气体垂向运移体系下，在水合物饱和度为 0 ~ 20% 时，声速有一个小幅度的快速增加；当水合物饱和度为 20% ~ 60% 时，声速的增加幅度变慢；当水合物饱和度大于60% 时，声速的增加再次变快。

（2）应用伍德方程、权重方程、K-T 方程、等效介质理论和 BGTL 模型对实验结果进行验证。结果表明，权重方程和 BGTL 具有调节因子，对实验结果有较好的适应性，对模型参数的选取提供了一些建议。等效介质理论对水合物的微观分布模式具有一定的指导性。

（3）对本次实验过程中水合物形成的微观分布模式进行描述。在水合物生成初始阶段，水合物优先在颗粒接触处和气泡表面以胶结方式形成，沉积物颗粒通过水合物壳相互结合在一起。之后水合物主要在孔隙流体中（悬浮态）生成。随着水合物饱和度的增加，流体中的水合物同沉积物颗粒相互接触在一起，水合物充填满孔隙空间。

在不同甲烷通量供应模式下进行了水合物的生成实验，对沉积体系的温度、压力、纵横波速度和水合物饱和度进行了实时探测，并对进气端甲烷通量进行控制。对实验结果进行分析和模型验证，实验结果表明了以下几点。

（1）对不同甲烷通量模式下水合物生成过程中的温度数据进行分析。在不同甲烷通量模式下均出现了温度异常点，但是在低通量模式下变化很小，出现轻微波动，而在高通量模式下可见非常明显的温度异常点。可能由于在较高甲烷通量模式下水合物生成过程比低甲烷通量模式剧烈，在温度下降过程中造成了较大的温度波动；而低通量下，水合物形成放热伴随流动气体被带走，温度异常不明显。

（2）对不同甲烷通量模式下水合物生成过程中的压力数据进行分析。实验过程中反应釜上下气室间压力基本保持不变，在低通量模式下，前期反应釜内压力有所下降，表明反应消耗掉气体甲烷供应速度，随着水合物的生成，甲烷消耗量逐渐减少，当达到最大水合物饱和度，且水合物饱和度基本不在变化时，反应釜内压力逐渐回升。而在高通量模式下，压力基本没有变化，表明供气速度满足水合物生成过程中的甲烷消耗量，并能保持反应釜内的压力稳定。

（3）甲烷供应通量越小，生成最大水合物饱和度所需时间越少，甲烷通量越大，生成最大水合物饱和度用时越长。不同甲烷供应通量下水合物的生成速率较为接近。甲烷通量对水合物生成量的影响在 30mL/min 供气流速下，水合物饱和度达到 71.4%；在 400mL/min 进气流量时，水合物饱和度可达 90.9%。甲烷通量越大，越易形成高饱和度水合物。

（4）不同甲烷通量模式下声速与水合物饱和度之间的关系。在水合物生成初期，纵横波声速增长相对较快，之后随着水合物继续生成，纵横波声速的增长降低，呈现出较为平缓的增长趋势，在水合物饱和度大于 50% 时，纵横波声速的增加速率明显变快。含水合物沉积物纵横波声速随水合物饱和度的增加呈现出快速–慢速–慢快速的变化趋势。

（5）不同甲烷通量模式下对不同声速模型进行验证。验证了权重方程、BGTL 模型和等效介质理论模型在不同流体通量体系下含水合物沉积物中的适应性。结果表明，水合物饱和度在 0~70% 时，权重方程、STPE 理论和 BGTL 预测的纵波速度值同实验实测值接近。但横波速度计算值同实际值相比，权重方程和 BGTL 计算值低于实测值，STPE 理论预测的纵横波速度值同实验测试值符合较好。

通过 CT 扫描获取的天然海砂中气、水、水合物的含量和微观分布数据，分析了甲烷流体通量模式下对水合物微观分布和含水合物沉积物声学特性的影响，结果表明了以下几点。

（1）通过 CT 获取的气、水、水合物的微观统计数据，分析了声学速度模型中水合物作为孔隙流体和岩石骨架两种模式的气水饱和度随水合物生成的变化，当将水合物视为孔隙流体的一部分时，随着水合物饱和度增高，孔隙水饱和度降低，而甲烷气体饱和度基本维持不变。当将水合物视为岩石骨架一部分时，孔隙度随着水合物生成而降低，随着水合物饱和度增高，孔隙水饱和度降低，而甲烷气体饱和度增高。

（2）依据水合物生成过程中沉积物中的气水含量数据，对 STPE 理论中的孔隙流体密度和体积模量的计算方程做出相应调整，应用考虑甲烷气体影响下的 EMT-B 和调整后的 STPE 理论模型进行计算，将计算结果同实测值比较。结果表明，EMT-B 模型计算的横波速度结果均大于实验测试值，与实测值偏差较大。气水均匀分布模式下，EMT-B 模型计算的纵波速度与实测值拟合度较高。调整后的 STPE 理论模型计算的纵横波速度与实测结果拟合程度高。

在封闭体系下进行模拟实验，对在一维实验装置下进行的水合物声学特性模拟实验进行概括总结，开展二维实验装置下模拟实验研究。以 0.15～0.60mm 粒径砂为介质，应用 TDR 技术和弯曲元技术获取多个层位水合物饱和度和声速，并对水合物生成过程进行分析。在此基础上对比分析封闭体系下和气体运移体系下水合物声学特性，并同南海沉积物实测数据进行对比。

（1）在二维实验装置中，随着水合物的增长，储层孔隙被填充，测得的声速也随之增加，孔隙度对声速的影响也不断下降。当水合物饱和度在 15% 以下时，纵横波速的增长相对较快，当水合物饱和度在 15% 以上时，纵横波速的速度增长变缓。

（2）水合物生成初期，粗粒沉积物声速大于细粒沉积物声速，水合物优先在粗粒沉积物中生成。水合物生成末期，粗粒和细粒对沉积物饱和度及声速影响不大。水合物形成过程的二维分布与声响应特征为：在纵向上离气源越近，越易生成水合物，随着时间推移各层水合物饱和度逐渐趋于一致；在横向上水合物优先在反应釜周边生成，随后在反应釜内部生成。对于水合物形成的微观分布，通过 CT 技术实际观测可知，水合物在形成初期以胶结模式为主，中期以悬浮或接触模式为主，在形成后期水合物又重新胶结沉积物颗粒。

（3）实验获得 $V_p$-$V_s$ 间的经验公式：$V_p = 0.9661 \times V_s + 1.2969$，$V_p/V_s$ 和 $S_h$ 间的关系为 $V_p/V_s = 0.0005 \times S_h^2 - 0.0471 \times S_h + 3.2127$，上述经验公式与野外同类型储层航次实地数据具有良好的对比性，可为储层纵横波速度和水合物饱和度估算提供依据。

（4）将封闭体系下和气体运移体系下水合物声学特性进行对比分析，得出在封闭体系中，声速的增加较快，没有明显阶段性变化。在气体垂向运移体系下，气泡存在沉积物中会使声速有所下降，所以表现出声速的增加较慢。随着水合物饱和度的增加，声速体现出快速–慢速–快速增加的趋势。

（5）将南海实测声速同水合物饱和度数据与实验结果对比，结果表明气体运移体系下声速与水合物饱和度间关系同南海实测数据结果较为一致。BGTL 和等效介质理论对南海沉积物中水合物饱和度预测有一定适应性。

## 参 考 文 献

方跃龙，胡高伟，刘昌岭，等 .2015. 含水合物松散沉积物声速剖面成像技术研究 . 新能源进展，3（4）：309-318.

龚建明. 2007. 冲绳海槽天然气水合物成因及资源潜力评价. 青岛：中国海洋大学.

关进安, 樊栓狮, 梁德青, 等. 2009. 南海琼东南盆地渗漏系统甲烷水合物生长速度. 地球物理学报. 52 (3)：765-775.

关进安, 李栋梁, 周红霞, 等. 2012. 一套模拟渗漏型天然气水合物形成与分解的实验系统. 天然气工业, 32 (5)：1-4.

胡高伟. 2010. 南海沉积物的水合物声学特性模拟实验研究. 北京：中国地质大学（北京）.

胡高伟, 张剑, 业渝光, 等. 2008. 天然气水合物的声学探测模拟实验. 海洋地质与第四纪地质, 28 (1)：135-141.

胡高伟, 业渝光, 张剑, 等. 2010. 沉积物中天然气水合物微观分布模式及其声学响应特征. 天然气工业, 30 (3)：120-124.

胡高伟, 业渝光, 张剑, 等. 2012. 基于弯曲元技术的含水合物松散沉积物声学特性研究. 地球物理学报, 55 (11)：3762-3773.

胡高伟, 李承峰, 业渝光, 等. 2014. 沉积物孔隙空间天然气水合物微观分布观测. 地球物理学报, 57 (5)：1675-1682.

李承峰, 胡高伟, 张巍, 等. 2016. 有孔虫对南海神狐海域细粒沉积层中天然气水合物形成及赋存特征的影响. 中国科学：地球科学, 46 (9)：1223-1230.

李红星, 陶春辉, 刘富林, 等. 2015. 气泡对沉积物声学特性影响研究：以东海沉积物为例. 物理学报, 64 (10)：436-441.

李淑霞, 李杰, 徐新华, 等. 2014. 天然气水合物藏注热水开采敏感因素试验研究. 中国石油大学学报：自然科学版, 38 (2)：99-102.

李小森, 冯景春, 李刚, 等. 2013. 电阻率在天然气水合物三维生成及开采过程中的变化特性模拟实验. 天然气工业, 33 (7)：18-23.

梁劲, 王宏斌, 沙志彬. 2008. 剩余层速度分析在南海天然气水合物解释中的指示意义. 南海地质研究, (1)：68-77.

梁劲, 王明君, 王宏斌, 等. 2009. 南海神狐海域天然气水合物声波测井速度与饱和度关系分析. 现代地质, 23 (2)：217-223.

梁劲, 王明君, 陆敬安, 等. 2010. 南海神狐海域含水合物地层测井响应特征. 现代地质, 24 (3)：506-514.

梁劲, 王明君, 陆敬安, 等. 2013. 南海北部神狐海域含天然气水合物沉积层的速度特征. 天然气工业, 33 (7)：29-35.

林霖, 梁劲, 郭依群, 等. 2014. 利用声波速度测井估算海域天然气水合物饱和度. 测井技术, 38 (2)：234-238.

孙建业, 业渝光, 刘昌岭, 等. 2010. 沉积物中天然气水合物减压分解实验. 现代地质, 24 (3)：614-621.

王家生, 高钰涯, 李清, 等. 2007. 沉积物粒度对水合物形成的制约：来自 IODP 311 航次证据. 地球科学进展, 26 (7)：659-665.

邬黛黛, 吴能友, 张美, 等. 2013. 东沙海域 SMI 与甲烷通量的关系及对水合物的指示. 地球科学, (6)：161-172.

徐华宁, 杨胜雄, 郑晓东, 等. 2010. 南中国海神狐海域天然气水合物地震识别及分布特征. 地球物理学报, 53 (7)：1691-1698.

徐华宁, 张光学, 郑晓东, 等. 2014. 井震联合分析预测神狐海域天然气水合物可能的垂向分布. 地球物理学报, 57 (10)：3363-3372.

杨波，李小森，李茂东，等．2014. 储气罐中天然气水合物生成的温度特性研究．天然气与石油，32
（5）：1-4.

余汇军，王树立，石清树，等．2011. 高压釜中加入复合添加剂的 $CO_2$ 水合物生长实验研究．化工机械，
38（6）：678-682.

周红霞，关进安，李栋梁，等．2012. 渗漏型甲烷水合物的生成实验．海洋地质前沿，28（4）：62-66.

Berryman J G. 1999. Origin of Gassmann's equations. Geophysics，64（5）：1627-1629.

Borowski W S, Paull C K, Ussler III W. 1996. Marine pore water sulfate profiles indicated in situ methane flux
from underlying gas hydrate. Geology，24：655-658.

Bünz S, Mienert J. 2004. Acoustic imaging of gas hydrate and free gas at the Storegga Slide. Journal of Geophysical
Research Atmospheres，109（B4）：380-386.

Chand S, Minshull T A, Gei D, et al. 2004. Elastic velocity models for gas-hydrate-bearing sediments-a comparison. Geophysical Journal International. 159（2）：573-590.

Chuang P C, Yang T F, Hong W L, et al. 2010. Estimation of methane flux offshore SW Taiwan and the influence
of tectonics on gas hydrate accumulation. Geofluids，10：497-510.

Collett T S. 2014. The gas hydrate petroleum system Beijing：Proceedings of the 8th International Conference on
Gas Hydrates（ICGH8-2014）.

Cortes D D, Martin A I, Yun T S, et al. 2009. Thermal conductivity of hydrate-bearing sediments. Journal of Geophysical Research Atmospheres，114（B11）：135-142.

Crutchley G J, Fraser D R A, Pecher I A, et al. 2015. Gas migration into gas hydrate-bearing sediments on the
southern Hikurangi margin of New Zealand. Journal of Geophysical Research Solid Earth，120（2）：725-743.

Dai J, Haibin X U, Snyder F, et al. 2004. Detection and estimation of gas hydrates using rock physics and
seismic inversion：examples from the northern deepwater Gulf of Mexico. Lead Edge. Leading Edge，23（1）：
60-66.

Dai J, Snyder F, Gillespie D, et al. 2008. Exploration for gas hydrates in the deepwater, northern Gulf of
Mexico：Part I. A seismic approach based on geologic model, inversion, and rock physics principles. Marine
and Petroleum Geology，25（9）：830-844.

Dai S, Santamarina J C, Waite W F, et al. 2012. Hydrate morphology：physical properties of sands with patchy
hydrate saturation. Journal of Geophysical Research Solid Earth，117（B11）：11205.

Dickens G R. 2001. Sulfate profiles and barium fronts in sediment on the Blake Ridge：Present and past methane
fluxes through a large gas hydrate reservoir. Geochimica et Cosmochimica Acta，65：529-543.

Dvorkin J, Nur A. 1993. Rock physics for characterization of gas hydrates. International Journal of Rock Mechanics
and Mining Sciences & Geomechanics Abstracts，1570（3）：111A.

Dvorkin J, Prasad M, Sakai A, et al. 1999. Elasticity of marine sediments：rock physics modeling. Geophysical
Research Letters，26（12）：1781-1784.

Eaton M, Mahajan D, Flood R. 2007. A novel high-pressure apparatus to study hydrate-sediment interactions.
Journal of Petroleum Science and Engineering，56（1-3）：101-107.

Ecker C. 2001. Seismic characterization of methane hydrate structures. Stanford：Stanford University.

Fang Y X, Chu F Y. 2008. The relationship of sulfate-methane interface, the methane flux and the underlying gas
hydrate. Marine Science Bulletin，10（1）：28-37.

Greenberg M L, Castagna J P. 1992. Shear-wave velocity estimation in porous rocks-theoretical formulation,
preliminary verification and applications. Geophysical Prospecting，40（2）：195-209.

He L, Matsubayashi O, Lei X. 2006. Methane hydrate accumulation model for the central nankai accretionary prism. Marine Geology，227（3-4）：201-214.

Helgerud M B，Dvorkin J，Nur A，et al. 1999. Elastic- wave velocity in marine sediments with gas hydrates：effective medium modeling. Geophysical Research Letters，26（13）：2021-2024.

Hu G W，Ye Y G，Zhang J，et al. 2010. Acoustic properties of gas hydrate- bearing consolidated sediments and experimental testing of elastic velocity models. Journal of Geophysical Research Atmospheres，115（B2）：481-492.

Jiang M，Zhu F，Liu F，et al. 2014. A bond contact model for methane hydrate-bearing sediments with interparticle cementation. International Journal for Numerical and Analytical Methods in Geomechanics，38（17）：1823-1854.

Jin S，Nagao J，Takeya S，et al. 2006. Structural investigation of methane hydrate sediments by microfocus X- ray computed tomography technique under high-pressure conditions. Japanese Journal of Applied Physics，45（24-28）：L714-L716.

Løseth H，Gading M，Wensaas L. 2009. Hydrocarbon leakage interpreted on seismic data. Marine and Petroleum Geology，26（7）：1304-1319.

Mindlin R D. 1949. Compliance of elastic bodies in contact. Journal of Applied Mechanics，16（3）：259-268.

Nur A，Mavko G，Dvorkin J，et al. 1998. Critical porosity：a key to relating physical properties to porosity in rocks. The Leading Edge，17：357-362.

Priest J A，Best A I，Clayton C R I，et al. 2005. A laboratory investigation into the seismic velocities of methane gas hydrate-bearing sand. Journal of Geophysical Research，110（B4）：B04102.

Priest J A，Rees E V L，Clayton C R I. 2009. Influence of gas hydrate morphology on the seismic velocities of sands. Journal of Geophysical Research Solid Earth，114（B11）：B11205.

Riedel M，Goldberg D，Guerin G. 2014. Compressional and shear-wave velocities from gas hydrate bearing sediments：examples from the India and Cascadia margins as well as Arctic permafrost regions. Marine and Petroleum Geology，58：292-320.

Ruppel C，Kinoshita M. 2000. Fluid，methane，and energy flux in an active margin gas hydrate province，offshore Costa Rica. Earth and Planet Science Letters，179（1）：153-165.

Sassen R，Losh S L，Cathles III L M，et al. 2001. Massive vein- filling gas hydrate：relation to ongoing gas migration from the deep subsurface in the Gulf of Mexico. Marine and Petroleum Geology，18（5）：551-560.

Sultaniya A K，Priest J A，Clayton C R I. 2015. Measurements of the changing wave velocities of sand during the formation and dissociation of disseminated methane hydrate. Journal of Geophysical Research Solid Earth，120（2）：778-789.

Toki T，Gamo T，Yamanaka T. 2001. Methane migration from the Nankai Trough accretionary prism. Bulletin Geological Survey of Japan，52：1-8.

Waite W F，Santamarina J C，Cortes D D，et al. 2009. Physical properties of hydrate-bearing sediments. Reviews of Geophysics，47（4）：465-484.

Winters W J，Waite W F，Mason D H，et al. 2007. Methane gas hydrate effect on sediment acoustic and strength properties. Journal of Petroleum Science and Engineering，56（1）：127-135.

Wright J F，Nixon F M，Dallimore S R，et al. 2002. A method for direct measurement of gas hydrate amounts based on the bulk dielectric properties of laboratory test media. Yokohama：Fourth International Conference on Gas Hydrate.

Yang L，Falenty A，Chaouachi M，et al. 2016. Synchrotron X-ray computed microtomography study on gas hydrate decomposition in a sedimentary matrix. Geochemistry Geophysics Geosystems，17（9）：3717-3732.

Yang T, Jiang S, Ge L, et al. 2010. Geochemical characteristics of pore water in shallow sediments from Shenhu area of South China Sea and their significance for gas hydrate occurrence. Chinese Science Bulletin, 55 (8): 752-760.

Yang X, Sun C Y, Su K H, et al. 2012. A three-dimensional study on the formation and dissociation of methane hydrate in porous sediment by depressurization. Energy Conversion and Management, 56 (2): 1-7.

Zhou X T, Fan S S, Liang D Q, et al. 2007. Use of electrical resistance to detect the formation and decomposition of methane hydrate. Journal of Natural Gas Chemistry, 16 (4): 399-403.

# 第六章 孔隙充填型与裂隙充填型水合物声学实验及模型验证

随着我国海域天然气水合物试采成功，天然气水合物作为一种新型能源亟待开发和利用。水合物在海洋沉积物中的形成通常表现出显著的异质性，水合物会呈弥散状分布在孔隙空间，有时会呈脉状、瘤状、块状等裂隙状充填。研究表明，水合物的形成是一个动态的过程，主要受到沉积物物理特性的影响。Collett 对典型的天然气水合物产出特征进行了概括，主要有六类典型的水合物产出特征，分别为水合物充填的脉状网、大的水合物透镜体、在海洋砂质沉积物中颗粒充填的天然气水合物、大的海底丘、在海洋黏土中孔隙充填的天然气水合物和陆上在北极地区砂或砾岩中孔隙充填的天然气水合物，概括起来主要有孔隙充填型水合物和裂隙充填型水合物。利用地震或声波测井获得的纵横波速度（$V_p$、$V_s$）可估算储层中水合物饱和度，从而为资源量计算提供重要参数。然而，针对特定的储层，尤其是裂隙充填型水合物，如何选择合适的岩石物理模型及有效的输入参数来进行饱和度估算尚不十分确定。另外，如何通过地震和测井数据对孔隙充填型和裂隙充填型水合物进行鉴别也处于探索阶段。因此，对孔隙充填型和裂隙充填型水合物进行室内模拟实验和岩石物理模型分析，获取不同类型水合物对储层的声学响应特征，是水合物地球物理勘探和资源评价亟待解决的问题。本章将分别对孔隙充填型水合物和裂隙充填型水合物的声学模拟实验和模型分析进行介绍。

## 第一节 水合物储层声学响应模拟实验系统简介

### 一、孔隙充填型水合物模拟实验装置

孔隙充填型水合物模拟实验装置如图 3.4 所示。装置主要由高压反应釜及内筒、饱和水高压罐、稳压控制系统和计算机测试系统组成。反应釜内筒长 150mm，直径为 68mm，样品放入其中进行水合物合成实验。该装置可以模拟水合物生长所需的温度和压力条件，原位测试水合物的饱和度和声波速度等参数。反应釜压力设计为 30MPa，提供水合物生长的高压环境。压力控制系统控制反应釜内部的压力大小，由压力传感器测量釜内实时压力值，传感器的压力测量误差为 ±0.1MPa；温度控制系统和水浴用来调节反应釜内部温度，热电阻温度探针测量沉积物内部和表层温度；计算机系统用于实验数据（温度、压力、超声波形、TDR 波形）采集和记录。超声探测技术和时域反射技术（TDR）分别获得沉积系统内部的声波速度和含水量特征，是该实验模拟装置测试波速和水合物饱和度的核心技术。

## 二、裂隙充填型水合物模拟实验装置

裂隙充填型水合物实验装置分为样品合成实验装置（图 6.1）和声速测试实验装置（图 6.2）。样品合成实验装置主要包含温压控制模块（甲烷气瓶和循环水浴）、柱状水合物岩心制备模块（多孔塑胶管、高压反应釜）和数据采集模块（计算机系统）。水合物岩心样品制备模块包括恒温控制箱、快开型高压反应釜，设置于所述恒温控制箱内，用于在放置其内的水合物岩心成型器中制备水合物岩心样品。导入管与所述快开型高压反应釜连接，所述导入管上设有截止阀、流量计、减压阀和压力表。探针与所述快开型高压反应釜连接，温度传感器与所述快开型高压反应釜连接。数据采集及控制模块用于系统的控制以及数据的采集、集成、读取、显示和保存。

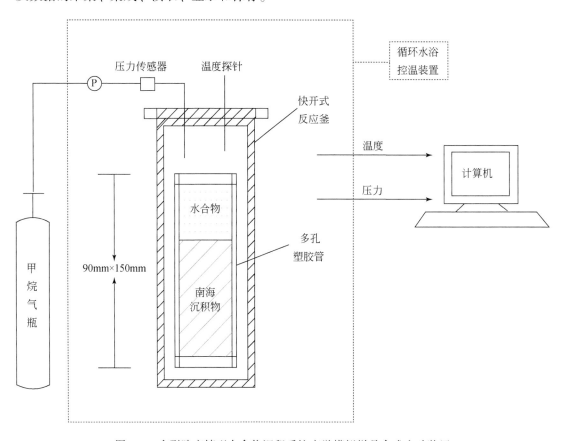

图 6.1　含裂隙充填型水合物沉积系统声学模拟样品合成实验装置

水合物岩心样品于多孔塑胶管中进行合成，根据所制备样品的具体要求，实际可以选择不同的管体规格（本次实验所用管体大小为 90mm×150mm）；管壁有大量通气孔，可保证样品空间内甲烷运移畅通。水合物岩心样品合成完毕后将多孔塑胶管及管内样品一并取出，实验操作简单方便。快开式反应釜为水合物样品的合成提供了封闭的高压环境，反应

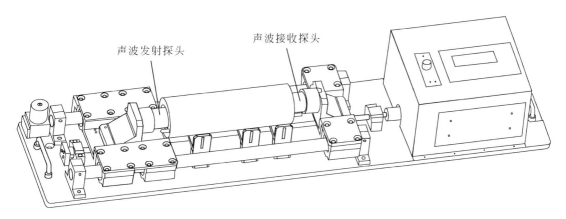

图 6.2　岩心夹持声速测试实验装置

釜可快速组装和拆卸。循环水浴控温装置的控温范围最低可达 $-10℃$，精确度为 $±0.1℃$，其作用是对反应釜釜体进行降温和控温，确保水合物合成所需的低温条件。高压反应釜内含温度探针和压力传感器，通过计算机采集和显示系统可实时观察釜内温压情况。

声速测试装置含岩心夹持器、声波测试和数据采集三大模块。岩心参数测试模块包括安装板和探头，调温夹套设置于安装板上，水合物岩心成型器放置于调温夹套内。探头滑动设置于安装板上，探头用于测量水合物岩心成型器内的水合物岩心样品。探头通过滚轴丝杠滑动设置于安装板上，探头设置在滚轴丝杠的滑块上。此外，岩心参数测试模块还包括位移传感器，位移传感器用于监测探头的移动距离。水合物岩心成型器包括堵头、滤纸和成型内衬，滤纸设置在成型内衬的内腔两侧，堵头设置在成型内衬的两端。岩心参数测试模块还包括低温保护系统，低温保护系统设置于岩心参数测试模块的外侧。

制备的水合物柱状岩心样品可在该装置上获取声波速度。夹持器含超声发射（频率 $20\sim80kHz$）和接收探头，发射的高频声波沿着柱状样品传播后到达声波接收端，由声波采集系统实时显示信号并保存波形。整个测试过程耗时短，避免了因长时间操作引起水合物样品分解造成的测试误差。该装置在测试前需先对超声探头的固有传播时间进行标定。标定物为聚甲醛棒（POM），长度为 $150mm$。POM 的超声波形首波位置约为 $100μs$，而理论传播时间为 $65μs$，因此，超声探头固有走时为 $35μs$，实际测试时需减去这一固有走时。

## 第二节　孔隙充填型水合物声学模型分析和实验模拟

为表征含孔隙充填型水合物不同沉积介质的声学差异，分别以天然砂和南海沉积物为沉积介质，结合岩石物理模拟和声学实验模拟研究在不同水合物体积分数条件下，含孔隙充填型水合物的天然砂和南海沉积物的密度与速度变化特征。并就各种岩石物理模型与实验结果的匹配程度，以及砂沉积介质与南海沉积物之间的密度、速度等参数差异展开分析和探讨。

# 一、孔隙充填型水合物声学模型分析

## （一）岩石物理模型选取

Liu 和 Liu（2018）、胡高伟（2010）、王吉亮等（2013）关于孔隙充填型水合物岩石物理模拟的研究结果表明，等效介质理论（EMT）、BGTL 和简化三相方程（STPE）的计算结果与实验测试的波速吻合程度相比其他岩石物理模型更具优势。因此本研究针对孔隙充填型水合物选取了 EMT-A/B、BGTL 和 STPE 岩石物理模型，计算了不同体积分数下，含孔隙充填型水合物的天然砂和南海沉积物沉积介质的密度和纵波速度变化特征。表 6.1、表 6.2 分别为模拟所用的南海沉积物和天然砂的矿物弹性参数及含量表（矿物含量由青岛海洋地质研究所测得）。

**表 6.1　南海沉积物的体积模量（$K$）、剪切模量（$G$）、密度（$\rho$）和含量（$C$）**　　　（Lin et al., 2014）

| 沉积物组分 | $K$/GPa | $G$/GPa | $\rho$/（g/cm$^{-3}$） | 含量 $C$/% |
|---|---|---|---|---|
| 方解石 | 76.8 | 32 | 2.71 | 14 |
| 石英 | 36.6 | 45 | 2.65 | 28 |
| 长石 | 76 | 26 | 2.71 | 12 |
| 云母 | 62 | 41 | 2.68 | 26 |
| 黏土 | 20.9 | 6.85 | 2.58 | 20 |
| 水合物 | 5.6 | 2.4 | 0.9 | — |
| 水 | 2.5 | 0 | 1.03 | — |

**表 6.2　天然砂的体积模量（$K$）、剪切模量（$G$）、密度（$\rho$）和含量（$C$）**　　　（Ahrens, 1995）

| 沉积物组分 | $K$/GPa | $G$/GPa | $\rho$/（g/cm$^3$） | 含量 $C$/% |
|---|---|---|---|---|
| 磁铁矿 | 161 | 91.4 | 5.21 | 1.94 |
| 普通闪石 | 87 | 43 | 3.12 | 1.1 |
| 绿帘石 | 106.2 | 61.2 | 3.4 | 0.55 |
| 石英 | 36.6 | 45 | 2.65 | 38.95 |
| 长石 | 76 | 26 | 2.62 | 57.46 |
| 水合物 | 5.6 | 2.4 | 0.9 | — |
| 水 | 2.5 | 0 | 1.03 | — |

## 1. 等效介质理论

Helgerud 等（1999）、Ecker（2001）对水合物微观分布形态进行了研究，认为水合物与沉积物颗粒间的共生关系主要是充填于沉积物孔隙中，或胶结了沉积物骨架，与骨架呈支撑形态（图 2.4）。对于模式 A，水合物的生成替代了沉积物孔隙中的流体并占据了流体空间，因而该模式中，水合物也被认为是孔隙流体的一部分；在模式 B 中，水合物被当作沉积物骨架的一部分，孔隙空间中只有流体，该模式对沉积物骨架的密度、体积模量和剪切模量产生了影响；在模式 C 中，孔隙度的降低等同于模式 B，另外，岩石骨架的体积模量和剪切模量发生了改变。基于胡高伟（2010）关于孔隙充填型水合物速度模型的经验发现，模式 C 计算的速度介于模式 A 和模式 B 之间，为了解该模型与实验的吻合性，本书仅选用模式 A（水合物充当流体部分）和模式 B（水合物充当骨架部分）进行计算。

1）模式 A

沉积介质的纵波速度及密度计算公式如下：

$$V_p = \sqrt{\frac{K_{sat} + \frac{4}{3}G_{sat}}{\rho}} \tag{6-1}$$

$$\rho = (1-\phi)\rho_s + \phi\rho_f \tag{6-2}$$

式中，$K_{sat}$ 和 $G_{sat}$ 分别为等效介质的体积模量和剪切模量；$\rho_s$ 和 $\rho_f$ 分别为岩石固相和流体相的体积密度。当沉积物中充填体积模量为 $K_f$ 的流体时，可以根据 Gassmann 方程，通过如下公式得到沉积物的体积模量 $K_{sat}$ 和剪切模量 $G_{sat}$：

$$K_{sat} = K_{ma}\frac{\phi K_{dry} - (1+\phi)K_f K_{dry}/K_{ma} + K_f}{(1-\phi)K_f + \phi K_{ma} - K_f K_{dry}/K_{ma}} \tag{6-3}$$

$$G_{sat} = G_{dry} \tag{6-4}$$

式中，$K_{ma}$ 为岩石固相的体积模量；$K_{dry}$ 和 $G_{dry}$ 分别为干岩石的体积模量和剪切模量；$K_f$ 为流体的体积模量。

模式 A 中，孔隙中有水合物生成，因此 $K_f$ 计算公式为

$$K_f = \left[\frac{1-S_h}{K_w} + \frac{S_h}{K_h}\right]^{-1} \tag{6-5}$$

式中，$S_h$、$K_h$ 分别为水合物占孔隙的体积分数和水合物的体积模量；$K_w$ 为水的体积模量。

式（6-3）中，$K_{dry}$ 和 $G_{dry}$ 的计算公式为

$$K_{dry} = \begin{cases} \left[\frac{\phi/\phi_c}{K_{hm} + \frac{4}{3}G_{hm}} + \frac{1-\phi/\phi_c}{K_{ma} + \frac{4}{3}G_{hm}}\right]^{-1} - \frac{4}{3}G_{hm}, & \phi < \phi_c \\ \left[\frac{(1-\phi)/(1-\phi_c)}{K_{hm} + \frac{4}{3}G_{hm}} + \frac{(\phi-\phi_c)/(1-\phi_c)}{\frac{4}{3}G_{hm}}\right]^{-1} - \frac{4}{3}G_{hm}, & \phi \geq \phi_c \end{cases} \tag{6-6}$$

$$G_{dry} = \begin{cases} \left[\frac{\phi/\phi_c}{G_{hm} + Z} + \frac{1-\phi/\phi_c}{G_{ma} + Z}\right]^{-1} - Z, & \phi < \phi_c \\ \left[\frac{(1-\phi)/(1-\phi_c)}{G_{hm} + Z} + \frac{(\phi-\phi_c)/(1-\phi_c)}{Z}\right]^{-1} - Z, & \phi \geq \phi_c \end{cases} \tag{6-7}$$

$$Z = \frac{G_{hm}}{6}\left(\frac{9K_{hm} + 8G_{hm}}{K_{hm} + 2G_{hm}}\right) \tag{6-8}$$

$$K_{hm} = \left[\frac{n^2 (1 - \phi_c)^2 G_{ma}^2}{18\pi^2 (1 - \nu)^2}P\right]^{\frac{1}{3}}, \quad G_{hm} = \frac{5 - 4\nu}{5(2 - 4\nu)}\left[\frac{3n^2 (1 - \phi_c)^2 G_{ma}^2}{2\pi^2 (1 - \nu)^2}P\right]^{\frac{1}{3}} \tag{6-9}$$

式中，$P$ 为有效压力；$K_{ma}$、$G_{ma}$ 分别为岩石骨架的体积模量、剪切模量；$\nu$ 为岩石骨架的泊松比，且 $\nu = 0.5\left(K_{ma} - \frac{2}{3}G_{ma}\right)/(K_{ma} + G_{ma}/3)$；$n$ 为临界孔隙度时单位体积内颗粒平均接触的数目，一般取 $8 \sim 9.5$；$\phi_c$ 为临界孔隙度，一般取 $0.36 \sim 0.40$（Nur et al.，1998）。

2）模式 B

模式 B 中水合物被认为是岩石骨架的一部分，产生了两个效应：一个是使孔隙度减小，另一个是改变了骨架的体积模量和剪切模量。因此，在模式 A 的基础上，需对沉积物孔隙度进行修正，即 $\phi_r = \phi(1 - S_h)$。同时，应将水合物作为矿物组分代入式（6-14）中来计算岩石的 $K_{ma}$ 和 $G_{ma}$。此外，沉积物孔隙中只有水，孔隙流体密度和体积模量等直接用水的替代。

2. BGTL

BGTL 建立在经典的 BGT 理论上，在预测速度时不仅考虑了分压的影响，而且还考虑了岩石的孔隙度、固结度等因素的影响，其公式为

$$V_p = \sqrt{\frac{K + 4\mu/3}{\rho}}, \quad V_s = \sqrt{\frac{\mu}{\rho}} \tag{6-10}$$

式中，$K$、$\mu$ 分别为沉积介质的体积模量和剪切模量。其中，

$$K = K_{ma}(1 - \beta) + \beta^2 M, \quad \frac{1}{M} = \frac{\beta - \phi}{K_{ma}} + \frac{\phi}{K_{fl}} \tag{6-11}$$

式中，$K_{ma}$ 为岩石骨架的体积模量；$K_{fl}$ 为孔隙中流体的体积模量；$\beta$ 为 Biot 系数，表征了流体体积变化与岩石体积变化的比值，与沉积介质的孔隙度有关；$M$ 为一模量，表征了沉积介质体积不变的情况下，将一定量的水压入沉积介质所需要的静水压力增量（Lee，2002）。BGTL 假设沉积介质速度比率与沉积物基质速度比率之间存在如下关系：

$$V_s = V_p G\alpha (1 - \phi)^n \tag{6-12}$$

式中，$\alpha$ 为基质部分的 $V_s/V_p$；$G$ 为与沉积物中黏土含量有关的常数；$n$ 取决于分压大小及岩石的固结程度。

综上得出沉积介质的剪切模量为

$$\mu = \frac{\mu_{ma} G^2 (1 - \phi)^{2n} K}{K_{ma} + 4\mu_{ma}[1 - G^2 (1 - \phi)^{2n}]/3} \tag{6-13}$$

式中，$\mu_{ma}$ 为岩石骨架的剪切模量。

$K_{ma}$ 和 $\mu_{ma}$ 由 Hill 平均方程计算（Hill，1952）：

$$K_{ma} = \frac{1}{2}\left[\sum_{i=1}^{m} f_i K_i + \left(\sum_{i=1}^{m} f_i/K_i\right)^{-1}\right], \quad \mu_{ma} = \frac{1}{2}\left[\sum_{i=1}^{m} f_i \mu_i + \left(\sum_{i=1}^{m} f_i/\mu_i\right)^{-1}\right] \tag{6-14}$$

式中，$m$ 为岩石固相部分中矿物的种数；$f_i$ 为第 $i$ 种矿物占固相部分的体积分数；$K_i$ 和 $\mu_i$ 分别为第 $i$ 种矿物的体积模量和剪切模量。

3. 简化三相方程

利用 Lee 和 Wajte（2008）的简化三相方程（STPE）可以计算各向同性的气体水合物填充沉积物孔隙空间的速度。Lee 推导出低频下气体水合物填充沉积物孔隙空间的体积模量和剪切模量，用于测井和地震数据：

$$K = K_{ma}(1 - \beta_p) + \beta_p^2 K_{av}, \quad \mu = \mu_{ma}(1 - \beta_s) \tag{6-15}$$

$$\frac{1}{K_{av}} = \frac{\beta_p - \phi}{K_{ma}} + \frac{\phi_w}{K_w} + \frac{\phi_h}{K_h}, \quad \beta_p = \frac{\phi_{as}(1 + \alpha)}{1 + \alpha \phi_{as}}, \quad \beta_s = \frac{\phi_{as}(1 + \gamma \alpha)}{1 + \gamma \alpha \phi_{as}} \tag{6-16}$$

$$\phi_{as} = \phi_w + \varepsilon \phi_h, \quad \phi_w = (1 - S_h)\phi, \quad \phi h = S_h \phi \tag{6-17}$$

式中，$\alpha$ 为固结参数；$\gamma$ 为与剪切模量相关参数，可由公式 $\gamma = （1+2\alpha）/（1+\alpha）$ 得到；$K_{ma}$、$K_w$ 和 $K_h$ 为骨架、水和水合物的体积模量；$\mu_{ma}$ 为骨架的剪切模量；$\phi$ 为孔隙度；参数 $\varepsilon$ 为水合物形成使沉积物骨架发生硬化的降低量，Lee 推荐使用 $\varepsilon = 0.12$ 为建模数值。气体水合物填充沉积物孔隙空间的纵横波速度可由式（6-18）获得

$$V_p = \sqrt{\frac{K + 4\mu/3}{\rho}}, \quad V_s = \sqrt{\frac{\mu}{\rho}} \tag{6-18}$$

$$\rho = \rho_s(1 - \phi) + \rho_w \phi(1 - S_h) + \rho_h \phi S_h \tag{6-19}$$

式中，$\rho$ 为水合物填充沉积物孔隙空间的体积密度。Mindlin（1949）表明体积模量和剪切模量取决于有效压力的 1/3 次方，深度或有效压力相关的 $\alpha$ 可由式（6-20）获得

$$\alpha_i = \alpha_0 (P_0/P_i)^n \approx \alpha_0 (d_0/d_i)^n \tag{6-20}$$

式中，$\alpha_0$ 为有效压力 $P_0$ 或深度 $d_0$ 处的固结参数；$\alpha_i$ 为有效压力 $P_i$ 或深度 $d_i$ 处的固结参数。

（二）模型计算结果分析

EMT（A、B）、BGTL 和 STPE 计算的含孔隙充填型水合物砂沉积介质的密度如图 6.3 所示。EMT-A 和 BGTL 计算的密度大小相同且为一定值。在 EMT-B 模式中，水合物形成后充当骨架的一部分，同时使得沉积物孔隙度减小，该模式计算密度时对沉积物孔隙度进行了修正，但最终计算结果与 STPE 相同，密度均随水合物体积分数增大而呈减小趋势；当水合物体积分数为 40%（饱和度为 100%）时，密度达到最小值。

各种模型计算的纵波速度均随水合物体积分数的增大而增大（图 6.4）。EMT-B 模式计算的纵波速度整体最大，该模式将水合物视为骨架的一部分，当水合物体积分数达到最大值时，纵波速度也最大，为 3.70km/s。模式 B 计算的水合物的波速值整体明显大于模式 A 中将水合物视为孔隙流体部分计算的波速值，模式 A 中当水合物完全充填于砂沉积物孔隙空间时，水合物饱和度达到 100%，转化为体积分数为 40%，此时纵波速度达到峰值 2.74km/s，与 STPE 模式纵波速度峰值相等。当水合物体积分数约小于 7% 时，EMT-A 和 EMT-B 计算的纵波速度相等，这是由于当水合物体积分数小于某一值时，在模式 B 中，形成的水合物占据孔隙空间后沉积物的孔隙度仍小于临界孔隙度，此时两种模式波速的计算结果一致，纵波速度曲线重合。BGTL 和 STPE 模型计算的纵波速度小于 EMT 模式的计算值，当水合物体积分数小于 17% 时，BGTL 模式的计算值大于 STPE，而体积分数大于 17% 时，STPE 模型的波速增幅大于 BGTL，当水合物完全饱和后波速达到峰值 2.74km/s。因此，在含孔隙充填型水合物的砂沉积物中，各种模型计算的纵波速度情况为：①当水合

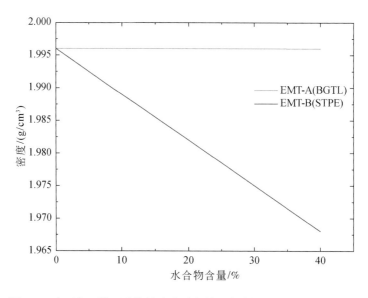

图 6.3　岩石物理模型计算的含孔隙充填型水合物的砂沉积介质密度

物体积分数小于 20% 时，纵波速度大小为 EMT-B>EMT-A>BGTL>STPE；②当水合物体积
分数大于 20% 时，波速大小为 EMT-B>EMT-A>STPE>BGTL。

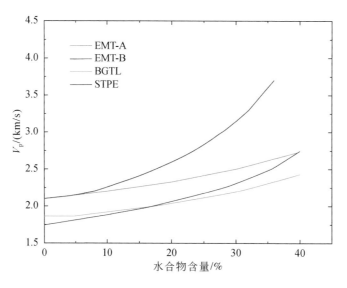

图 6.4　岩石物理模型计算的含孔隙充填型水合物的砂沉积介质的纵波速度

南海沉积物与砂沉积物的骨架密度十分接近，因此各模型计算的南海沉积物密度值
（图 6.5）与沉积介质为砂时的密度值基本一致。密度结果中，EMT-A 模式与 BGTL 的计
算结果一致，密度恒为定值，EMT-B 和 STPE 模型计算的密度相同，整体趋势出现减小，
对比 EMT-A 与 BGTL 模型的密度减小仅为 1.25% 。

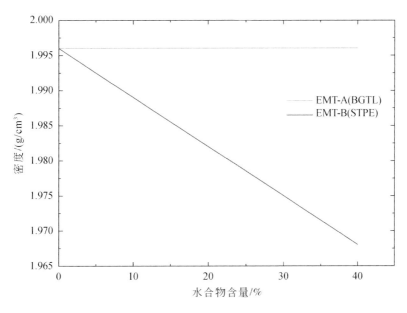

图 6.5　岩石物理模型计算的含孔隙充填型水合物的南海沉积物的密度

　　与砂沉积介质纵波速度的结果趋势一致，三类岩石物理模型计算的纵波速度都随着水合物体积分数的增加而增大（图 6.6）。但当沉积物孔隙中无水合物生成（体积分数为 0）时，EMT-A 和 EMT-B 模式计算的沉积物纵波速度要大于 BGTL 和 STPE 模型计算的波速。三类模型计算的纵波速度大小分两种情况：①当水合物体积分数小于 17% 时，波速大小排序为 EMT-B>EMT-A>STPE>BGTL；②水合物体积分数大于 17% 时，波速大小排序为 EMT-

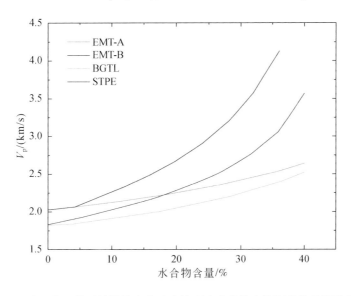

图 6.6　岩石物理模型计算的含孔隙充填型水合物的南海沉积物的纵波速度

B>STPE>EMT-A>BGTL。EMT-B 模式计算的波速值最大，水合物体积分数约为 36% 时，纵波达到峰值波速度 4.13km/s，而 BGTL 计算的波速值整体最小，水合物饱和度为 100% 时（体积分数为 40%）纵波速度达到峰值波速 2.52km/s。

## 二、孔隙充填型水合物声学实验模拟

### （一）实验测试过程

开展孔隙充填型水合物声学模拟实验过程如下：

（1）利用体积法测试砂和南海沉积物的平均孔隙度（分别为 39.88% 和 40%），利用真密度仪测试砂和南海沉积物的平均密度（分别为 2.63g/cm³ 和 2.69g/cm³）；

（2）向高压反应釜空釜中通入甲烷气并放置 24h，记录釜内压力变化情况，检测反应釜是否出现漏气情况；

（3）将通入 SDS 溶液（加速水合物的形成）的纯水注入沉积物中使沉积物孔隙空间水体饱和，将饱和水沉积物装入高压反应釜中，封闭釜体并放置 24h，使得 SDS 溶液完全渗入沉积物孔隙空间；

（4）打开计算机温度压力、超声、TDR 显示软件，设置超声信号特征参数，开启数据采集并设置采集间隔；

（5）根据温压控制软件设置的压力步长，逐渐向反应釜中通入所需压力的纯甲烷气（纯度为 99.99%），开启水浴控温系统，使得反应釜内部温度和压力满足水合物形成的条件（约 1℃ 和 7MPa）；

（6）等待孔隙充填型水合物生成，TDR 波形显示的水合物饱和度不再增高且釜内压力稳定不降时，关闭水浴控温系统，直至水合物完全分解后打开排气阀门排出反应釜内甲烷气体后关闭数据采集系统，开釜并整理实验数据（温度、压力、饱和度、波速等）。

### （二）实验结果

分别以天然砂和南海沉积物作为沉积介质，利用图 6.1 所示实验装置获得水合物形成过程中饱和度和波速间的变化关系，并计算实际沉积体系中不同体积分数水合物对应的系统密度值。其中，密度的计算方式与 STPE 模型密度计算公式 [式（6-19）] 相同，但实验中沉积物骨架密度（干密度）采用真密度仪的实测值（砂为 2.63g/cm³，南海沉积物为 2.69g/cm³）。孔隙型水合物体积分数计算方法为沉积物孔隙度（%）×水合物饱和度（%）/100%，其中分母中的 100% 包括沉积物、水合物以及沉积物孔隙中除去水合物后水的占比三部分。

图 6.7 为含孔隙充填型水合物的砂沉积介质的密度和纵波速度实验结果，密度的计算公式见式（6-19）。从实验结果发现，随着水合物体积分数增大，沉积介质的密度呈线性减小趋势，水合物体积分数为 26% 时，对应水合物饱和度最大值为 65%，此时密度最小。随水合物体积分数增大，纵波速度整体呈增大趋势，但水合物体积分数较小时纵波速度增幅整体较大。当孔隙中无水合物生成时，波速对应含饱和水的砂沉积物固有纵波速度，其值为

1.7km/s，当水合物饱和度达到最大，即体积分数为26%时，纵波速度达到最大值2.4km/s。

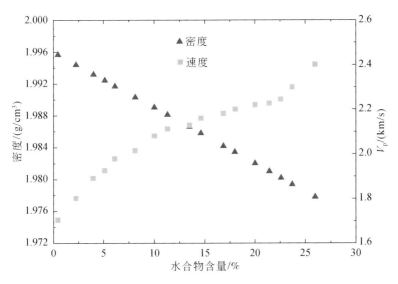

图6.7　含孔隙充填型水合物的砂沉积介质的密度与纵波速度

　　实验所用南海沉积物样品取自南海神狐海域浅表层沉积物，水深1554m，取样位置靠近水合物站位附近，具有水合物赋存沉积物的特性和代表性。南海沉积物平均孔隙度为40%（体积法测得），密度（干沉积物）为2.69g/cm³。图6.8为含孔隙充填型水合物的南海沉积物的密度和纵波速度实验结果。实验中生成的水合物最大饱和度为24%，对应体积分数为9.6%。这是由于南海沉积物为泥质黏土，短时间内很难生成高饱和度水合物，在一个实验周期（约7天）中，尽管加入SDS溶液来促进水合物合成，但生成的水合物

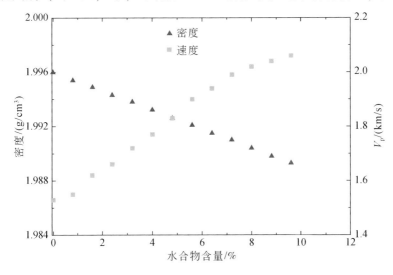

图6.8　含孔隙充填型水合物的南海沉积物的密度与纵波速度

饱和度仍较低。从实验结果看出，当水合物体积分数为 0 时，含饱和水的南海沉积物密度最大，纵波速度最小，密度计算结果呈线性减小趋势，纵波速度呈增大趋势，当水合物饱和度达到最大（24%）时的纵波速度为 2.06km/s。

# 第三节　裂隙充填型水合物声学模型分析和实验模拟

分别以天然砂和南海沉积物为沉积介质，选取岩石物理模型计算了含裂隙充填型水合物的砂和南海沉积物的系统密度和纵波速度；并通过实验模拟合成了两种沉积物的裂隙充填型水合物，计算了系统密度并测试了不同体积分数下介质的纵波速度。

## 一、裂隙充填型水合物声学模型分析

### （一）岩石物理模型选取

针对裂隙型岩石物理模型主要有 Schoenberg 模型、Hudson 模型、Kachanov 模型、Eshelby-Cheng 模型、Thomsen 模型、DEM 模型和自相容（self-consistent）模型（Jaiswal et al.，2014；Bai et al.，2016）。对于定向排列裂缝导致的地层各向异性，前人开展了相关研究，提出了多种简化模型，主要包括层状介质模型、裂缝嵌于孔隙介质模型、周期性薄互层与扩容模型等（Lee and Collett，2009；Ghosh et al.，2010）。由于各种岩石物理模型对裂隙的尺寸及形状的定义各不相同，且考虑到岩石物理模型与实验模拟的有效结合，上述模型均不能满足裂隙充填型水合物局部饱和度的计算，一些模型的计算需满足裂隙定向排列、裂隙为椭圆状、圆状等，这使得利用实验布设裂隙形态成为难点。针对裂缝型水合物储层，前人已利用两端元层状介质模型（横向各向同性理论）对墨西哥湾和印度 K-G 盆地、韩国郁陵盆地、中国南海神狐海域产出裂缝的水合物进行了声波速度特征模拟和饱和度估算，取得了较好的应用效果（Lee and Collett，2009，2012；王吉亮等，2013；Liu and Liu，2018）。

因此，本研究选取两端元横向各向同性理论（TIT）模型模拟含裂隙充填型水合物沉积介质的密度和速度与水合物体积分数间的关系特征。

TIT 模型由两个端元组成（图 2.7），端元 I 为裂隙，100% 由纯水合物充填；端元 II 为不含水合物的饱和水沉积物。砂和南海沉积物的弹性参数及含量见表 6.1、表 6.2。

端元 II 的体积模量和剪切模量可基于 Hill 平均方程［式（6-14）］和 STPE 模型计算。层状介质的两端元模型表示为

$$\langle G \rangle = \eta_1 G_1 + \eta_2 G_2 , \left\langle \frac{1}{G} \right\rangle^{-1} = \left( \frac{\eta_1}{G_1} + \frac{\eta_2}{G_2} \right)^{-1} \tag{6-21}$$

式中，$G_1$、$G_2$ 分别为模型中组分 1 和组分 2 的任意弹性参数或参数组合；$\eta_1$ 和 $\eta_2$ 分别为组分 1 和组分 2 的体积分数。

模型相速度可以根据由拉梅常数求得

$$V_p = \left( \frac{A\sin^2\varphi + C\cos^2\varphi + L + Q}{2\rho} \right)^{1/2} \tag{6-22}$$

$$V_s^H = \left( \frac{N\sin^2\varphi + L\cos^2\varphi}{\rho} \right)^{1/2} \tag{6-23}$$

其中,

$$A = \left\langle \frac{4\mu(\lambda + \mu)}{(\lambda + 2\mu)} \right\rangle + \left\langle \frac{1}{(\lambda + 2\mu)} \right\rangle^{-1} \left\langle \frac{\lambda}{(\lambda + 2\mu)} \right\rangle^2 \tag{6-24}$$

$$C = \left\langle \frac{1}{(\lambda + 2\mu)} \right\rangle^{-1} \tag{6-25}$$

$$F = \left\langle \frac{1}{(\lambda + 2\mu)} \right\rangle^{-1} \left\langle \frac{\lambda}{(\lambda + 2\mu)} \right\rangle \tag{6-26}$$

$$L = \left\langle \frac{1}{\mu} \right\rangle^{-1} \tag{6-27}$$

$$N = \langle \mu \rangle \tag{6-28}$$

$$\rho = \langle \rho \rangle \tag{6-29}$$

$$Q = \sqrt{[(A - L)\sin^2\varphi - (C - L)\cos^2\varphi]^2 + 4(F + L)^2 \sin^2\varphi \cos^2\varphi} \tag{6-30}$$

式中,$V_p$ 和 $V_s^H$ 分别为纵波速度和水平极化横波速度;$\varphi$ 为入射波传播方向相对于裂隙对称轴的夹角。

根据 Thomson(1986),群速度与相速度间的关系可表述为

$$V_p(\varphi) = GV_p(\varphi_g), \quad V_s^H(\varphi) = GV_s^H(\varphi_g) \tag{6-31}$$

式中,$GV_p$ 和 $GV_s^H$ 分别为 $V_p$ 和 $V_s^H$ 的群速度;$\varphi_g$ 为射线方向和裂隙同相轴间的夹角,可由式(6-31)求得

$$\text{纵波}: \tan\varphi_g = \tan\varphi[1 + 2\delta + 4(\varepsilon - \delta)\sin^2\varphi],$$
$$\text{SH 波}: \tan\varphi_g = \tan\varphi(1 + 2\gamma) \tag{6-32}$$

其中,

$$\gamma = \frac{N - L}{2L}, \quad \delta = \frac{(F + L)^2 - (C - L)^2}{2C(C - L)}, \quad \varepsilon = \frac{A - C}{2C}$$

式中,$\gamma$、$\delta$ 和 $\varepsilon$ 为表征横向各向同性介质属性的参数。

**(二)模型计算结果分析**

利用横向各向同性理论(TIT)分别计算了砂、南海沉积物两种沉积介质为载体的裂隙充填型水合物的系统密度和纵波速度。此次模拟仅考虑裂隙为水平裂隙(沉积物/端元Ⅱ与纯水合物/端元Ⅰ界面水平)时的情况。

如图 2.11 所示,TIT 模型计算的含裂隙充填型水合物的砂沉积介质的密度随水合物体积分数增大而减小,密度最大值对应砂沉积物的密度,密度最小值对应纯水合物的密度。密度曲线随水合物体积分数减小呈非线性趋势,先缓后陡。沉积体系的纵波速度随水合物体积分数增大而增大,饱和水纯砂沉积物的纵波速度值为波速曲线最小值(1.75km/s),此时的水合物体积分数为0。随着水合物在沉积系统中体积分数的增大,纵波速度也持续增大,增大的幅度在水合物体积分数较高时更明显,即纵波速度增大趋势先缓后陡,当系统中为纯水合物时(水合物体积分数100%)纵波速度为纯水合物的波速,其值为3.08km/s。

横向各向同性理论计算的南海沉积物裂隙充填型水合物的密度和纵波速度结果如图 6.9 所示。南海沉积物的骨架密度、孔隙度与砂沉积物十分接近，因此密度结果与砂沉积物的密度差别很小。模型结果差异主要体现在纵波速度上，以南海沉积物为沉积介质（端元 Ⅱ）的裂隙充填型水合物的系统纵波速度在水合物体积分数小于 62.5% 时，相对低于含砂沉积物的裂隙充填型水合物纵波速度，当体积分数大于该值时，整体波速小于砂沉积物系统的波速。

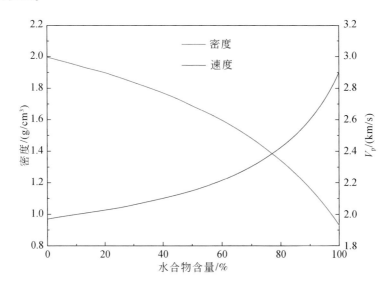

图 6.9     横向各向同性理论计算的含裂隙充填型水合物的南海沉积物的密度和纵波速度

## 二、裂隙充填型水合物声学实验模拟

### （一）实验测试过程

由于砂和南海沉积物自身的物理性质差异，砂介质的孔隙空间内短时间易形成孔隙充填型水合物，在含裂隙充填型水合物的砂介质中开展裂隙型水合物合成时，需要避免砂介质孔隙内生成孔隙充填型水合物，具体做法是将冰粉先置于反应釜进行水合物合成，合成的柱状水合物样品再与饱和水的砂按照指定比例装入多孔塑胶管中，进行波速测试。

裂隙充填型水合物声学实验合成和测试装置见图 6.1 和图 6.2，实验过程如下（以南海沉积物介质为例）。

（1）实验预备：实验开始前提前约 12h 打开水浴控温系统，设置水浴温度 –5 ~ –3℃，高压反应釜中通入甲烷气（约 3MPa），放置 24h，釜体不存在漏气则进行下一步。

（2）人工合成冰粉：利用雾化器将纯水雾化后喷洒到盛液氮盆中（图 6.10），控制雾化水量喷射速度，使纯水雾化后在液氮表明冷却成为冰粉，合成所需体量的冰粉，作为纯水合物合成的骨架。

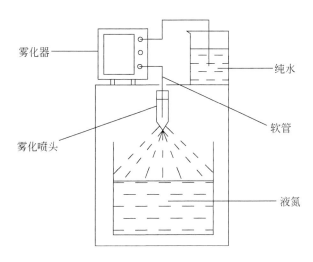

雾化器

纯水

软管

雾化喷头

液氮

图 6.10　冰粉制备装置

（3）根据实验要求设计水合物与沉积物的比例，将合成后的冰粉和饱和水沉积物（南海沉积物）按照比例装入裂隙充填型水合物合成实验装置（图 6.1）中的多孔塑胶管中，压实装满后将高压反应釜密封。

（4）打开釜体温度、压力监控软件，向高压反应釜中通入纯甲烷气（纯度 99.99%），逐渐加压并检漏，直到压力达到 7MPa。

（5）通气直至釜内压力达到设定值后将高压反应釜置于水浴槽中，直到水合物完全生成。

（6）约 7 天后，裂隙充填型水合物完全合成，从水浴槽中拿出高压反应釜，在室外通风环境中将釜内甲烷气完全排放，开釜并取出多孔塑胶管及其样品（合成的水合物可取适量用点燃法确保合成样品为水合物而非冰）。

（7）旋出多孔塑胶管的端盖，打开岩心夹持声速测试装置，将合成后的裂隙充填型水合物样品以长轴方向置于岩心夹持器上（图 6.2），样品一端与超声发射端连接，另一端连接声波接收端，设置好超声信号的频率等参数后在 App 交互端保存测试过程中的波形，读取超声发射和接受时间，记录纵波速度值，并计算该水合物体积分数条件下样品的密度。

（8）每次实验设置水合物占整个样品空间的比例为 10%，完成一次比例实验后，进行下一比例条件下样品的波速测试，每一比例声速测试次数为三次，最后取平均值。

**（二）　实验结果**

在同等实验条件下，南海沉积物孔隙空间内短时间很难生成水合物，而天然砂孔隙内可生成高饱和度水合物，为避免沉积物孔隙空间生成的水合物的影响，实验中对两者波速的测试采取了不同的方法：含裂隙充填型水合物的砂沉积样品的制备是先在多孔塑胶管中合成纯水合物，再将合成的纯水合物与饱和水砂沉积物按照目标体积比例装入多孔塑胶管中，再进行波速测试；而含裂隙充填型水合物的南海沉积物样品的制备是直接将冰粉和南海沉积物一同装入多孔塑胶管,让冰粉中完全生成水合物,再将合成的样品(图6.11)取出进行波速测试(超声波)。

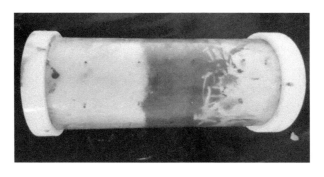

图6.11　实验合成的含裂隙充填型水合物的南海沉积物样品(水合物体积占比为60%)

水合物和沉积物的体积占比是按照两者在塑胶管空间的体积占比进行布设的,水合物的体积比例以10%的步长依次递增,实验结果中横坐标为水合物的体积分数,其计算公式为 $V_{I}/(V_{I}+V_{II}\times\phi_{II})$。式中,$V_{I}$ 为端元 I 的体积,$V_{II}$ 为端元 II 的体积,$\phi_{II}$ 为端元 II (沉积物)的孔隙度。

图6.12和图6.13分别为含裂隙充填型水合物的天然砂和南海沉积物样品的实验密度和纵波速度。密度计算公式为 $\rho=\eta_{1}\rho_{h}+\eta_{2}[\rho_{s}(1-\phi)+\rho_{w}\phi]$。其中,$\eta_{1}$ 和 $\eta_{2}$ 分别为裂隙和沉积物占样品空间的比例;$\rho_{h}$ 为纯水合物的密度,计算取值为 $0.93\mathrm{g/cm^{3}}$;$\rho_{s}$ 为真密度仪测试的沉积物的骨架密度(天然砂为 $2.63\mathrm{g/cm^{3}}$,南海沉积物为 $2.69\mathrm{g/cm^{3}}$);$\phi$ 为沉积物孔隙度;$\rho_{w}$ 为水的密度($1\mathrm{g/cm^{3}}$),纵波速度为实验测试结果。水合物密度小于沉积物

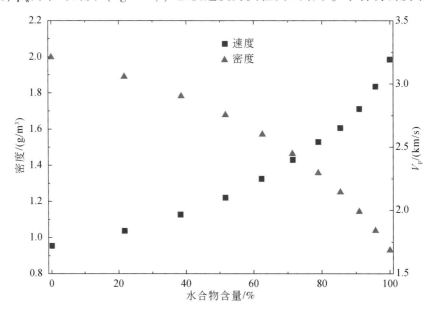

图6.12　含裂隙充填型水合物的天然砂沉积物的密度与纵波速度

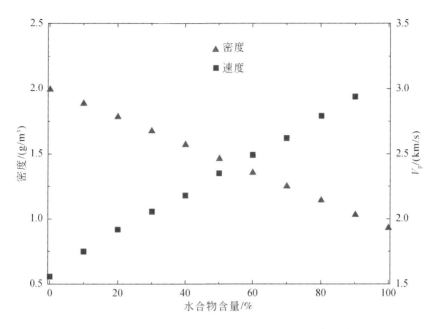

图 6.13　含裂隙充填型水合物的南海沉积物的密度与纵波速度

密度，随水合物体积分数增大，两种沉积物样品系统的密度也减小，因此密度变化趋势与水合物体积分数相反；水合物波速大于样品波速，水合物量增多时，纵波速度也逐渐增大，两者变化趋势相同。

## 第四节　孔隙充填和裂隙充填型水合物识别

### 一、孔隙充填型和裂隙充填型水合物声学响应差异性分析

图 6.14 为含孔隙充填和裂隙充填型水合物的天然砂和南海沉积物介质的密度结果。对于含孔隙充填型水合物的沉积系统而言，天然砂沉积介质孔隙空间内生成的水合物最大饱和度远大于南海沉积物：实验中两者孔隙空间生成的水合物最大饱和度分别为 65% 和 24%，分别对应水合物体积分数为 26% 和 9.6%。从岩石物理模拟结果发现，含孔隙充填型水合物的砂和南海沉积物介质的密度均随水合物体积分数增大而减小，但该实验所用的天然砂和南海沉积物的平均孔隙度均接近 40%（砂 39.88%，南海沉积物 40%），且模型计算的骨架密度十分接近，因此系统密度相差很小。EMT-A 模式和 BGTL 模型中关于密度的计算未考虑水合物的影响，只考虑了岩石骨架和孔隙流体的影响，因此随着水合物体积分数增大，沉积介质的密度仍保持恒定值；EMT-B 模式和 STPE 模型计算的砂和南海沉积物介质的密度与实验计算的密度吻合很好，均随水合物体积分数增大呈减小趋势，但减小的值很小。

裂隙充填型水合物模型为 TIT 模型，该模型基于横向各向同性理论，是将整个介质分

为上下两部分（分别为纯水合物和饱和水沉积物，对应端元Ⅰ和端元Ⅱ）的理想模型。基于该模型计算的密度与实验计算的密度基本完全吻合，当端元Ⅰ（水合物）的占比逐渐增大时，沉积系统的密度也逐渐减小，但随水合物体积分数增大，密度减小的速率相应变大。当端元Ⅰ体积分数为100%时，系统密度即为纯水合物的密度（0.93g/cm³）。

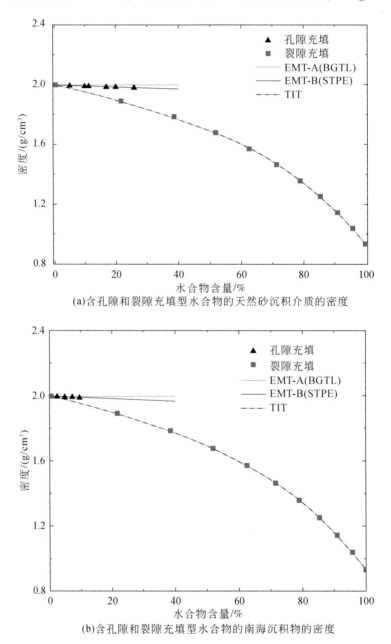

(a)含孔隙和裂隙充填型水合物的天然砂沉积介质的密度

(b)含孔隙和裂隙充填型水合物的南海沉积物的密度

图6.14　含孔隙充填和裂隙充填型水合物的天然砂和南海沉积物介质的密度

岩石物理模拟和实验测试的含水合物充填的天然砂和南海沉积物介质的纵波速度结果如图6.15所示。对于砂沉积系统而言，由岩石物理和实验测试的孔隙充填、裂隙充填型水合物介质的纵波速度均随水合物体积分数增大而增大。孔隙充填型水合物的实验波速值均处于各模型的计算值之间。EMT-B 模式和 BGTL 模型计算的纵波速度整体与实验测试的波速差别较大，EMT-B 模式将水合物视为沉积物骨架，其计算的纵波速度为各模型纵波速度上限，当水合物体积分数小于约 15% 时，STPE 模型计算的纵波速度为下限，大于 15% 时，BGTL 模型为下限。由岩石物理模型（TIT 模型）计算的含裂隙充填型水合物的砂沉积介质的纵波速度和实验测试波速整体吻合较好，尤其当水合物体积分数较低（小于 50%）时吻合最佳。对比砂沉积介质的纵波速度结果可以发现，相同水合物体积分数下，孔隙型水合物的纵波速度明显高于裂隙充填型水合物的波速，且孔隙充填型水合物波速的增长速率较裂隙充填型大。

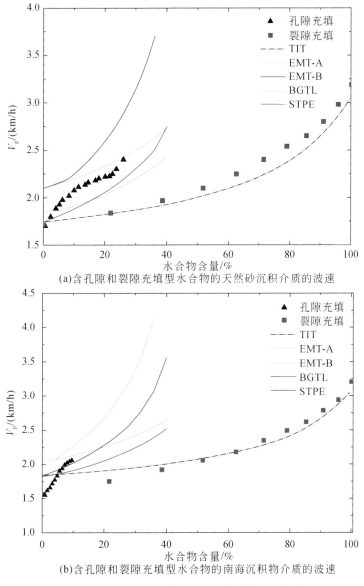

(a)含孔隙和裂隙充填型水合物的天然砂沉积介质的波速

(b)含孔隙和裂隙充填型水合物的南海沉积物介质的波速

图 6.15　含水合物充填的天然砂和南海沉积物介质的纵波速度

南海沉积物自身的物理性质使得实验生成的水合物最大饱和度仅为 24%（体积分数为 9.6%），通过模拟和实验测试的纵波速度（图 6.16）可以发现，波速曲线的变化趋势与砂沉积物介质一致，均随水合物体积分数增大而增大。对孔隙充填型水合物而言，当水合物体积分数小于 4%（饱和度为 10%）时，实验测试的纵波速度低于各个岩石物理模型计算的波速，推断造成该现象的主要原因是当南海沉积物孔隙空间生成的水合物饱和度较低时，生成的水合物呈悬浮状分散于沉积物孔隙内，导致声波信号发生衰减，且这种悬浮状态对沉积物骨架支撑几乎不起作用，故当水合物体积分数（饱和度）较低时，实验模拟

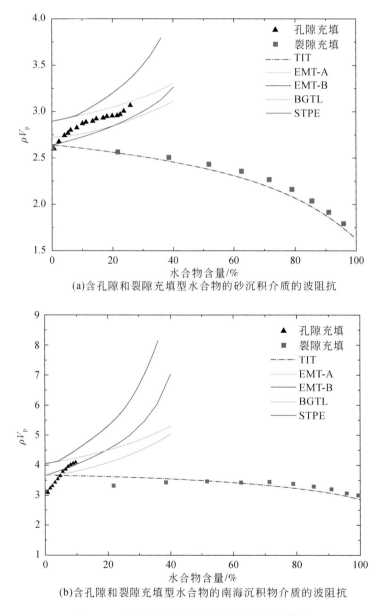

(a) 含孔隙和裂隙充填型水合物的砂沉积介质的波阻抗

(b) 含孔隙和裂隙充填型水合物的南海沉积物介质的波阻抗

图 6.16　含水合物的两种沉积物介质的波阻抗

的模拟波速低于岩石物理模拟值；当体积分数大于4%时，实验测试的波速趋向于BGTL模型。对比含孔隙充填型水合物的砂沉积系统而言，南海沉积物介质的实验波速与岩石物理模型的匹配程度较差，这一特征尤其表现在当水合物体积分数较低时。横向各向同性理论（TIT）计算的含裂隙充填型（水平裂隙）水合物的南海沉积物介质的纵波速度在水合物体积分数较大时（>40%）与实验测试的纵波速度吻合程度高，但当水合物体积分数较小时两者差异明显，这一结果却与砂沉积物介质的情况相反，但两者间的共同点是孔隙充填型水合物波速随水合物体积分数增大的速率明显大于裂隙充填型水合物沉积介质。

## 二、孔隙充填和裂隙充填型水合物识别方法

密度和速度的差异是识别孔隙充填和裂隙充填型水合物的基础。通过两种类型水合物沉积介质的差异性分析发现，虽然两者在密度和速度方面均具有一定差异，但差异并不明显，因此仅仅基于密度或速度还无法达到识别两者的目的。通过将密度和速度参数结合，计算两种沉积介质、两种水合物类型的密度–速度属性进行两者特征分异和判别，具体涉及的密度–速度属性为波阻抗和 $\rho\sqrt{V_p}$ 属性。

从孔隙和裂隙充填型水合物的砂沉积介质的波阻抗属性结果［图6.16（a）］发现，含孔隙充填型水合物的砂沉积介质，其波阻抗属性随水合物体积分数增大呈现增大趋势，波阻抗曲线与速度曲线变化趋势一致，EMT-B模式计算值相对于实验结果偏大，在其他模型计算结果中，当水合物体积分数小于20%时，BGTL模型与实验结果吻合最佳；体积分数大于20%时，EMT-A模式和STPE模型与实验结果吻合最佳。当沉积物孔隙空间的水合物饱和度达到最大时，各模型计算的波阻抗大小为EMT-B>EMT-A>STPE>BGTL。对裂隙充填型水合物而言，波阻抗曲线呈明显负斜率，但当水合物体积分数大于50%时，实验测试的波阻抗结果较模型计算结果稍大，但两者间整体吻合较佳，因此对含裂隙充填型水合物的砂沉积介质而言，用横向各向同性理论（TIT）模拟沉积介质的密度、速度及波阻抗或计算沉积层中水合物的饱和度是合理可靠的。

在含孔隙和裂隙充填型水合物的南海沉积物介质［图6.16（b）］中，由岩石物理模型计算的波阻抗与砂沉积介质的结果略有差异，该沉积物有波阻抗上下限，EMT-B和BGTL模型的计算值分别为上限和下限，当水合物体积分数小于20%时，EMT-A模式计算值大于STPE模型，体积分数大于20%时则相反，且当南海沉积物孔隙空间内生成的水合物达到饱和后，波阻抗大小为EMT-B>STPE>EMT-A>BGTL，该结果与砂沉积介质模型计算结果不同。因此不同的模型对不同类型的沉积物具有不同的适用性。

基于岩石物理模型（TIT模型）和声学实验算的裂隙充填型水合物的南海沉积物的波阻抗曲线先正后负，曲线并非严格负斜率，因此基于波阻抗属性无法准确判别南海沉积物中孔隙充填和裂隙充填型水合物。

两种含孔隙和裂隙充填型水合物沉积介质的 $\rho\sqrt{V_p}$ 属性曲线（图6.17）中，含孔隙充填型水合物沉积介质的曲线斜率为正，含裂隙充填型水合物沉积介质的曲线斜率为负，且两种沉积介质对应的岩石物理模拟和实验结果趋势一致。当水合物体积分数较小时，由TIT模型和实验测试的南海沉积物的 $\rho\sqrt{V_p}$ 属性结果差异较明显，造成这一现象的原因是

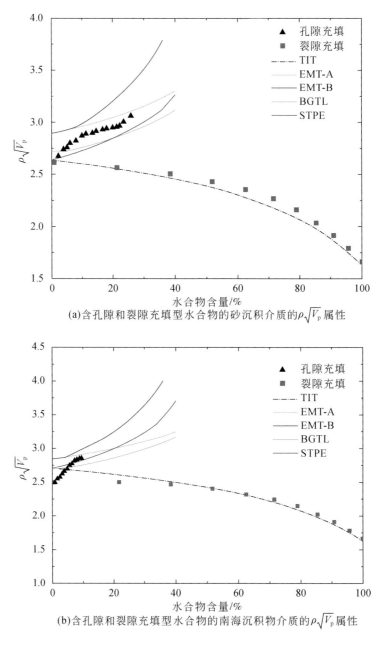

(a)含孔隙和裂隙充填型水合物的砂沉积介质的$\rho\sqrt{V_p}$属性

(b)含孔隙和裂隙充填型水合物的南海沉积物介质的$\rho\sqrt{V_p}$属性

图 6.17　含水合物的两种沉积物介质的$\rho\sqrt{V_p}$属性

模型计算的波速与实验测试波速吻合较差所致，但识别两种类型水合物的主要依据为斜率特征，结果中两类水合物沉积介质的$\rho\sqrt{V_p}$属性为一正一负，若将沉积物的背景值考虑在内，将确定沉积层位的$\rho\sqrt{V_p}$属性与背景沉积层的$\rho\sqrt{V_p}$属性作差，根据差值正负可以进行两种水合物类型的判别。

# 第五节  本章小结

孔隙充填和裂隙充填是自然界中天然气水合物赋存的两种基本形态。孔隙充填型水合物以沉积物颗粒为骨架，替代了孔隙流体并生长于沉积物孔隙中；裂隙充填型水合物则以纯水合物的形式与沉积物互相接触，一般赋存于岩石裂缝、地层裂隙、断层及泥火山等地质体中。由于赋存状态和岩石物理性质不同，针对孔隙充填型、裂隙充填型水合物往往采用不同的方法进行资源评估。了解水合物在地层中的赋存形态，对水合物资源评价、钻采安全以及海洋环境都具有重要意义。然而，在野外勘探过程中，如何通过简便的方法识别水合物类型，尚无较为成熟的识别方法。

本章通过岩石物理模拟与室内声学实验，模拟天然砂和南海沉积物中孔隙充填和裂隙充填型水合物储层的声学特征，分别获取了含孔隙充填和裂隙充填型水合物的两种沉积介质的波速（主要为纵波）和密度随水合物体积分数的变化特征。

对于孔隙充填型水合物，分别以天然砂和南海沉积物作为沉积介质，利用岩石物理模拟计算了含孔隙充填型水合物的两种沉积介质的密度和速度，又通过声学实验装置合成孔隙充填型水合物，获取了系统的实验纵波速度，计算了不同水合物体积分数下沉积介质的密度，结果表明了以下几点。

（1）在含孔隙充填型水合物的砂和南海沉积介质的岩石物理模拟结果中，EMT-A 和 BGTL 计算的密度为恒定常数，EMT-B 和 STPE 计算的密度随水合物体积分数增大而减小，但密度减小的差值仅为 1.25%。

（2）在声学实验结果中，两种沉积物中孔隙充填型水合物的纵波速度都随水合物体积分数增大而增大，但数值存在差异，砂沉积系统的固有纵波速度大于南海沉积物波速，且砂中生成的水合物饱和度远大于南海沉积物中水合物饱和度，两者分别为 65%（对应体积分数为 26%）和 24%（对应体积分数为 9.6%）。

（3）在实验中，砂和南海沉积物的骨架密度相差很小，因此两种沉积物的密度计算结果差距很小，趋势均随水合物体积分数增大而减小。

通过两端元横向各向同性理论和室内声学实验模拟获得了含裂隙（水平裂隙）充填型水合物的砂和南海沉积物的声波速度与密度变化特征，结果表明了以下几点。

（1）从实验和模型的对比与验证结果发现，在实验室合成裂隙充填型水合物并进行声速和密度测定具有良好的效果。

（2）对于两种含裂隙充填型水合物的沉积物，其纵波速度的变化趋势一致，均随水合物体积分数增大而增大，密度均随水合物体积分数增大而减小。

（3）对于两种含裂隙充填型水合物的沉积物，声学实验获得的沉积介质的速度和密度的变化趋势与岩石物理模型一致。

基于岩石物理模型和声学实验获取的孔隙充填和裂隙充填型水合物的纵波速度与密度参数，分析了含两种水合物类型的砂和南海沉积物介质的声学响应差异，通过各自的差异特征计算了两种水合物类型的波阻抗和 $\rho\sqrt{V_{\mathrm{p}}}$ 属性，结果表明了以下几点。

（1）由岩石物理模型与声学实验模拟结果的对比发现，对于含同一水合物类型的沉积机介质，其系统密度差异很小；含孔隙充填和裂隙充填型水合物的砂沉积介质，其岩石物理模型与声学实验模拟的纵波速度的吻合程度明显优于南海沉积物；含孔隙充填和裂隙充填型水合物的南海沉积物，声学实验模拟的纵波速度在水合物体积分数较小时（约7%）均低于模型的计算值，因此通过实验和模型对比表明，所用模型对砂沉积介质的适用性优于南海沉积物。

（2）根据含孔隙充填型水合物的南海沉积物岩石物理模拟的速度结果发现当水合物体积分数（饱和度）较低时，模拟的波速结果与实验吻合较差，所选模型对于含低饱和度孔隙充填型水合物的南海沉积物适用性较差，因此在野外用上述模型判别水合物赋存形态时，可对模型进行适当修正或将模型仅用于高饱和度水合物形态识别中。

（3）在含孔隙充填和裂隙充填型水合物的砂沉积介质波阻抗结果中，孔隙充填型水合物的波阻抗曲线为正斜率，裂隙充填型则为负斜率，而对于南海沉积物，虽然孔隙充填型为正斜率，但裂隙充填型非严格负斜率，因此基于波阻抗信息识别水合物赋存形态不具有普适性。

（4）在 $\rho\sqrt{V_p}$ 属性计算结果中，两种沉积介质中，孔隙充填型水合物的 $\rho\sqrt{V_p}$ 属性曲线为正斜率，裂隙充填型则为负斜率，岩石物理模拟和实验模拟的结果趋势一致，因此基于 $\rho\sqrt{V_p}$ 属性识别孔隙和裂隙充填型水合物具有可行性。

（5）野外勘探中利用 $\rho\sqrt{V_p}$ 属性识别孔隙充填和裂隙充填型水合物时，可以将实测 $\rho\sqrt{V_p}$ 值与沉积层的背景值作差，若差值为正，则为孔隙充填型水合物，反之则为裂隙充填型水合物。

# 参 考 文 献

胡高伟. 2010. 南海沉积物的水合物声学特性模拟实验研究. 北京：中国地质大学（北京）.

王吉亮，王秀娟，钱进. 2013. 裂隙充填型天然气水合物的各向异性分析及饱和度估算——以印度东海岸 NGHP01-10D 井为例. 地球物理学报，56（4）：1312-1320.

Ahrens T J. 1995. Mineral Physics & Crystallography：A Handbook of Physical Constants. NewYork：American Geophysical Union.

Bai H，Pecher I A，Adam L，et al. 2016. Possible link between weak bottom simulating reflections and gas hydrate systems in fractures and macropores of fine-grained sediments：results from the Hikurangi Margin，New Zealand. Marine and Petroleum Geology，71：225-237.

Collett T，Bahk J J，Frye M，et al. 2014. Methane hydrate field program：development of a scientific plan for a methane hydrate-focused marine drilling，logging and coring program. Washington：United States Department of Energy.

Ecker C. 2001. Seismic characterization of methane hydrate structures. Stanford：Stanford University.

Ghosh R，Sain K，Ojha M. 2010. Effective medium modeling of gas hydrate-filled fractures using the sonic log in the Krishna-Godavari basin，offshore eastern India. Journal of Geophysical Research Solid Earth，115（B6）.

Helgerud M B，Dvorkin J，Nur A. 1999. Elastic-wave velocity in marine sediments with gas hydrates：effective medium modeling. Geophysical Research Letters，26（13）：2121-2124.

Hill R. 1952. The elastic behavior of crystalline aggregate. Proc Phys Soc，A65：349-354.

Jaiswal P，Al-Bulushi S，Dewangan P. 2014. Logging-while-drilling and wireline velocities：site NGHP-01-10，

Krishna-Godavari Basin, India. Marine and Petroleum Geology. 58: 331-338.

Lee M W. 2002. Biot-Gassmann theory for velocities of gas hydrate-bearing sediments. Geophysics, 67 (6): 1711-1719.

Lee M W, Waite W F. 2008. Estimating pore-space gas hydrate saturations from well-log acoustic data. Geochemistry, Geophyysics, Geosystems, 9 (7): 1-8.

Lee M W, Collett T S. 2009. Gas hydrate saturations estimated from fractured reservoir at site NGHP-01-10, Krishna-Godavari Basin, India. Journal of Geophysical Research Solid Earth, 114 (B7): B07102.

Lee M W, Collett T S. 2012. Pore- and fracture-filling gas hydrate reservoirs in the Gulf of Mexico Gas Hydrate Joint Industry Project Leg II Green Canyon 955 H well. Marine and Petroleum Geology, 34 (1): 62-71.

Lee M W, Collett T S. 2013. Characteristics and interpretation of fracture-filled gas hydrate—an example from the Ulleung Basin, East Sea of Korea. Marine and Petroleum Geology, 47: 168-181.

Lin L, Jin L, Yiqun G, et al. 2014. Estimating saturation of gas hydrates within marine sediments using sonic log data. Well Logging Technology, 38 (2): 235-238.

Liu T, Liu X W. 2018. Joint analysis of P wave velocity and resistivity for morphology identification and quantification of gas hydrate. Marine and Petroleum Gedogy, 112: 104036.

Mindlin R D . 1949. Compliance of elastic bodies in contact. Journal of Applied Mechanics, 16: 259-268.

Nur A, Mavko G, Dvorkin J, et al. 1998. Critical porosity: a key to relating physical properties to porosity in rocks. The Leading Edge, 17: 357-362.

Thomson L. 1986. Weak elastic anisotropy. Geppgysics, 51 (10): 1954-1966.

# 第七章 海洋天然气水合物岩石物理模型的应用

通过开展室内的岩石物理模拟实验，针对含水合物沉积物储层的声学特性及饱和度变化我们获得了系列规律性的认知。随着研究的不断深入，我们希望通过室内验证的岩石物理模型对水合物饱和度的含量进行估测，对水合物在储层中的赋存类型进行判别，尤其针对野外探测数据，旨在通过有效的岩石物理模型对水合物储层的水合物饱和度和水合物类型进行预测，为水合物勘探和开采过程中储层的监测提供帮助。以下各节将分别介绍海洋天然气水合物岩石物理模型应用的情况。

## 第一节 我国南海天然气水合物饱和度与充填类型评价

根据第六章对孔隙充填型与裂隙充填型水合物识别的介绍，从孔隙和裂隙充填型水合物的波阻抗属性结果（图7.1）发现，孔隙充填型水合物的波阻抗属性随水合物饱和度的增大呈现增大趋势，波阻抗曲线与速度曲线变化趋势一致。对裂隙充填型水合物，波阻抗曲线整体呈明显负斜率，但斜率值较小，且当水合物饱和度较小时，斜率有稍微增大趋势，整体出现阻抗斜率先正后负现象。另外，当水合物饱和度为70%~90%时，数据结果同理论模型不能完全耦合，实验数据值偏小。

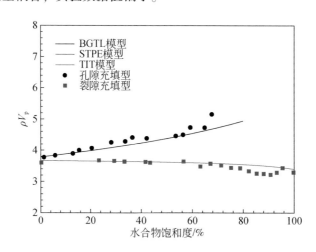

图7.1 含水合物沉积物波阻抗随水合物饱和度变化

基于岩石物理模型（TIT模型）和声学实验算的裂隙充填型水合物的南海沉积物的波阻抗曲线呈先正后负，曲线并非严格负斜率，因此基于波阻抗属性无法准确判别南海沉积物中孔隙充填和裂隙充填型水合物。基于上述分析结果，需要获得更易于区分两种类型水合物的参数，用以判别不同类型水合物。在孔隙充填型和裂隙充填型水合物沉积介质的 $\rho\sqrt{V_\mathrm{p}}$ 属性曲线（图7.2）中，含孔隙充填型水合物沉积介质的曲线斜率为正，含裂隙充填型水合物沉积介质的曲线斜率为负，且两种沉积介质对应的岩石物理模拟和实验结果趋势一致，拟合效果较好。

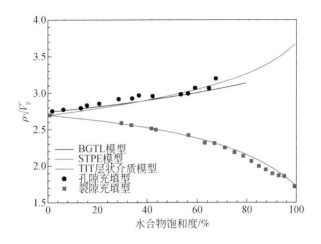

图7.2 含水合物沉积物 $\rho\sqrt{V_\mathrm{p}}$ 属性随水合物饱和度变化

识别两种类型水合物的主要依据为斜率特征，结果发现两类水合物沉积介质的 $\rho\sqrt{V_\mathrm{p}}$ 属性为一正一负，若将沉积物的背景值考虑在内，将确定沉积层位的 $\rho\sqrt{V_\mathrm{p}}$ 属性与背景沉积层的 $\rho_0\sqrt{V_\mathrm{p0}}$ 属性作差，根据差值正负可以进行两种水合物类型的判别。如图7.3 所示，实验获得的数据显示孔隙充填型水合物的 $\rho\sqrt{V_\mathrm{p}}-\rho_0\sqrt{V_\mathrm{p0}}$ 属性大于0，而裂隙充填型水合物的 $\rho\sqrt{V_\mathrm{p}}-\rho_0\sqrt{V_\mathrm{p0}}$ 属性小于0，由图7.3 所示两种类型水合物的参数特征非常明显，能够较好区分不同类型水合物。

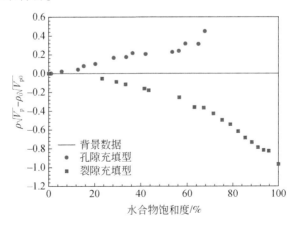

图7.3 含水合物沉积物 $\rho\sqrt{V_\mathrm{p}}$ 差值属性随水合物饱和度变化

为了验证上述识别方法的有效性，选取中国第二次天然气水合物钻探航次（GMGS2）第16井（GMGS2-16井）的数据（Liu and Liu，2018）进行验证。在中国南海珠江口盆地东部第16井中同时发现了孔隙充填型和裂隙充填型水合物，利用该井的密度和测井资料对 $\rho\sqrt{V_p}$ 属性识别水合物类型的方法进行验证。第16井中孔隙充填型和裂隙充填型水合物平均饱和度分别为42%和50%，其中孔隙充填型和裂隙充填型水合物分别位于井深189 ~ 198m 和 10 ~ 20m（Sha et al.，2015；Liu and Liu，2018）。

该井上部分 10 ~ 20m 验证结果（图7.4）表明该范围水合物类型以裂隙充填型水合物为主，夹杂部分孔隙充填型水合物。井深10 ~ 11.6m、14 ~ 18.5m 深度含水合物层与背景

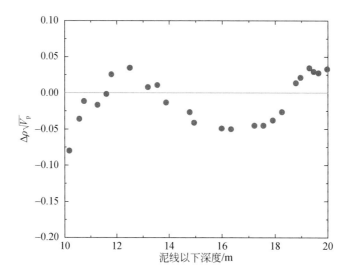

图7.4　GMGS2-16井上部裂隙充填型水合物储层 $\rho\sqrt{V_p}$ 属性差值结果

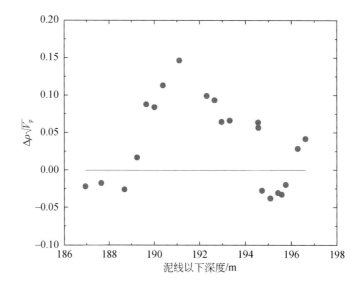

图7.5　GMGS2-16井下部孔隙充填型水合物储层 $\rho\sqrt{V_p}$ 属性差值结果

层的 $\rho\sqrt{V_{\mathrm{p}}}$ 属性差值小于零,指示存在裂隙充填型水合物,$12\sim13.6\mathrm{m}$、$18.5\sim20\mathrm{m}$ 深度 $\rho\sqrt{V_{\mathrm{p}}}$ 属性差值大于零,代表孔隙充填型水合物。井底部 $189\sim198\mathrm{m}$ 赋存的水合物类型以孔隙充填型为主(图7.5),在 $194\sim196\mathrm{m}$ 深度夹杂少量裂隙充填型水合物。从验证结果来看,理论计算结果基本与野外观测结果一致。

# 第二节　国际典型海域天然气水合物饱和度与充填类型评价

2017 年 11 月 ~ 2018 年 1 月执行了以“蠕变中的天然气水合物滑动和希库朗伊(Hikurangi)随钻测井”为主旨的 IODP372 航次。该航次的主要目标之一是调查天然气水合物和海底滑坡的关系,因此,在新西兰 Hikurangi 边缘 Tuaheni 滑坡复合体(Tuaheni landslide complex,TLC)的 U1517 站位进行了随钻测井工作(图7.6)。该站位钻井的主要目标是通过滑坡体和天然气水合物稳定区进行测井和采样,研究水合物与蠕变关系。

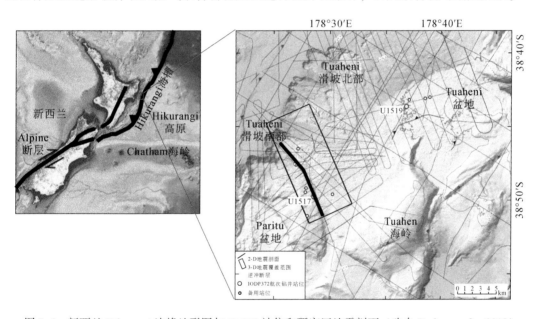

图7.6　新西兰 Hikurangi 边缘地形图与 U1517 站位和研究区地震剖面(改自 Pecher et al.,2018)

20 世纪末,研究人员在新西兰近海南部 Hikurangi 边缘发现地震高幅异常,并推测是由于似海底反射(BSR)区域的游离气引起(Townend,1997;Henrys and Stuart,2003)。该区域反射地震(Pecher et al.,2004;Crutchley et al.,2010;Navalpakam et al.,2012;Gorman et al.,2018)、电磁(Schwalenberg et al.,2010a,2010b,2017)、甲烷渗漏、海水甲烷浓度、与渗漏相关的沉积坍塌和冷泉等证据均指示天然气水合物存在(Faure et al.,2006;Greinert et al.,2008,2010;Naudts et al.,2010;Fraser et al.,2016;Crutchley et al.,2017)。通过反射地震发现在 Hikurangi 大陆边缘的 Tuaheni 滑坡复合体显示了活动蠕变变形的特征,且蠕变中的近陆边缘与海底的天然气水合物稳定带底部的尖灭相一致(图7.7),因此一些科学家认为水合物分解-形成过程可能与新西兰 Hikurangi 边缘的多期次慢滑移密切相关（Mountjoy et al.，2014；Gareth et al.，2018；Gross et al.，2018）。Mountjoy 等（2014）提出了三种机制解释浅层天然气水合物如何导致慢滑移，主要认为是水合物的分解对地层孔隙压力的影响和水合物含量对地层提供的不同支撑模式的影响，TLC 地区水合物分布和含量估算是研究蠕变与水合物关系的必要环节。不同饱和度的水合物对沉积物的支撑模式不同（胡高伟等，2014），因此在计算慢滑移区域水合物的饱和度将提供水合物深度分布和支撑信息，以进一步分析天然气水合物导致 TLC 慢滑移的原因。由于数据不足，前人对 Hikurangi 边缘 Tuaheni 滑坡复合体区域的水合物饱和度并不清楚，IODP372 航次测井和取心为水合物饱和度估算提供了可靠资料。由于声速和电阻率测井数据对水合物储层最为敏感，所以常用以建立模型来估算天然气水合物饱和度（胡高伟等，2012；卜庆涛等，2017）。基于电阻率的阿尔奇方程（Archie，1942）和连通性方程（Montaron，2009）；基于声速的模型有权重方程（weighted equation，WE）（Lee et al.，1996）、有效介质理论（effective media theory，EMT）模型（Helgerud et al.，1999）、改进的 Biot-Gassmann 理论（Biot-Gassmann theory by Lee，BGTL）模型（Lee，2002；Lee and Waite，2008）和简化三相介质方程（simplified three-phase equation，STPE）（Lee，2008）等，用于测井资料模型的主要为 STPE 和有效介质理论（王秀娟等，2017）。由于 STPE 模型参数较易获取，所以多次被实际应用于估算天然气水合物饱和度，均得到理想的预测效果（Lee and Collett，2013；Wang et al.，2014）；业渝光等（2008）采用超声探测技术和时域反射技术实时探测了沉积物的纵横波速度和水合物饱和度的变化情况，检验了多种理论模型发现 BGTL 预测的纵、横波速度值与实测值比较接近，但 BGTL 模型由于参数 $m$ 难以通过实际地层数据计算，从而导致较少被应用于测井数据估算水合物饱和度。本书主要通过 BGTL 模型与 STPE 模型对 U1517 井水合物饱和度进行研究，在 BGTL 模型使用新的参数选取方法，使参数获取更为简易，在计算过程中，根据岩性划分不同层段对应的矿物成分含量，用于纵波速度模型计算，以精确模型判断水合物储层深度分布和天然气水合物饱和度计算。

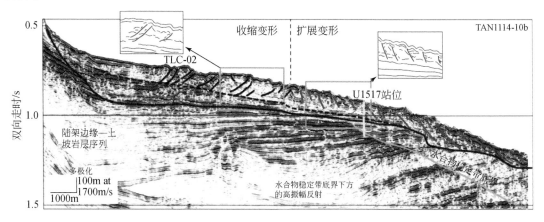

图 7.7　TLC 区域的二维地震剖面 TAN1114-10b

U1517 站位和 TLC-02 拟定站位位于地震剖面线上；绿色实线为水合物稳定带底界，黑色实线为滑坡复合体底界，
虚线为早期慢滑移解释（Pecher et al.，2018）

# 一、测井与岩心数据

372 航次 U1517A 站位井位于 38°S、178°E，水深约 725m，井深约 205mbsf[①]。井 U1517A 的随钻测井数据使用底部钻具组合（bottom-hole assembly，BHA）采集，测井提供了包括自然伽马、电阻率、孔隙度和纵横波速等数据。

通过 U1517C 井取心数据可以观察到地层岩性随深度的变化，主要岩性包括砂泥互层、黏质粉砂、粉砂黏土互层、砂、黏土和凝灰岩（表 7.1）。航次科学家根据岩心材料分析和测井数据定义了五个岩石地层单元，从第一单元到第四单元的沉积物颗粒粒径整体减少，而第五单元的颗粒粒径范围分布广泛，因此该井的岩性特征被定为含砂层段的黏土质粉砂。

表 7.1　U1517C 井地层岩性

| 深度间隔/m | 岩性 | 岩性地层单元 |
|---|---|---|
| 0～3 | 黏质粉砂（泥） | I |
| 3.0～36.0 | 砂泥互层 | II |
| 36.0～41.1 | 粉砂黏土互层 | |
| 41.1～46.0 | 黏土质粉砂（泥） | III |
| 46.0～57.3 | 粉砂黏土互层 | |
| 57.3～62.2 | 黏土质粉砂（泥） | |
| 62.2～66.5 | 粉砂黏土互层 | |
| 66.5～73.0 | 黏质粉砂（泥） | IV |
| 73.0～74.0 | 凝灰岩/泥浆 | |
| 74.0～101.1 | 黏质粉砂（泥） | |
| 101.1～102.9 | 粉砂黏土互层 | |
| 102.9～104.0 | 黏质粉砂（泥） | |
| 104.0～106.1 | 砂泥互层 | V |
| 106.1～107.1 | 粉砂 | |
| 107.1～108.5 | 黏质粉砂（泥） | |
| 108.5～113.0 | 砂泥互层 | |
| 113.0～116.0 | 粉砂 | |
| 116.0～118.2 | 黏质粉砂（泥） | |
| 118.2～121.2 | 粉砂 | |
| 121.2～128.5 | 黏质粉砂（泥） | |

---

① mbsf 为海底以下深度，以米为单位。

| 深度间隔/m | 岩性 | 岩性地层单元 |
| --- | --- | --- |
| 128.5 ~ 132.0 | 砂泥互层 | |
| 132.0 ~ 134.2 | 黏土 | |
| 134.2 ~ 150.5 | 黏质粉砂（泥） | |
| 150.5 ~ 152.0 | 粉砂黏土互层 | V |
| 152.0 ~ 153.7 | 砂泥互层 | |
| 153.7 ~ 156.0 | 粉砂黏土互层 | |
| 156.0 ~ 160.0 | 砂泥互层 | |

# 二、测井数据分析与储层水合物饱和度估算

## （一）测井数据分析

含天然气水合物储层的识别特征通常是来自测井的电阻率和声波速度值的增加，电阻率和声速对于利用测井数据识别天然气水合物起着重要作用。372 航次 U1517A 站位井深度约海底以下 200m，随钻测井采集了井径、声波速度、伽马密度、孔隙度、自然伽马和电阻率等测井数据，其中纵波数据在 160 ~ 168mbsf 层段内未获取。

如图 7.8 所示，实测纵波声速与背景拟合声速相比，速度增加出现在 94 ~ 160mbsf 层段，氯离子浓度异常出现在 104 ~ 160mbsf 层段；在 94 ~ 104mbsf 层段纵波速度和孔隙度明显增加，而电阻率与密度减小，氯离子浓度并无异常，该层段的异常与 21 ~ 28mbsf 层段相似，可能为井孔和局部岩性变化造成。天然气水合物稳定区大概位于 104 ~ 160mbsf 层段，并且在 130 ~ 145mbsf 层段，纵波速度、电阻率和井径明显增加，密度减小。该航次从 U1517C 井获得多个柱状样品，如图 7.9 所示，选择 131.8 ~ 136.5mbsf 层段和 154.8 ~ 159.3mbsf 层段用红外热像仪进行扫描，表明天然气水合物的存在，并发现在岩心的上层沉积物或其岩心采集器中有甲烷释放。图 7.10 所示为地层因子与纵波速度交会图，由于含天然气水合物的沉积物具有较高的纵波速度和地层因子，所以含天然气水合物的沉积地层的交会图显示高于饱和水沉积地层（Wang et al., 2014），在 130 ~ 145mbsf 层段显示较高的地层因子和纵波速度。

## （二）纵波速度计算天然气水合物饱和度

航次科学家根据 U1517C 井取心样品的 X 射线衍射分析，获取矿物类型及含量数据。本研究依据矿物类型及含量数据，根据岩性划分不同层段对应的矿物成分含量，用于纵波速度模型计算，以精确天然气水合物饱和度计算值（图 7.11）。岩石骨架的不同矿物类型的物性参数如表 7.2 所示。

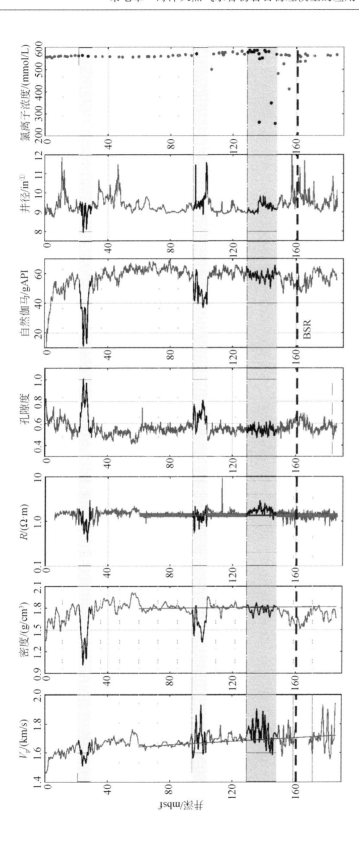

图7.8　U1517A测井数据

① 1in=2.54cm

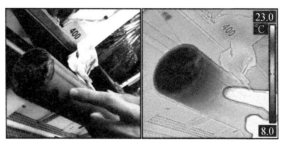

(a)131.8~136.5 mbsf层段柱状样红外热成像

(b)154.8~159.3 mbsf层段柱状样红外热成像

图 7.9　U1517C 井柱状样红外热成像

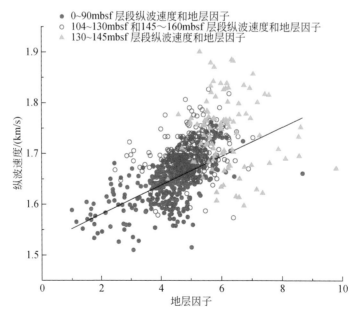

图 7.10　U1517A 井地层因子与纵波速度交会图
显示了饱和水沉积地层和含水合物沉积物地层

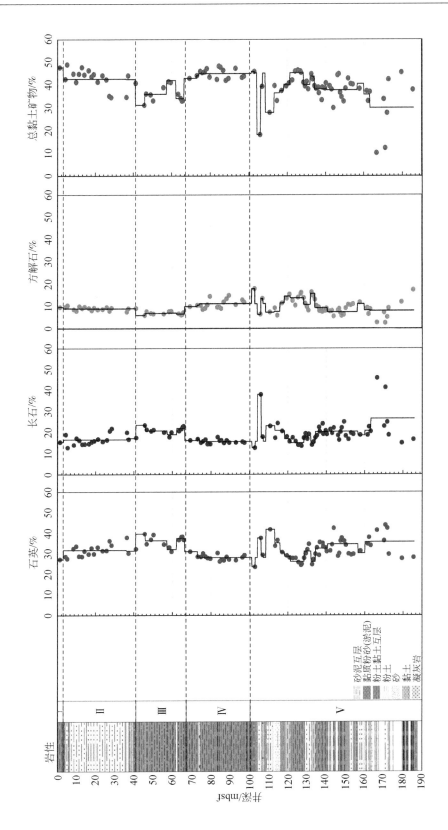

图7.11 U1517C井岩心的岩性和岩石矿物成分相对含量数据
黑线为依据岩性平均矿物成分相对含量(据Barnes et al., 2019)

表 7.2　骨架组分及物性参数

| 矿物 | 密度/(g/cm³) | 体积模量/GPa | 剪切模量/GPa | 参考文献 |
|---|---|---|---|---|
| 总黏土矿物 | 2.58 | 20.9 | 6.6 | Waite et al., 2009 |
| 石英 | 2.65 | 38 | 44 | Lee and Collett, 2013 |
| 长石 | 2.63 | 75.6 | 25.6 | Mavko et al., 2009 |
| 方解石 | 2.71 | 76.8 | 32 | |
| 天然气水合物 (5MPa, 273K) | 0.925 | 8.41 | 3.54 | Waite et al., 2009 |
| 海水 | 1 | 2.29 | 0 | Lee and Collett, 2013 |

1. 简化三相介质模型

含天然气水合物储层具有相对较高的纵横波速度。本次研究中使用 STPE 模拟 U1517A 井的纵波速度，其中用于纵波速度 ($V_p$) 建模的 STPE (Lee, 2008; Lee and Collett, 2013) 使用式 (7-1) 对水合物储层的纵波速度建模：

$$V_p = \sqrt{\frac{K + 4\mu/3}{\rho}}, \quad V_s = \sqrt{\frac{\mu}{\rho}} \tag{7-1}$$

式中，$\rho$ 为含天然气水合物沉积模型的体积密度；$K$ 为体积模量；$\mu$ 为剪切模量。建模参数 $\varepsilon$ 是解释在加强主体沉积物骨架方面天然气水合物形成相对于压实的影响减小，Lee 和 Waite (2008) 推荐使用 $\varepsilon = 0.12$ 为建模数值。在 $V_p$ 和 $V_s$ 建模中的参数 $\alpha$ 使用式 (7-2) 计算：

$$\alpha_i = \alpha_0 (p_0/p_i)^n \approx \alpha_0 (d_0/d_i)^n \tag{7-2}$$

式中，$\alpha_0$ 为有效压力 $p_0$ 和深度 $d_0$ 的固结参数；$\alpha_i$ 为有效压力 $p_i$ 和深度 $d_i$ 的固结参数，固结参数可以使用饱和水沉积物的速度来估算 (Lee, 2005)。

固结参数取决于固结程度和该区域的有效压力，Mindlin (1949) 认为体积模和剪切模量为有效压力的 1/3 幂，因此不同位置，根据研究区域的主要岩性，$\alpha$ 的值随深度而变化 (Lee, 2005)。通过建模速度基线和实测纵波速度之间的最佳拟合选定 $\alpha$ 值 (Lee, 2005)，所以本次研究用于 U1517A 井的固结参数 $\alpha_i = 42 \ (60/d_i)^{1/3}$。使用上述参数，获得了井下剖面背景纵波速度和天然气水合物饱和度，饱和水沉积地层 $V_p$ 符合程度较高 (图 7.12 和图 7.13)，如图 7.12 所示，104～160mbsf 层段内测井实测 $V_p$ 大于理论基线速度，可能属于天然气水合物储层区，因此计算出水合物饱和度 (图 7.13)。结果显示，在 104～160mbsf 层段区间内平均饱和度约为 5.2%，最高饱和度达到 22.7%，其中 130～145mbsf 层段内水合物饱和度较高，平均饱和度为 7.9%。

2. 改进的 Biot-Gassmann 模型

BGTL 建立在经典的 BGT 上，在预测速度时不仅考虑了分压的影响，而且还考虑了岩石的孔隙度、固结度等因素的影响 (Hu et al., 2010)。在 BGTL 模型计算中，将天然气水合物作为基质中的一种矿物成分。本研究中用于 $V_p$ 建模的 BGTL 模型使用式 (7-1) 进行。

引起模型预测速度和实测速度之间的差异有诸如黏土体积含量、压实程度、频率、压差等因素影响。常数 $G$ 是用来校正主要由基质中的黏土引起的差异。Han 等 (1986) 通过

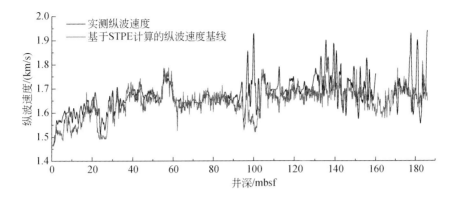

图 7.12　使用 STPE 在井 U1517A 处测量的纵波速度和计算的基线速度的比较
其中物性参数如表 7.2 所示，且固结参数 $\alpha_i = 42\ (60/d_i)^{1/3}$

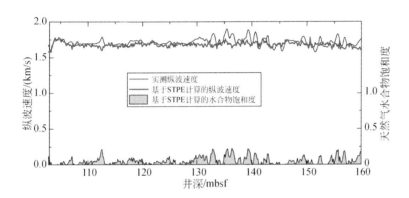

图 7.13　使用 STPE 计算水合物储层区的背景纵波速度及饱和度
其中物性参数如表 7.2 所示，且固结参数 $\alpha_i = 42\ (60/d_i)^{1/3}$

实验室数据表明 $G=1$ 对清洁砂岩有利，随着黏土体积增加，$G$ 将按式（7-3）计算：

$$G = 0.9552 + 0.0448e^{-C_v/0.06714} \tag{7-3}$$

式中，$C_v$ 为泥质含量，可使用来自 U1517A 井的伽马射线测井数据通过式（7-4）（Wang et al.，2014）估算：

$$C_v = 0.083(2^{\mathrm{GCUR} \times I_{\mathrm{GR}}} - 1) \tag{7-4}$$

式中，GCUR 为与地层有关的经验系数，新地层（第三系地层）GCUR = 3.7（Tiab and Donaldson，2012）；$I_{\mathrm{GR}}$ 为通过伽马测井数据计算的伽马射线指数，可由式（7-5）计算：

$$I_{\mathrm{GR}} = \frac{\mathrm{GR}_{\mathrm{log}} - \mathrm{GR}_{\mathrm{min}}}{\mathrm{GR}_{\mathrm{max}} - \mathrm{GR}_{\mathrm{min}}} \tag{7-5}$$

式中，$\mathrm{GR}_{\mathrm{log}}$ 为测井伽马值；$\mathrm{GR}_{\mathrm{min}}$ 为砂岩层伽马值；$\mathrm{GR}_{\mathrm{max}}$ 为泥岩层伽马值。

参数 $n$ 取决于分压大小及岩石的固结程度，可由式（7-6）得到

$$n = \left[ 10^{(0.426-0.2351gP)} \right]/m \tag{7-6}$$

式中，$P$ 为压差，单位是 MPa；$m$ 为待定常数，$m$ 取决于孔隙度随压力变化的速率。

　　测量数据表明 $m \approx 5$ 适合于固结沉积物，$m \approx 1.5$ 适用于疏松沉积物（Lee，2002）；如图 7.14 所示利用 BGTL 预测饱和水沉积层段（0～90mbsf）速度和实测纵波速度对比，其中使用 $P = 8.0$MPa 和 $C_v = 58\%$，改变 $m$ 值预测速度，在高孔隙度低纵波速度时，$m = 2.5$ 预测速度拟合程度高；而在低孔隙度高声速时，$m$ 值应小于 2.5，大于 1。在可能含天然气水合物层段（104～160mbsf）的中子孔隙度主要处于 45%～65% 范围，因此本次研究建模使用 $m = 2.5$。

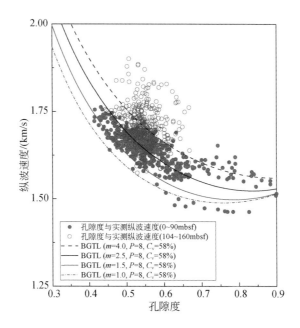

图 7.14　BGTL 预测和实测纵波速度

对井段沉积地层使用 $P = 8.0$MPa 和 $C_v = 58\%$，改变 $m$ 值预测速度

　　使用上述参数，获得了井下剖面背景纵波速度和天然气水合物饱和度（图 7.15 和图 7.16），如图 7.15 所示，104～160mbsf 层段内测井实测 $V_p$ 大于理论饱和水背景 $V_p$，可能属于水合物储层区，因此导出水合物饱和度。结果显示，在 104～160mbsf 层段区间内平均饱和度约为 6.0%，最高饱和度达到 21.6%，其中 130～145mbsf 层段内平均水合物饱和度为 8.5%。

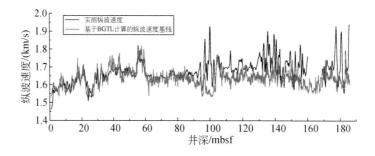

图 7.15　使用 BGTL 模型在井 U1517A 处测量的纵波速度和计算的基线速度比较

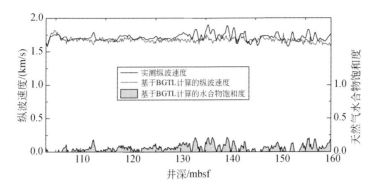

图 7.16　使用 BGTL 模型计算水合物储层区的背景纵波速度及饱和度

## 三、水合物饱和度估算分析

　　图 7.17 为 U1517A 井在 104 ~ 160mbsf 层段的测井曲线，通过测井数据和背景基线看出存在三层纵波速度和电阻率明显异常的含水合物层段，同时，井径、密度和伽马测井数据均有不同程度的异常。在 112 ~ 114mbsf 层段，环电阻率和声波速度明显增加，最高峰值分别为 9.25Ω·m 和 1.79km/s，可能为含天然气水合物的薄层；在 130 ~ 145mbsf 层段，

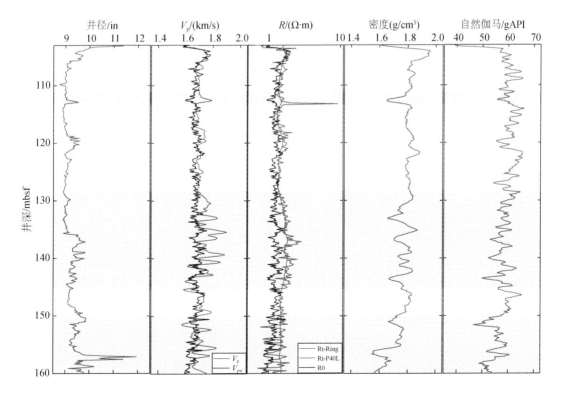

图 7.17　U1517A 井井径、纵波速度、电阻率、密度和伽马测井曲线

环电阻率和声波速度最高峰值分别为 2.88Ω·m 和 1.90km/s，属于较厚层的含水合物区域；在 150～160mbsf 层段，密度与自然伽马降低较为明显，环电阻率和声波速度最高峰值分别为 1.97Ω·m 和 1.83km/s。

如图 7.18 所示，由纵波速度数据通过 STPE 和 BGTL 模型估算了 U1517A 井 104～160mbsf 层段的天然气水合物饱和度，并与 IODP372 航次科学家利用阿尔奇公式和氯离子浓度两种方法计算结果相比较。STPE、BGTL 和航次科学家利用阿尔奇公式三种模型在 104～160mbsf 层段计算的平均饱和度分别为 5.2%、6.0% 和 6.5%，在 130～145mbsf 层段计算的平均饱和度分别为 7.9%、8.5% 和 9.6%；在 130～145mbsf 层段符合航次科学家使用氯离子浓度含量估算的高饱和度层段。在 112～114mbsf 层段和 130～145mbsf 层段，阿尔奇公式估算的最高饱和度分别为 56% 和 49%，大于 BGTL 和 STPE 计算结果，但是电阻率识别高饱和度薄层水合物为 2～5cm，而声波测井分辨率在 15cm 左右，因此该薄层饱和度异常可能由于声波测井无法探测到而引起的，同时井径也发生变化，可能影响随钻测井速度与电阻率。氯离子异常在局部地层出现异常高值，从岩心分析看，异常高值与薄砂层相对应。因此，在 104～160mbsf 层段三种方法估算的饱和度随深度变化相似，表明不同测井数据之间差异不大，且天然气水合物平均饱和度最高的层段处于 130～145mbsf 层段。使用 STPE 和 BGTL 模型计算饱和水地层（0～90mbsf）的纵波速度与实测纵波速度比较（图 7.19），对于 U1517 井 BGTL 模型比 STPE 模型更适用于该站位水合物饱和度估算。

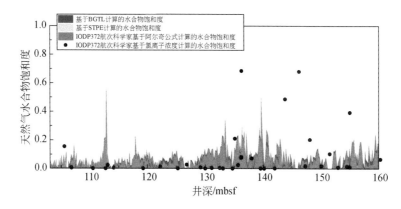

图 7.18　根据 BGTL、STPE 与电阻率、氯离子估算的天然气水合物饱和度的对比

通过 U1517 站位随钻测井和岩心数据综合分析，证实了该站位黏土质粉砂岩性不同层位存在天然气水合物，水合物呈层状分布。天然气水合物储层区域在 104～160mbsf 层段，其中存在三层纵波速度和电阻率明显异常的含水合物层段（112～114mbsf、130～145mbsf 和 150～160mbsf），112～114mbsf 层段可能为薄的天然气水合物层，而 130～145mbsf 层段相较于其他层段水合物饱和度相对较高。

依据随钻测井和取心数据，通过 STPE 和 BGTL 模型计算出了 U1517 站位的水合物饱和度，并比较分析两种模型在饱和水地层的预测与实测纵波速度表明 BGTL 拟合度高于 STPE；计算结果与航次科学家估算的饱和度相比，平均饱和度相近，三种方法计算的水合物饱和度值随深度变化相似，表明计算结果的合理性。

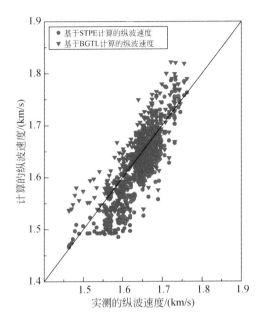

图 7.19　STPE 与 BGTL 在饱和水地层（0～90mbsf）预测纵波速度与实测纵波速度对比

# 第三节　岩石物理模拟及其在水合物开采过程中的应用

## 一、南海沉积物中水合物分解过程声学特征及微观分布预测

在含水合物沉积体系中，各组分之间的相互关系会对声学特性产生影响，利用声学特性可以对水合物的微观分布进行研究（Dvorkin et al.，1999；Helgerud et al.，1999；Priest et al.，2005），声学特征是对水合物微观分布的直接反映。天然气水合物的分布模式包括宏观分布模式和微观分布模式，水合物形成时，在储层的空间分布属于水合物的宏观分布，主要指沉积介质、水饱和度和气源特性等外在因素对水合物形成过程中空间展布的影响；水合物的微观分布模式主要指水合物生成过程中水合物与沉积物颗粒间的接触关系。Ecker（2001）提出了三种经典的水合物微观分布模式，Jiang 等（2014）在 Ecker 基础上对模型进行修整，得出水合物在孔隙空间中三种主要类型为孔隙充填型、骨架/颗粒支撑型和胶结型。对于水合物微观分布模式的研究主要有理论模型推断和直接观测（X-CT 技术等）。Priest 等（2009）、Waite 等（2009）和 Sultaniya 等（2015）均通过实验与理论相结合的方法对水合物的微观分布模式进行推断。X-CT 技术的应用使沉积物孔隙空间中水合物微观分布的观测成为可能，Jin 等（2006）、Hu 等（2014a）和 Yang 等（2016）均通过 X-CT 技术对水合物的微观分布进行直接观测并取得良好效果。

对固结沉积和松散沉积物中水合物的微观分布，前人已经做过一定研究（Hu et al.，2010，2014a），自然资源部天然气水合物重点实验室研制了合适的实验装置，可以对水合物生成分解过程中的微观分布直接观测。在固结沉积物中，当水合物饱和度小于30%时，水合物在孔隙流体中形成或部分依附于骨架形成；在水合物饱和度大于30%时，胶结沉积物颗粒生成。在松散沉积物中，水合物在形成初期以胶结模式为主，中期以悬浮或接触模式为主，在形成后期水合物又重新胶结沉积物颗粒。

前人研究大多是针对水合物生成过程中微观分布及其声学特性，较少对分解过程中水合物微观分布进行研究。而在水合物分解过程中，水合物分布状态对储层的影响及其产生的声学响应非常重要，将有助于我们进一步加强对水合物分解过程的认识。本节利用超声探测技术和时域反射技术，对水合物分解过程中的水合物饱和度和声速进行实时探测，并结合 X-CT 技术对水合物分解时的微观分布状态进行观测，以此研究水合物分解过程中微观分布及其声学响应特征。

### （一）实验装置与材料

实验在青岛海洋地质研究所天然气水合物地球物理模拟实验装置上进行（Bu，2017），装置由四个部分组成：高压反应釜、温控箱、压力控制单元和计算机采集系统（图5.7）。反应釜壁厚12mm，密封端盖厚度为38mm，反应釜内径为200mm。两块微孔烧结板将反应釜内空间分隔为三个部分：下气室、上气室和中间样品室。该微孔烧结板能够承受的最大压差为3MPa。配气系统由高压供气管路、空压机、气体钢瓶和增压泵组成。压力传感器的量程为 0 ~ 35MPa，测量误差为±0.1MPa。实验过程中通过空气浴对反应釜进行缓慢降温。冷却空间内可控温度范围为0℃ ~ 室温，控温精度为±0.5℃。

实验体系的温度由两个 Pt100 热电阻测量，位于反应釜中间部位。本套实验装置中的 TDR 测试系统由 TDR 信号发生器、双棒式 TDR 探针和计算机组成。TDR 信号发生器为美国 Campbell Scientific 公司生产的 TDR100，采用自制的 TDR 探针测量样品的含水量，探针长度为 0.16m，测量误差为 ±2% ~ ±2.5%（Wright et al.，2002）。超声测量主要通过 Tektronix 公司的 MDO3024 型示波器和相应的声波数据采集软件实现，超声波发射卡与超声波数据采集软件由同济大学提供。

本套装置中的计算机测控系统由一台计算机、一套台达 PLC、Pt100 温度传感器、压力传感器、时域反射技术（TDR）、超声波探头等传感器组成。温度由两个 Pt100 热电阻测量，位于反应釜中间部位。本套实验装置中的 TDR 测试系统由 TDR 信号发生器、双棒式 TDR 探针和计算机组成。TDR 信号发生器为美国 Campbell Scientific 公司生产的 TDR100，采用自制的 TDR 探针测量样品的含水量，探针长度为 0.16m，测量误差为±2% ~ ±2.5%（Wright et al.，2002）。超声测量主要通过 Tektronix 公司的 MDO3024 型示波器和相应的声波数据采集软件实现，超声波发射卡与超声波数据采集软件由同济大学提供。

实验中的松散沉积物采用了粒径为 0.15 ~ 0.30mm 的砂子，南海沉积物采用神狐海域的浅层沉积物，使用事先自行配制好的浓度为 0.03% 的十二烷基硫酸钠溶液（SDS 溶液）作为实验溶液，用于加快天然气水合物的生成，实验的气体来源是纯度为 99.9% 的 $CH_4$ 气体。为了解决在气体运移过程中气路堵塞的问题，防止沉积物中的水分流入到下气室与沉积物层之间的微孔烧结板中，自制了一种防水透气砂铺设在反应釜沉积物层底部，防水透气砂是在普通砂子表面覆上一层防水涂料制成。

（二）实验过程

实验测试系统主要包括超声探测和时域反射探测，分别用来获取实验体系的声学参数和含水量。超声测试系统主要由超声波换能器、研祥工控机、任意波形发射卡、功率放大器、采集通道切换装置、示波器和切换通道示波器采集软件组成。能够实时监测和采集超声波数据。

在获取波形数据之后，需要确定首波。本书采用傅里叶–小波分析法（fast fourier transform- wavelet transform，FFT- WT）确定纵横波首波到达时间（Hu et al.，2012，2014b）。主要是通过频谱分析找到主频变化点对应的声时。本书利用新型弯曲元换能器对纵波速度和横波速度进行探测，由于声波在弯曲元换能器中传播消耗一定的时间，所以在实验前需要确定纵波和横波在弯曲元换能器中的固有传播时间 $t_{op}$ 和 $t_{os}$，减小因此而带来的超声测量误差。

纵波和横波的速度由式（7-7）和式（7-8）确定：

$$V_P = \frac{L}{t_p - t_{op}} \tag{7-7}$$

$$V_s = \frac{L}{t_s - t_{os}} \tag{7-8}$$

式中，$L$ 为弯曲元探头端口间距离；$t_p$、$t_s$ 为纵横波传播时间；$t_{op}$、$t_{os}$ 为纵横波在弯曲元内的传播时间。纵横波的激发脉冲分别为 50kHz 和 28kHz，对声波在介质中的传播时间，通过多次测量求取平均值。

时域反射技术（time domain reflectometry，TDR）通过电磁波在介质中的传播状况来确定待测介质性质。TDR 技术由 Davis 和 Chudobiak 与 Topp 等将其引用至测量土壤含水量中（Davis and Chudobiak，1975；Topp et al.，1980）。之后科学家将该项技术应用到水合物实验模拟中，通过实验中介电常数的变化测得沉积物的含水量变化，进而求得水合物饱和度，实验效果较好（Wright et al.，2002）。

通过对水合物饱和度的不断实验，Wright 等（2002）通过 TDR 数据的分析拟合，得出含水合物沉积物中含水量与介电常数的关系式为

$$\theta = -11.9677 + 4.506072566 K_a - 0.14615 K_a^2 + 0.0021399 K_a^3 \tag{7-9}$$

Wright 等的经验公式在含水合物沉积物中的计算已经广泛应用。通过样品的孔隙度 $\phi$ 和含水量 $\theta$ 可以计算水合物的饱和度 $S_h$，如式（7-10）所示：

$$S_h = (\phi - \theta)/\phi \times 100\% \tag{7-10}$$

X-CT 技术主要是利用 X 射线穿过被探测物质时，由于物质的吸收，投射衰减后的 X 射线抵达探测器，所获得的光强信号经光电转换和模数转换变成数字信号，输入计算机，数据再经过函数变换，便可以得到 X-CT 图像。在水合物研究中，由于沉积物中砂粒、游离气、水合物以及水（冰）对 X 射线的吸收系数不同，被测样品中各成分密度和厚度也不同，反映在 CT 图像中便是灰度值大小的差异。

天然气水合物分解过程超声探测实验过程如下：

（1）将反应釜内筒、弯曲元换能器，TDR 探针、温度探针、微孔烧结板等装入反应

釜中并固定好；

（2）在反应釜样品室底部布设厚度约 3cm 的防水透气砂，在样品室防水透气砂上部填入饱水沉积物（粒径为 0.15～0.30mm）；

（3）将样品室中的石英砂压实，将反应釜密封，给反应釜通入一定量的 $CH_4$ 气体进行气密性检测；

（4）对系统进行增压，设置反应釜内预期压力为 6MPa，升压过程结束后，进行压差设置，实验中压差取 0.3～0.5MPa，生成实验过程中反应釜进气端进气阀门保持打开；

（5）开启恒温箱，设置温度保持在 2℃，对反应釜进行空气浴降温，开启下气室加热底板；

（6）等待天然气水合物生成，TDR 波形显示的水合物生成的饱和度不再上升时，关闭制冷，关闭下气室加热底板，关闭反应釜进气端进气阀门，开始自然升温使天然气水合物分解；

（7）分解过程中注意水合物饱和度和声波变化，实时采集数据。

天然气水合物分解过程中 CT 扫描实验过程如下：

（1）在同等粒径沉积物中，在可控温高压反应釜内进行天然气水合物生成实验；

（2）水合物生成结束后，保持一段时间，开始对水合物进行分解操作，对水合物分解前和水合物分解过程中的样品进行 X 射线 CT 扫描；

（3）观察多孔介质中物质组成及孔隙形态的变化规律，更详细的 X 射线 CT 图像处理与数据分析方法请参考文献（Li et al.，2013；Hu et al.，2014b）。

### （三）实验结果分析

#### 1. 松散沉积物中天然气水合物分解过程

在水合物生成结束后，在反应釜条件下保持一段时间，如图 7.20 中 0～18h 所示，待反应釜内温度、压力及水合物饱和度保持稳定之后对反应釜进行升温，由于反应体系为动态体系，实验过程中压力保持恒定，水合物随着温度的升高逐渐分解，在 18～40h 时，温度先有一个快速的上升，之后缓慢上升，上下气室压力 $P_1$、$P_2$ 及上下气室压力差基本保持不变，水合物分解产生的气体由排气口处背压阀控制排出。待到反应釜内水合物分解完全，实验结束。水合物饱和度变化可以分为三个阶段，在 0～18h 的开始阶段，水合物未发生分解，水合物饱和度在 67% 左右，反应釜压力在 6MPa，温度保持在 3℃；在 18～40h 阶段为水合物分解阶段，水合物饱和度随着温度升高而下降，由图 7.20 可见水合物饱和度下降基本保持较稳定的速度，在 40h 水合物分解完成，水合物饱和度降为 0；在 40～50h 阶段，温度升至室温，水合物饱和度基本保持不变，为水合物分解完成之后阶段。

#### 2. 分解过程中松散沉积物孔隙空间的水合物微观分布

通过 X-CT 技术，采用重构的三维图像分析水合物饱和度数据，根据样品的灰度统计，计算被选区域的水合物饱和度。在水合物分解过程中，对选取的剖面不同时刻的微观分布进行了观测（图 7.21），分解过程中水合物饱和度分别为 64.87%、51.80%、16.01% 和 0，前人的研究已经表明，水合物生成过程中会出现多种分布模式共存的混合模式（Hu et al.，

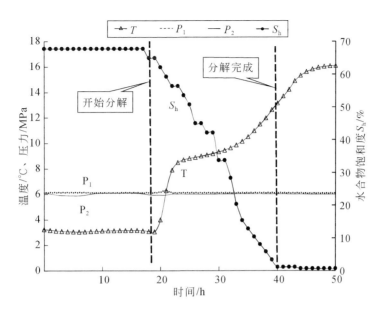

图7.20　水合物分解过程中温度、压力和水合物饱和度变化图

2014a），并且在水合物形成初期以胶结模式为主，中期以悬浮模式为主，后期又以胶结模式为主。然而，水合物分解过程中的分布模式并不是生成过程的逆表现。水合物完全生成时［图7.21（a）］，水合物基本将空隙空间充满，仅有少量被水合物包裹的游离气和水，此时水合物同沉积物颗粒基本胶结在一起，形成完整一体的沉积骨架。在水合物分解初期［图7.21（b）］，同沉积物颗粒接触部位的水合物最先开始分解，如在水合物饱和度64.87%~51.80%的变化过程中，水合物同沉积物颗粒间的联系被破坏，水合物逐渐同沉积骨架分离。在水合物分解的中后期［图7.21（c）］，水合物以悬浮态在孔隙流体中，基本没有同沉积物颗粒接触的水合物存在，存在同游离气泡相接触的水合物。水合物分解完成后［图7.21（d）］，孔隙空间主要存在游离气和水。在沉积体系中，各组成组分的导热系数是不同的，水合物的导热系数为0.5W/m·K，石英砂的导热系数为5W/m·K（Woodside and Messmer，1961），甲烷气体的导热系数为0.037W/m·K（马庆芳等，1986），导热性能依次为砂、水合物和甲烷气。则导热性能的差异会对水合物分解时微观分布产生影响。

综上可知，在水合物分解过程中，水合物最先在同沉积物颗粒接触处进行分解，首先打破稳定的沉积骨架结构，之后水合物由颗粒接触处向孔隙空间中逐渐分解，水合物大多以悬浮态模式为主，最后分解的是同游离气泡相接触的水合物。上述研究结果可为水合物分解机理和含水合物沉积物声学特性研究提供重要依据，为水合物开采提供基本的理论参考。

3. 水合物微观分布的声响应特征

在不同的微观分布模式下，水合物会对沉积介质造成不同的声学影响。水合物分解过程中声速随时间变化如图7.22所示，在水合物未分解前，水合物同沉积物颗粒基本胶结

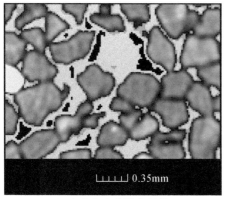 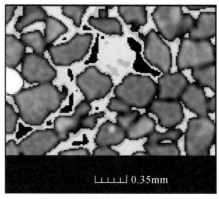

(a)水合物占孔隙空间的
体积百分比(饱和度)为64.87%　　(b)水合物占孔隙空间的
体积百分比(饱和度)为51.80%

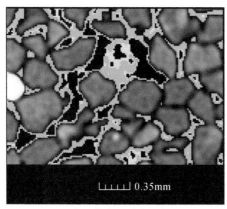 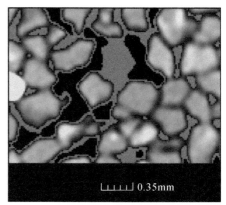

(c)水合物占孔隙空间的
体积百分比(饱和度)为16.01%　　(d)水合物占孔隙空间的
体积百分比(饱和度)为0

图7.21　天然气水合物分解过程中微观分布变化图
黄绿色为甲烷水合物，蓝绿色为 NaCl 溶液，灰色为石英砂，黑色为甲烷气

在一起，形成完整一体的沉积骨架，此时纵横波速度分别为2580m/s 和1184m/s。在 20 ~ 25h 水合物分解初期，水合物饱和度由 67% 降至 50% 过程中（图 7.22），纵横波速度分别降至 2127m/s 和 877m/s，分别降低了 453m/s 和 307m/s，声速出现较快速下降（图 7.22）。此时对应的水合物微观分布为沉积物接触处开始分解 ［图 7.21 （b）］，表明沉积骨架的破坏对沉积体系的声速产生较大影响，之前水合物对沉积骨架和声速的贡献被快速削弱。之后水合物继续分解，在 25 ~ 35h，水合物饱和度由 50% 降至 16% 过程中，纵横波速度分别降至1856m/s 和 758m/s，分别降低了 271m/s 和 119m/s，此阶段水合物饱和度下降34%，而声速下降幅度明显小于水合物分解初始阶段（图 7.22）。此时对应的水合物微观分布为水合物主要以悬浮态存在于孔隙流体中 ［图 7.21 （c）］，孔隙流体中的水合物对声速的影响并不大，这是造成此阶段声速变化较小的主要原因。

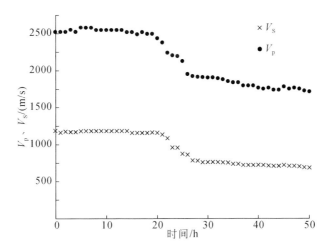

图 7.22　天然气水合物分解过程中声速随时间变化图

通过上述研究可知，水合物首先在颗粒接触处分解，颗粒之间的胶结作用将会被破坏，分解过程中水合物主要以悬浮态存在于孔隙流体中，分解时声速首先会有较快速的下降，之后才有缓慢下降的趋势，所以同水合物生成过程相比，分解过程将会导致较低声速（图 7.23）。

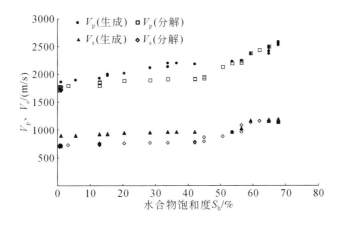

图 7.23　水合物生成、分解过程中声速与水合物饱和度的关系

### 4. 模拟实验结果同南海沉积物中实测数据对比

为了进一步验证实验结果在我国南海沉积物中的适应性，将获取的实验数据与神狐海区 SHA、SHB 和 SH2 站位获得的声速及水合物饱和度间关系的数据一同标绘到图 7.24 中。神狐海区各站位的声速来自于测井数据，水合物饱和度由电阻率和孔隙水氯离子浓度变化估测而来。结果表明，在水合物饱和度为 0 ~ 40% 时，模拟实验获得的含水合物沉积物的纵波速度同神狐海区实地站位获取的测量结果变化趋势比较一致。由模拟实验结果推断，在南海水合物开采过程中，水合物的分解过程同模拟实验过程类似，水合物会首先脱离沉

积骨架，主要以悬浮态存在于孔隙流体中。

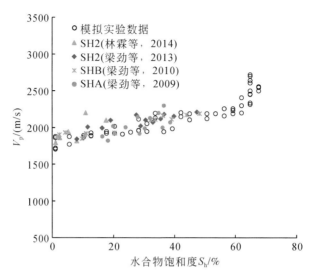

图 7.24　实验数据同南海沉积物实测数据对比图

5. 南海沉积物中水合物分解过程声学特征及微观分布推测

基于模拟实验数据和 X-CT 扫描观测结果，对南海沉积物中水合物分解过程中微观分布进行推测，图 7.25 （a）为水合物分解过程中声速随水合物饱和度变化情况，整个过程分为 b、c 两个阶段，b 阶段声速下降较快，而 c 阶段声速下降较慢。b 阶段水合物饱和度由 24% 降至 15%，声速由 2017m/s 降至 1717m/s，降低幅度为 300m/s。c 阶段水合物饱和度由 15% 降至 0，声速由 1717m/s 降至 1574m/s，降低幅度为 143m/s。图 7.26 更加直观地表示水合物饱和度下降过程中声速的变化幅度，水合物分解前期和后期，相同的水合物

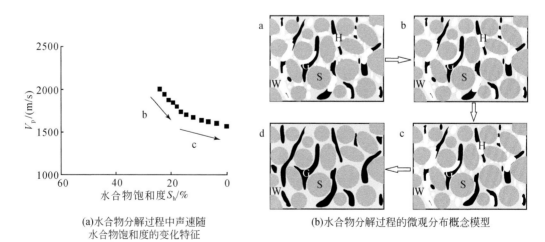

(a)水合物分解过程中声速随　　　　　　　(b)水合物分解过程的微观分布概念模型
水合物饱和度的变化特征

图 7.25　水合物分解过程微观分布模型及声响应特征

a. 水合物分解前；b. 分解早期阶段，水合物主要在沉积物颗粒接触处分解；c. 分解中后期，水合物主要在孔隙
流体中以悬浮态分布；d. 水合物分解完成；S 代表沉积物颗粒；W 代表水；H 代表水合物；G 代表气体

饱和度变化量却表现出不同的声速变化幅度，很明显，前期的声速变化幅度大于后期的声速变化幅度，表明分解前期对水合物的骨架破坏较大。图 7.25（b）为水合物分解过程微观分布推测，a 阶段水合物未发生分解；b 阶段声速下降较快，水合物与沉积物接触处开始分解，接触模式被破坏；c 阶段声速下降较慢，水合物以悬浮模式存在于孔隙流体；d 阶段水合物分解完成。由此可推知，当分解过程中声速下降较快时，表明沉积骨架结构被破坏，水合物在同沉积物颗粒接触处进行分解，当分解过程中声速下降较慢时，表明水合物对声速影响较小，水合物主要悬浮于孔隙中。

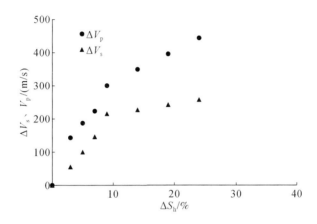

图 7.26　水合物分解过程声速变化量同水合物饱和度变化量关系

# 二、开采过程中气体对水合物储层的声学影响

当水合物生成末期或者含水合物沉积体系中气体含量较少时，气体对整个沉积体系的声学特性影响较小，然而，在水合物储层开采过程中，气体在沉积物中含量较多时，气体会对含水合物沉积物声学特性产生较大影响。在含气沉积物中声波速度、衰减、反射和散射特征都与饱和水沉积物中的声学特性存在很大的差异，气泡会改变沉积物的物理力学特性进而影响声波传播速度。当气泡受到声波激励时，其阻尼振荡会引起较高的声波衰减，由于共振现象的存在，气泡会影响沉积物声速及衰减的频散特性，即使很少量的气泡也会对沉积物的声学特性产生极大的影响。因此，对含气沉积物的声学特性进行研究具有重要的科学意义和广阔的应用前景。

## （一）含气水合物储层声学特征研究

### 1. 速度模型分析

对于含水合物沉积物的速度模型研究，应用比较广泛的是等效介质理论模型。Dvorkin 等（1999）和 Helgerud 等（1999）提出的等效介质理论模型适应于松散沉积物。等效介质理论模型有三种模式，对于模式 A，水合物被认为是孔隙流体的一部分；对于模式 B，水合物被认为是岩石骨架的一部分；对于模式 C，水合物被认为是胶结沉积物。

在模式 B 和模式 C 中，生成的水合物接触或胶结沉积物，在计算时通常认为孔隙流体中没有水合物，之前我们在应用此模型时，将孔隙流体完全看作是水，将水的密度和体积模量作为孔隙流体的密度和体积模量。忽略了气体的存在，其结果是会导致沉积介质的密度和孔隙流体体积模量的计算存在偏差。为了将气体对沉积体系弹性波速度的影响考虑进去，将等效介质的体积模量 $K_{sat}$ 进行调整。$K_{sat}$ 是由 Gassmann 方程计算得来：

$$K_{sat} = K_{ma} \frac{\phi K_{dry} - (1 + \phi) K_f K_{dry}/K_{ma} + K_f}{(1 - \phi) K_f + \phi K_{ma} - K_f K_{dry}/K_{ma}} \tag{7-11}$$

将气体的影响考虑进去考虑到两种情况，第一种情况是体系中气体和水均匀分布，基于此种考虑，将流体的体积模量根据 Reuss 的方法重新计算：

$$\overline{K_f} = \left[ \frac{S_w}{K_w} + \frac{1 - S_w}{K_g} \right]^{-1} \tag{7-12}$$

式中，$K_w$ 和 $K_g$ 为水和气的体积模量；$S_w$ 为孔隙中水的饱和度，在计算时用式（7-12）新计算的 $K_f$ 替代式（7-11）中的 $K_f$，以此来求出等效介质的体积模量 $K_{sat}$。

另一种情况是气水的非均匀分布，这种情况下等效介质的体积模量 $K_{sat}$ 通过 Dvorkin 等（1999）和 Nur（1998）的方程计算：

$$\frac{1}{K_{sat} + 4/3 G_{sat}} = \frac{S_w}{K_{satW} + 4/3 G_{sat}} + \frac{1 - S_w}{K_{satG} + 4/3 G_{sat}} \tag{7-13}$$

式中，$K_{satW}$ 和 $K_{satG}$ 分别为沉积物完全充满水和气时的体积模量。分别用 $K_w$ 和 $K_g$ 代替式（7-11）中的 $K_f$ 来获得 $K_{satW}$ 和 $K_{satG}$。

以上两种情况中剪切模量是不变的，$G_{sat} = G_{dry}$。沉积介质的密度通过式（7-14）计算：

$$\rho_B = \phi \left[ S_w \rho_w + (1 - S_w) \rho_g \right] + (1 - \phi) \rho_{solid} \tag{7-14}$$

2. 实验结果

甲烷气体供应模式下天然气水合物超声探测实验过程如下：

（1）将反应釜内筒、弯曲元换能器、TDR 探针、温度探针、微孔烧结板等装入反应釜中并固定好；

（2）在反应釜样品室底部布设厚度约 3cm 的防水透气砂，在样品室防水透气砂上部填入饱水沉积物（粒径为 0.15 ~ 0.30mm）；

（3）将样品室中的石英砂压实，将反应釜密封，给反应釜通入一定量的 $CH_4$ 气体进行气密性检测；

（4）对系统进行增压，设置反应釜内预期压力为 6MPa。升压过程结束后，进行压差设置，实验中压差取 0.3 ~ 0.5MPa，生成实验过程中反应釜进气端进气阀门保持打开；

（5）压力设置完成后，进行流量计设置，根据实验需求，通过计算机对流量控制器设置，设置量程为 200mL/min；

（6）开启恒温箱，设置温度保持在 2℃，对反应釜进行空气浴降温，开启下气室加热底板；

（7）等待天然气水合物生成，TDR 波形显示的水合物生成的饱和度不再上升时，关闭制冷，关闭下气室加热底板，关闭反应釜进气端进气阀门，开始自然升温使天然气水合物分解。

在气体流量运移条件下，进行了甲烷供应模式下的多轮次模拟实验，甲烷流速控制为 200mL/min，实验结果重复性较好，对其中一轮次实验数据进行分析，实验数据见表 7.3，实验过程中温度、压力及水合物饱和度变化见图 7.27。实验过程中反应釜上下气室间压力基本保持不变，当以 200mL/min 流速供气时，仅在反应釜下气室压力有一个短暂的波动，表明 200mL/min 的供气速度已接近水合物生成过程中甲烷消耗量。从图 7.27 中还可发现温度在水合物生成过程中的异常点。随着温度的下降水合物生成，一般由于水合物生成过程中放热，会导致生成过程中出现温度异常升高点。

根据水合物饱和度的变化，水合物生成过程大致可分为三个阶段，如图 7.27 中 0~4h 所示，在开始阶段水合物未生成，反应体系温度逐渐降低，压力基本保持不变。4~16h 为水合物生成阶段，水合物饱和度随着温度下降而升高，由图 7.27 可见水合物饱和度上升基本保持较稳定的速度。此过程中反应体系温度逐渐降低，压力出现小幅度波动。在 16h 之后水合物生成完成，水合物饱和度达到 82.7%。温度压力基本保持恒定，水合物饱和度基本保持不变，为水合物生成结束的保持阶段。

表 7.3　水合物形成过程中实验数据

| 时间/h | 温度/℃ | 上气室压力 $P_2$ /MPa | 下气室压力 $P_1$ /MPa | 水合物饱和度 /% | $V_s$（m/s） | $V_p$（m/s） |
|---|---|---|---|---|---|---|
| 0 | 24.35 | 6.05 | 6.09 | 0 | 772 | 1620 |
| 1 | 23.82 | 6.08 | 6.07 | 0 | 772 | 1620 |
| 2 | 19.12 | 6.06 | 6.05 | 0 | 772 | 1620 |
| 3 | 13.04 | 5.94 | 5.94 | 0 | 772 | 1620 |
| 4 | 8.64 | 5.77 | 5.76 | 0 | 772 | 1620 |
| 5 | 6.53 | 5.79 | 5.57 | 11.6 | 834 | 1844 |
| 5.25 | 6.36 | 5.80 | 5.52 | 23.0 | 878 | 2016 |
| 5.5 | 6.28 | 5.80 | 5.44 | 27.8 | 884 | 2046 |
| 5.75 | 6.34 | 5.80 | 5.41 | 37.9 | 907 | 2107 |
| 6 | 6.41 | 5.79 | 5.33 | 40.6 | 912 | 2173 |
| 6.5 | 6.47 | 5.80 | 5.19 | 48.7 | 983 | 2242 |
| 7 | 6.37 | 5.80 | 5.05 | 65.7 | 1130 | 2481 |
| 8 | 5.73 | 5.80 | 4.82 | 65.7 | 1172 | 2548 |
| 9 | 5.24 | 5.80 | 4.66 | 65.7 | 1172 | 2548 |
| 10 | 4.94 | 5.80 | 4.63 | 79.9 | 1447 | 2951 |
| 11 | 4.48 | 5.80 | 4.70 | 79.9 | 1467 | 3015 |
| 12 | 3.88 | 5.80 | 4.83 | 79.9 | 1467 | 3015 |
| 14 | 2.83 | 5.80 | 5.17 | 79.9 | 1467 | 3015 |
| 16 | 2.29 | 5.80 | 5.56 | 82.7 | 1531 | 3150 |
| 22 | 1.61 | 5.71 | 6.57 | 82.7 | 1531 | 3150 |
| 28 | 1.72 | 5.80 | 6.58 | 82.7 | 1531 | 3150 |

续表

| 时间/h | 温度/℃ | 上气室压力 $P_2$ /MPa | 下气室压力 $P_1$ /MPa | 水合物饱和度 /% | $V_s$ (m/s) | $V_p$ (m/s) |
|---|---|---|---|---|---|---|
| 34 | 1.37 | 5.77 | 6.59 | 82.7 | 1531 | 3150 |
| 40 | 1.59 | 5.76 | 6.59 | 82.7 | 1531 | 3150 |

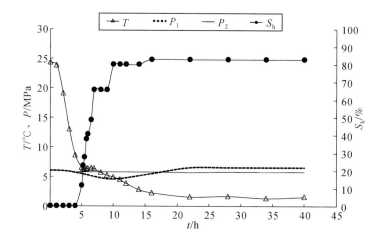

图 7.27　水合物生成过程中参数变化图（200mL/min 流速）

3. 含气条件下水合物饱和度与速度变化特征分析

在水合物生成过程中纵横波速度随水合物饱和度增加而增加，变化趋势基本保持一致（图 7.28）。在水合物生成之前，纵波速度和横波速度分别为 1620m/s 和 772m/s。水合物最终生成量不同会导致不同的声速，水合物饱和度越大，最终纵横波速度也较大。本实验过程中水合物饱和度最大为 82.7%，纵横波速度分别达到 3150m/s 和 1531m/s。

为了进一步说明水合物生成过程中波形变化特征，特选取水合物生成阶段四个时间点进行展示。如图 7.28 所示，$a$ 点为 0h，水合物饱和度为 0，$b$ 点为 5.25h，水合物饱和度为 23%，$c$ 点为 6h，水合物饱和度为 40.6%，$d$ 点为 14h，水合物饱和度为 79.9%。由 $a$ 到 $d$ 四个点水合物饱和度逐渐变大，波形变化如图 7.29 所示，首波声时逐渐变小，声波速度逐渐变大。

本书采用的小波分析软件由德国华伦公司（Vallen-Systeme GmbH）和日本青山学院大学（Aoyama Gakuin University，AGU）合作开发，可以通过色谱图显示波形频率随时间的分布特征，还能分析某一时刻波形频率的小波系数，以确定该时刻的频率分布特征。对含水合物沉积物波形的前 8192 个点的数据进行小波分析的结果如图 7.30 所示，图 7.30 中三个坐标轴分别为时间（μs）、频率（kHz）和小波系数，判断频率谱随时间的分布特征，通过色标对应的能量判断波在某一个频率（或时间点）的强度，红色代表波形幅度最强，紫色代表波形幅度最弱。在某一时刻的频率分布特征，小波系数峰值点代表了该时刻的主频，此图 7.30 中显示了波形的主频为 50kHz（最强）和 73kHz（较弱）。

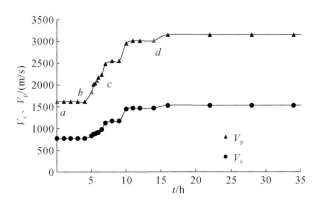

图 7.28　水合物生成过程中声速随时间的变化

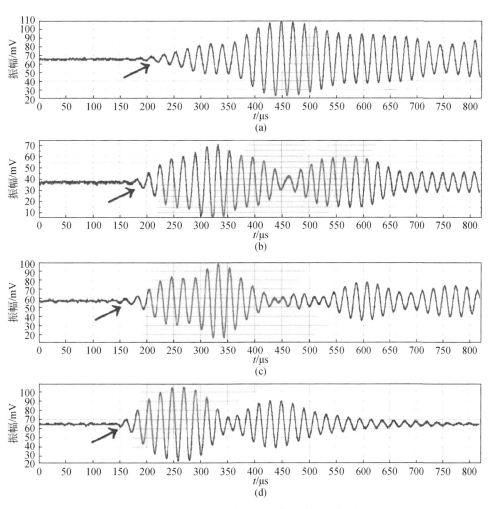

图 7.29　水合物生成过程中声波波形变化图

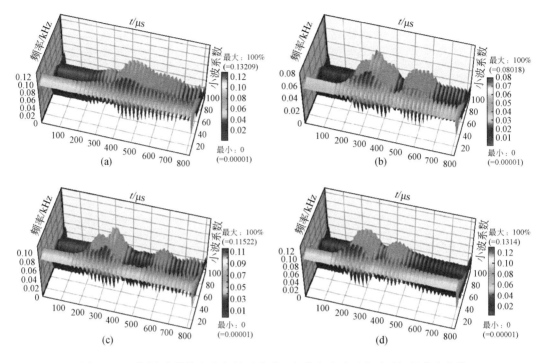

图 7.30　不同水合物饱和度条件下波形、频率和小波系数随时间的分布变化

　　利用获得的实验数据建立甲烷流量模式下声速同水合物饱和度之间的关系（图 7.31）。由图 7.31 可见，随着水合物饱和度的增加，纵横波速度逐渐增大。在整体变化趋势上，在水合物生成初期，声速有相对较快的增长，之后在水合物生成阶段，声速呈现出较为平缓的增长趋势，在水合物饱和度 60% 之后，声速的增加速率明显变大。

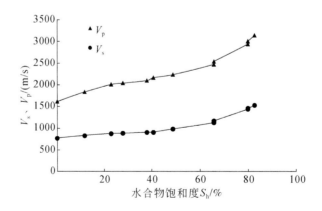

图 7.31　水合物生成过程中声速与水合物饱和度关系

　　针对等效介质理论模型对含水合物松散沉积物的纵波速度进行计算，等效介质理论模型的三种模式则分别指示水合物在孔隙流体中、与沉积物颗粒接触或与沉积物颗粒胶结，

三种模式的计算结果与实验实测的数据见图7.32。实验结果同等效介质理论模型并不吻合直到水合物饱和度达到20%，当水合物饱和度为20%～60%时，实验结果同等效介质理论模式A的计算结果有相近的趋势，但是实验结果比理论计算值要普遍偏低。当水合物饱和度大于60%以后，实验结果同EMT模型理论计算结果基本不相符合，实验结果位于EMT-A与EMT-B和EMT-C之间的区域（图7.32）。

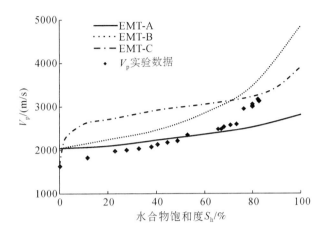

图7.32　测量的速度同EMT模型计算的速度结果比较

不考虑气体影响，EMT-A为孔隙充填型水合物；EMT-B为颗粒接触型水合物；EMT-C为胶结型水合物

调整后的模型用于计算并将计算结果与测量值进行比较（图7.33）。在气体较多的水合物储层中，沉积系统中气水的分布应以不同的方式发生。新模型的气体均匀分布和气体不均匀分布结果如图7.33所示，当水合物饱和度为10%～30%时，实验结果落在EMT-B（气体均匀分布）和EMT-B之间（气体不均匀分布），并且测得的P波速度接近EMT-B

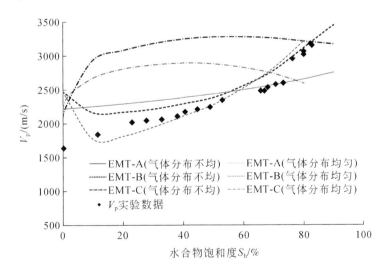

图7.33　测量的速度同EMT模型计算的速度结果比较

考虑气体影响，EMT-A为孔隙充填型水合物；EMT-B为颗粒接触型水合物；EMT-C为胶结型水合物

（气体均匀分布）；当水合物饱和度为30%~60%时，实验结果与EMT-B（均质气体分布）相似，表明水合物沿颗粒接触形成，系统内气体分布均匀；当水合物饱和度为60%~70%时，实验结果与EMT-A模式相似；当水合物饱和度达到80%以上后，实验结果与EMT-B模式相似。

综合分析不考虑气体影响的EMT模型（图7.32）和考虑气体影响的EMT模型（图7.33），非常明显，在气体较多条件下，气体的存在对含水合物沉积物的声学特性产生了影响，未考虑气体影响的EMT模型对含水合物松散沉积物的纵波速度计算已不适应，考虑气体影响的EMT模型的理论计算值与实验测试值比较一致，并且同理论模型对比分析结果看，在气体条件下形成的含水合物沉积体系，测量的纵波速度结果与EMT模型（气体均匀分布）结果更接近。

**（二）宏微观结合探测含气水合物储层声学特征研究**

**1. 实验方法**

CT-超声联合探测装置如图7.34所示，其中图7.34（a）为X-CT观测装置，主要包括X射线源和探测器。系统原理如图7.34（b）所示，包括温度控制系统、高压反应釜、X-CT观测系统、CT数据采集和超声探测与采集五个系统。温度控制系统主要包括控温水浴槽和可编程逻辑控制器（programmable logic controller，PLC）循环液控温装置。实验中高压反应釜如图7.34（c）所示，由低温循环液出入口、甲烷气体出入口、沉积物样品室、循环液降温室、超声探头和围压轴向承压碳纤维组成。样品室为高5cm、直径2.5cm的沉积物装填空间，沉积物样品装入样品室内，甲烷气体出入口为气体甲烷进入为样品室加压和放空气体所用，低温循环液进出口用于低温乙二醇液体进出循环液降温室，达到控温效果，循环液降温室内径为4cm，最大围压可达15MPa，通过PLC对围压泵活塞推进，实现可以对流经反应釜内的控温乙二醇液体流速进行调节，从而进一步控制低温循环液的温度，在进液口的管道处以及气体出口附近分别设有温度和孔压测量装置，用于温度和孔压数据的监测；围压轴向碳纤维用于反应釜承受高压，最大压力可达15MPa。沉积物样品室使用PEEK材料制成，利于射线穿透，能够提高成像质量，循环液降温室和轴向承压碳纤维均为X射线可透射材料，保证水合物生成过程中的CT扫描成像质量，反应釜放置于射线源与探测器两者之间，通过探测器获得不同水合物饱和度下的CT观测数据。

样品的粒度分布如图7.35所示，细砂（63~250μm）、中砂（250~500μm）和粗砂（500~2000μm）的比例分别为19.2%、76.6%和4.2%。砂样的中值尺寸为287μm，干密度为1.33g/cm³，孔隙度约为42%，实验所用孔隙水为去离子水。

实验中通过原位生成的方法制备试样，将一定量的水添加到天然海砂中以获得目标饱和度的水合物。通过PLC将温度设置为1.5℃±0.3℃，同时使用下部注气方式为反应釜加压至8MPa。当观察到的孔隙压力不再降低时，假定孔隙水全部以水合物形式形成。在含水合物试样完成后，使用CT-超声联合探测装置获取样品的声波速度、各组分占比和微观分布数据。分别在不同含气量和含水量条件下进行七次水合物生成实验，每次实验获取三组超声数据。

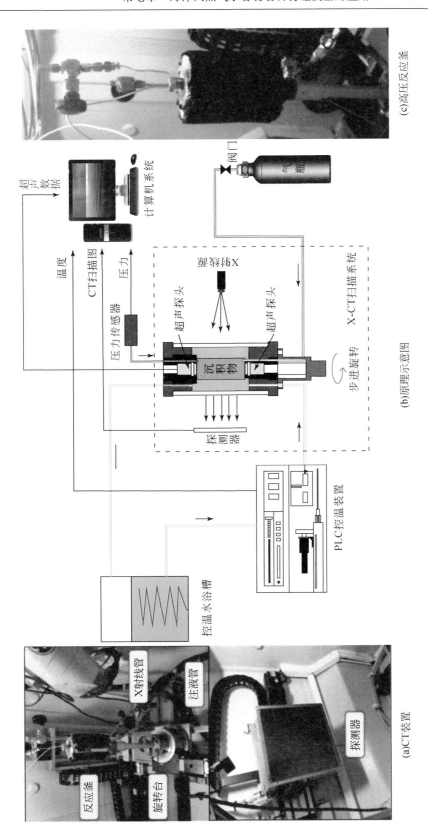

图7.34　CT-超声联合探测装置

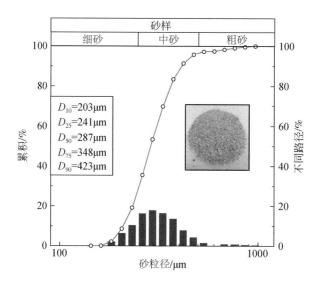

图 7.35　实验天然海砂样品粒径分布

2. 实验结果

沉积物的微观结构和 P 波速度通过 CT-超声探测设备进行获取（图 7.36）。不同密度的沉积介质对 X 射线的吸收系数不同，因此甲烷气、水、水合物和天然海砂可以通过 CT 图像的灰度值来区分，如图 7.36（a）所示为孔压为 6MPa 时的 CT 扫描图像，呈现颜色最深（黑色）的部分是甲烷气泡，其对 X 射线吸收是最弱的；对 X 射线吸收是最强的，呈现颜色最浅的部分为天然海砂，部分颗粒密度较高甚至呈现为白色，为石英等高密度固体颗粒；介于气泡和固体颗粒之间的灰色为孔隙水，填充在颗粒孔隙间，部分孔隙水则直接占据岩石骨架的空腔，通过 CT 图像的灰度值数据可以精确获取样品中甲烷气泡含量。甲烷气泡在水完全形成水合物前后的微观分布分别如图 7.36（b）和图 7.36（c）所示，水合物形成后部分甲烷气泡的位置发生移动，且孔隙中甲烷气饱和度减少了 4.4%，但孔隙中仍然存在大量气泡。通过截取 1mm³ 天然海砂样品发现孔隙中分布着分布不均且体积不同的甲烷气泡 [图 7.36（d）]。如图 7.36（e）所示，在不同的甲烷气体含量下，水合物完全形成后，样品成分的百分比统计结果。如图 7.36 所示，水合物含量逐渐增加，甲烷气体的空间比例相对减少，CT 扫描结果可以清晰明确天然海砂的空间比例保持在 58% 左右，且沉积物的孔隙度为 42% 左右。含水合物沉积物的 P 波速度随水合物饱和度（$S_h$）的增加而升高（图 7.36f）。

EMT-B 是考虑水合物沉积物中游离气体的速度模型之一（Helgerud et al., 1999）。使用两个独立的分布假设来模拟气体对水合物沉积物弹性模量的影响。第一个假设基于孔隙流体各组分均匀分布，即每个孔隙中气体和水的占比相同，因此 $K_{fl}$ 使用 Reuss 平均方程式计算（Reuss, 1929）：

$$K_{fl} = \left[ \frac{S_w}{K_w} + \frac{1 - S_w}{K_g} \right]^{-1} \tag{7-15}$$

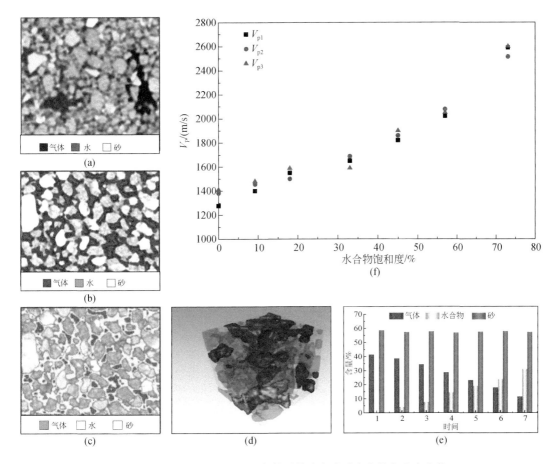

图 7.36　含气和水合物两相条件下纵波声速随水合物饱和度变化

式中，$K_w$ 和 $K_g$ 分别为水和甲烷气体的体积模量；$S_w$ 为水饱和度。

另一种情况是考虑气水的非均匀分布，这种情况下等效介质的体积模量通过 Dvorkin 和 Nur 的方程计算（Dvorkin et al., 1999；Nur et al., 1998）。

$$\frac{1}{K_{sat} + 4/3G_{sat}} = \frac{S_w}{K_{satW} + 4/3G_{sat}} + \frac{1 - S_w}{K_{satG} + 4/3G_{sat}} \tag{7-16}$$

式中，$K_{satW}$ 为沉积物完全充满水时的体积模量；$K_{satG}$ 为沉积物完全充满甲烷气时的体积模量；$G_{sat}$ 为沉积物的剪切模量。

Lee 和 Collett（2005）提出了考虑气体存在的 BGTL，它基于 Brie 等（1995）建议的混合定律重新计算 $K_{fl}$：

$$K_{fl} = (K_w - K_g)S_w^e + K_g \tag{7-17}$$

式中，$e$ 为校准常数。当 $e=1$ 时，式（7-16）与 Wood 方程相同。

目前在测井中估算水合物饱和度中应用较为广泛的为简化三相介质方程（STPE），STPE 假设沉积物、天然气水合物和孔隙流体形成三个均质且相互联系的框架。但是，STPE 并没有考虑孔隙流体中游离气体对波速的影响。因此，当 STPE 考虑到气体的存在时，即孔隙中包含固体（水合物）、液体（水）和气体（甲烷）组成。因此，需要对 STPE 中的孔隙流体密度和体积模量计算方程进行相应调整。

将沉积介质的体积模量使用式（7-18）重新计算：

$$\frac{1}{K_{av}} = \frac{\beta_p - \phi}{K_{ma}} + \frac{\phi}{K_{fl}}, \quad \beta_p = \frac{\phi_{as}(1+\alpha)}{1+\alpha\phi_{as}}, \quad \beta_s = \frac{\phi_{as}(1+\gamma\alpha)}{1+\gamma\alpha\phi_{as}} \quad (7\text{-}18)$$

使用 Wood 方程计算式（7-18）中的 $K_{fl}$：

$$K_{fl} = \left[\frac{S_h}{K_h} + \frac{S_w}{K_w} + \frac{S_g}{K_g}\right]^{-1} \quad (7\text{-}19)$$

式中，$S_g$ 为甲烷气饱和度；$K_g$ 为甲烷气体积模量。

其中，孔隙度 $\phi_{as}$ 可由式（7-20）获得

$$\phi_{as} = \phi_w + \phi_g + \varepsilon\phi_h, \quad \phi_w = S_w\phi, \quad \phi_h = S_h\phi, \quad \phi_g = S_g\phi \quad (7\text{-}20)$$

沉积介质的密度 $\rho_b$ 可通过式（7-21）重新计算：

$$\rho_b = \rho_s(1-\phi) + \rho_w\phi_w + \rho_h\phi_h + \rho_g\phi_g \quad (7\text{-}21)$$

式中，$\rho_g$ 为孔隙中甲烷气体的体积密度。

使用表 7.4 中的物性参数对考虑甲烷气体存在的 BGTL、EMT-B 和 STPE 模型进行验证，结果如图 7.37 所示，当水合物饱和度大于 40% 时，由 BGTL 预测的 $V_p$ 与实验测量值基本一致；但当水合物饱和度小于 40% 时，预测结果小于实测数据。考虑气水均匀分布的 EMT-B 模型计算结果在水合物饱和度为 20%~60% 时与实验结果拟合程度高，而基于孔隙中气水非均匀分布的 EMT-B 模型在水合物饱和度为 10%~45% 时预测结果较好；未考虑气体影响的 STPE 模型计算结果大于实测值，当将甲烷气体对声波速度的影响考虑入 STPE 模型时，模型预测的结果在水合物饱和度为 0~60% 时较为准确。EMT-B 模型在低水合物饱和度下（$S_h < 15\%$）计算结果偏高，且 EMT-B 和修正后的 STPE 模型在高水合物饱和度（$S_h > 60\%$）情况下预测的纵波速度偏低。

表 7.4　骨架组分及物性参数

| 矿物名称 | 密度 $\rho/(g/cm^3)$ | 体积模量 $K/GPa$ | 剪切模量 $G/GPa$ |
|---|---|---|---|
| 总黏土矿物 | 2.58 | 20.9 | 6.6 |
| 石英 | 2.65 | 36.6 | 45 |
| 长石 | 2.62 | 76 | 26 |
| 水合物 | 0.9 | 5.6 | 2.4 |
| 水 | 1.03 | 2.5 | 0 |
| 甲烷气 | 0.23 | 0.12 | 0 |

3. 岩石物理模型分析

多相孔隙流体的体积模量是岩石物理模型中预测弹性波速度的重要参数。在历史上，曾使用 Wood 方程（Reuss 平均）和 Domenico 方程（Voigt 平均）来计算 $K_{fl}$（Marion et al.，1990；Diz and Humbert，2010；Myers and Hathon，2012）。Wood 方程常用于预测高孔隙度和高渗透率的非固结储层中的孔隙流体体积模量，并假设气体和水均匀分布在每个孔隙中

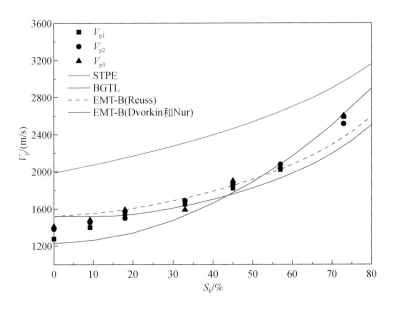

图 7.37　模型计算纵波速度值同实测值比较

（Mavko and Mukerji，1998；Scudino et al.，2008）。我们假设水合物是孔隙流体的一部分，因此由水、甲烷气体和水合物组成的多相孔隙流体的体积模量。因此，可以用 Wood 方程来计算：

$$\frac{1}{K_{fl}} = \frac{S_w}{K_w} + \frac{S_g}{K_g} + \frac{S_h}{K_h} \tag{7-22}$$

　　Domenico（1977）提出了 Domenico 方程，通过加权平均法计算多相孔隙流体的体积模量，该方程通常用于计算固结非饱和复杂储层中孔隙流体的体积模量。因此，通过 Domenico 方程计算含水合物孔隙流体体积模量：

$$K_{fl} = \left[ S_w K_w + S_g K_g + S_h K_h \right] \tag{7-23}$$

　　然而，以上两个计算孔隙流体体积模量的方程仅表示实际多相孔隙流体模量的边界，大量实验证明实际流体体积模量模量位于两模型计算结果之间（Wang et al.，1982；Brie et al.，1995；Bai et al.，2006；Myers and Hathon，2012；Zhang et al.，2012）。因此，基于计算复合材料弹性模量的方法的见解（Bai et al.，2006），通过结合了 Wood 和 Domenico 方程来适应不同的储层条件。当计算由水、甲烷气和水合物组成的多相孔隙流体的体积模量时，$K_{fl}$ 可通过式（7-24）计算：

$$K_{fl} = \left[ S_h K_h^J + S_w K_w^J + S_g K_g^J \right]^{1/J} \tag{7-24}$$

式中，校准常数 $J$ 取值介于 $-1$ 和 1 之间（$J \neq 0$）。当 $J=1$ 时，$K_{fl}$ 的计算结果与 Domenico 方程相同，当 $J=-1$ 时，其结果为多相孔隙流体的 Wood 方程。

　　多相孔隙流体的体积模量不仅受各相的饱和度和微观分布的影响，同时还受围压和孔隙连通性的影响（White，1975；Domenico，1977；Brie et al.，1995；Zhang et al.，2012；Tuhin et al.，2016）。Wood 方程和 Domenico 方程是计算孔隙流体体积模量的两个极端情况，两个方程分别对应于多相流体的体积模量的上下限。考虑到实际情况中孔隙流体的复杂性，我们通过校准常数 $J$ 整合了 Wood 和 Domenico 方程，并通过调整 $J$ 的取值拟合实验数据或测井数据。如图 7.38 所示为 $K_{fl}$ 在不同孔隙流体相组分和 $J$ 取值下的变化趋势。图 7.38（a）为当孔隙流体由甲烷和水合物相组成时，$K_{fl}$ 在不同 $J$ 值下随水合物饱和度的变化曲线。此外，当孔隙流体由水合物和水组成时，$K_{fl}$ 随水合物饱和度的增加而变化［图 7.38（b）］。图 7.38（c）为当孔隙流体由 3% 的甲烷、水和水合物组成时，$K_{fl}$ 随水合物饱和度的变化。结果表明，具有不同组分的孔隙流体其体积模量也不尽相同。含气水合物沉积物的体积模量（$K_{av}$）与水合物饱和度之间的关系如图 7.39 所示。结果表明当沉积物介质由天然海砂、甲烷气和水合物组成时，实验结果大部分分布在 $J=-1$ 和 0 之间（$J \neq 0$）（Sun et al., 2012；Li et al., 2017；Dong et al., 2019）。因此，我们认为，当 $J$ 的值介于 -1 和 0（$J \neq 0$）之间时，更适合于预测非固结的多孔沉积介质的体积模量。

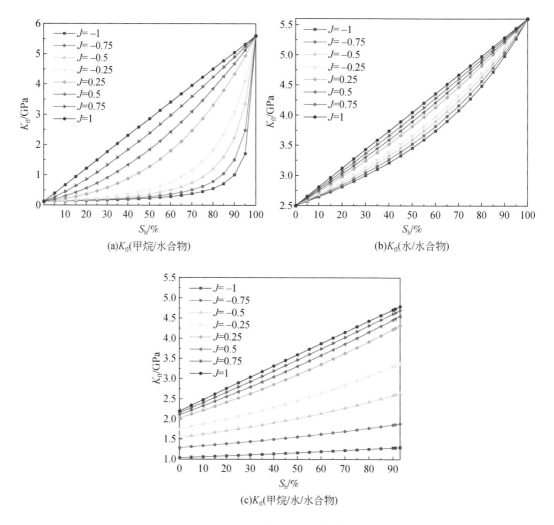

图 7.38　不同 $J$ 取值下孔隙流体体积模量

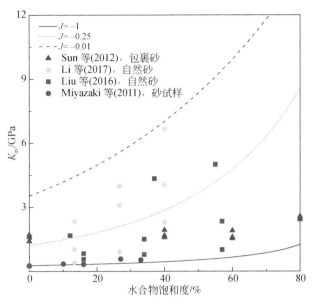

图 7.39　$K_{av}$ 和水合物饱和度之间的关系

使用表 7.4 的物性参数和（7-24）重新计算 STPE 的 $K_{fl}$。图 7.40 显示了不同模型预测的速度。如图 7.40（a）所示，当 $J = -0.4$ 时，STPE 的预测结果比其他 $J$ 值更符合实验结果。基于 Bu 等（2017b）在不同甲烷通量下测量的含水合物沉积物的声波速度数据验证不同速度模型［图 7.40（b）］。在不考虑甲烷气体对速度影响的情况下，由 STPE 预测的 $V_p$ 高于实验测量值，但是当 $J = -0.6$ 时重新计算 $K_{fl}$，STPE 预测的 $V_p$ 与实验结果一致。图 7.41 为 BGTL、EMT-B 和 STPE 预测结果的误差范围和平均误差，三种类型的平均误差均小于 124m/s，其中最大误差小于 295m/s。通过比较不同模型计算结果的误差，STPE（$J = -0.4$）是预测含气和水合物天然海砂沉积物声波速度速度的最好选择。

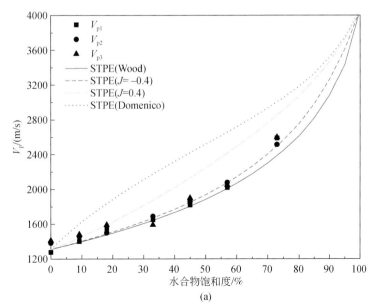

(a)

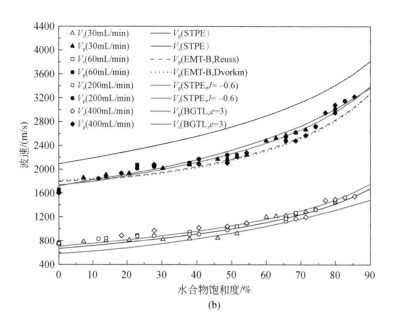

(b)

图 7.40　模型计算纵波速度值同实测值比较

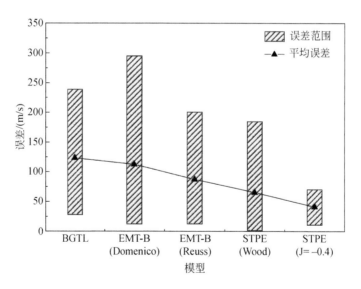

图 7.41　模型计算纵横波速度值同实测值比较

　　本节展示了 X-CT 扫描和超声探测相结合的技术在探测含甲烷气和水合物沉积物的弹性波速度中的成功应用。并使用 CT 仪器获取水合物形成前后的甲烷气体的微观分布。在水合物完全形成之后，天然砂的孔隙中仍然存在大量的非均匀分布的甲烷气泡，并且由于水合物的形成，甲烷气泡的体积减小，位置也发生变化。

通过测量的数据验证了 BGTL、EMT-B 和 STPE 模型的准确性。当 15%<$S_h$<55% 时，由 EMT-B 模型计算的 $V_p$ 与实验测得的结果一致，但当 $S_h$<15% 和 $S_h$>55% 时，EMT-B 的预测结果与测量数据有所偏差。当 $S_h$ 小于 40% 时，BGTL 模型预测的 $V_p$ 低于实验数据，但当 $S_h$ 大于 40% 时，则与实测数据一致。未考虑气体对速度的影响的 STPE 模型计算结果高于实验值，当通过 Wood 方程重新计算 STPE 的 $K_{fl}$ 时，当 $S_h$<60% 时预测结果与实测的 $V_p$ 较一致。

通过整合 Wood 方程和 Domenico 方程，引入了校准常数 $J$ 来重新计算 STPE 的 $K_{fl}$，其中 $J$ 取值范围在−1 和 1 之间（$J≠0$）。通过实验数据验证当 $J$ 值介于−1 和 0（$J≠0$）之间时，适用于预测非固结多孔砂岩储层的声波速度。通过比较 STPE、EMT-B 和 BGTL 计算结果的误差范围和平均误差，STPE（$J=-0.4$）是预测含气和水合物的多孔砂储层声波速度的理想选择。此外，当孔隙流体由甲烷气体，水和水合物组成，且 $J=-0.6$ 时，STPE 预测的 $V_p$ 更为准确。

# 第四节　光纤声学技术展望

分布式光纤声波传感技术（distributed fiber acoustic sensing，DAS）是一种新兴的无源光纤传感技术。它具有沿着光纤长度的任何地方检测声信号的能力，具有高频率响应和紧凑的空间分辨率。DAS 在油气上游行业有着广阔的发展前景。本节将首先讨论该技术的功能，包括影响其频率响应和空间分辨率的因素，然后介绍该项技术的相关应用。目前已被证实的应用包括井筒水力压裂增产监测、流量剖面、井筒完整性监测、垂直地震剖面、气举优化、出砂检测等。

## 一、光纤声学技术最新进展

光纤作为 20 世纪的重大发明之一，其理论的提出者高锟博士于 2009 年获得诺贝尔奖。21 世纪的前十年，光纤通信在全球高速发展，越来越多的厂商进入该领域，使得光学器件成本快速下降。光纤传感研究逐渐从实验室走向工业化。光纤传感器相比于传统电子传感器具有灵敏度高、柔韧性好、抗电磁干扰、重量轻、体积小、可以大范围测量、具高空间分辨率、可实现分布式部署等优点，被广泛应用于应用科学、工程等领域。目前地震波勘探领域应用的光纤传感系统主要有两种：点式光纤器和分布式光纤传感系统。点式光纤传感器是传统检波器的光学改进型，它将电子检波器的中的线圈，振子等结构替换为干涉仪结构。该方案相较于电子检波器优势在于无供电结构、耐电磁干扰、成本较低、可靠性较高，但其空间分辨率有限；分布式光纤传感系统与点式不同，采用整条光缆可以对沿光缆区域的振动进行感测，其采集数据信息量、响应带宽、布设便捷性都具有巨大优势。

DAS 能够探测沿光纤长度任何位置的声场，具有非常紧凑的空间分辨率、高频率响应和不断提高的信噪比（signal to interference plus noise ratio，SNR）。DAS 于 2012 在油田首次正式使用的无源光纤传感器。光纤传感器已在行业中应用多年，首次应用是作为井下仪表的传输线。随着技术的改进，光缆被用作分布式测量介质，首次应用于分布式光纤测温系统（distributed temperature sensing，DTS）。光纤的其他应用包括使用光纤布拉格光栅（fiber Bragg grating，FBG），但这些测量在技术上并不像 DAS 和 DTS 那样分布，因为传感器点是沿着光纤的离散点。分布式光纤传感技术，如 DAS 允许在同一时间测量整个光纤。

为了进行 DAS 测量，将一束激光脉冲进光纤，记录后向散射光的强度。由于沿光纤的振动会造成折射率的微小变化，我们可以将这些反向散射信号返回到沿光纤的特定点的时间关联起来。DAS 被描述为一种动态应变传感器，因为它是测量应变沿纤维长度的变化。通过反复脉冲激光，人们可以获得更多的信息，如信号的相位和频率。

DAS 的空间分辨率与激光脉冲长度有关。激光脉冲越短，空间分辨率越高。不同供应商的空间分辨率不同，有些供应商的传感器元件之间的距离可达 2in。一些供应商提供固定的空间分辨率，而另一些供应商可以根据应用程序定制这些参数。在不久的将来，随着灵敏度的提高，空间分辨率将变得更加严格。这种改善有两个原因，一是采集设备将激光脉冲到光纤上并解释后向散射信号，将提高灵敏度以提高信噪比；二是通过对实际纤维本身的改进，通过优化光纤以获得最大数量的相干背散射光，可以增加解释动态应变所需的信号。其他的方法包括在部分上环路光纤或增加在同一时间询问的光纤的数量和多路复用。

有两种主要的光纤电缆用于分布测量——单模和多模。单模光纤主要用于 DAS，而且比多模光纤（直径的1/10）薄得多。被称为单模是因为光在光纤中只允许沿着一条轴传播；对于多模光纤，光允许在光纤中以横向模式（如螺旋模式）传播，并通过反射光纤的壁（之字形模式），如图 7.42 所示。光在光纤中以轴向模式传播速度最快，而螺旋模式和之字形模式的传播速度分别较慢和较慢。当光脉冲以相同的模式传播时，DAS 工作得更好，因此波包可以保持更相干。多模光纤可用于 DAS 测量，虽然有显著增加的噪声和空间分辨率的模糊。

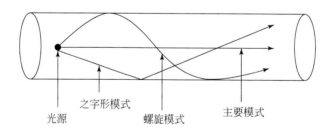

光源　　　　　之字形模式　　　　螺旋模式　　　　主要模式

图 7.42　光沿光纤传播的模式

DAS 技术方案有多种，根据相位解调的区分，常见的技术方案可以分为双脉冲方案（dual-pulse DAS）、干涉相位解调方案（interferometric phase recovery DAS）、外差相干检测方案（heterodyne DAS）（Masoudi and Newson，2016）。双脉冲方案采用时间间隔极短（数十纳秒）的两个频率不同的光脉冲信号，直接解调得到相位信息，计算极短时间内的相位差变化得到应变信号。干涉相位解调方案利用单脉冲信号，直接测量两个后向散射信号的相位差，对比两个测量时间的相位差得到应变率信息。外差相干检测方案中单脉冲探测信号与后向散射信号进行相干检测获得散射信号的相位信息，然后计算相位差得到应变信息（张丽娜等，2020）。

DAS 的应用有很多包括水力裂缝监测、井筒完整性监测、垂直地震剖面（VSP）、气举优化、流量剖面和出砂检测。接下来主要介绍垂直地震剖面（vertical seismic profile，VSP），这种地球物理技术传统上是通过井下地震检波器、水听器和加速计来实现的。地震震源可以在零偏移（直接在井筒上方）或有偏移（震源位于远离井筒的地方）的情况下工作，以获取更多的地层远场特征。

Mestayer 和 Wills（2013）首次证明了 DAS 能够实现 VSP 采集。从那时起，这项技术取得了显著进步，并在各种现场情况下得到了广泛测试。DAS 利用标准的光纤电缆代替地震检波器进行沿井方向的地震探测（图 7.43）。DAS 测量原理为用 DAS 询问器单元（integer unit，IU）沿着井中的光纤发送激光脉冲。有一小部分激光被光纤中自然存在的瑞利散射（Rayleigh scattering，RS），通过相干光时域反射技术（coherent optical time domain reflectometry，COTDR）分析后向散射光的相位变化。当地震波使纤维变形时，瑞利后向散射模式就会发生变化，这些变化可以转化为地震测量数据。

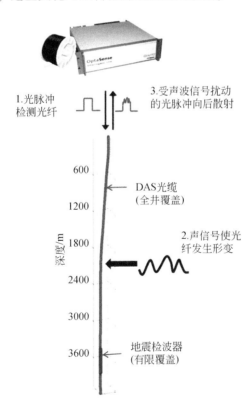

图 7.43　DAS 测量 VSP 的原理（Mateeva et al., 2013）

与传统方法相比，DAS 有很多优点。首先，DAS 测量可以在无须干预的情况下进行。通常，为了在井下安装地震检波器，修井作业的成本很高。DAS VSP 测量可以一次完成。

通常情况下，检波器阵列必须多次重新定位以覆盖整个井筒，并且必须多次拍摄以获得清晰的图像。DAS 使 VSP 测量更容易实现，具有可重复性。延时测量现在可以以较低的成本和更高的可靠性进行。在许多情况下，地震检波器可能无法部署，如在大斜度井或小井眼环境中。DAS 成为一种 VSP 测量便捷设备。

## 二、光纤声学技术在水合物研究中的应用

关于光纤声学技术在水合物的研究中较少，仅有美国地质调查局利用永久安装在阿拉斯加州北坡第一口甲烷水合物研究试验井中的单模光纤电缆，获取了陆上 DAS-3D VSP 测量记录。其 DAS 光纤电缆于 2018 年 12 月安装，3D VSP 调查工作于 2019 年初进行。为了进行水合物研究计划，在 12 天的时间里记录了 DAS VSP，使用商用 DAS 询问器成功记录了 1701 个炮点，震源来自两辆平行可控震源车，同时扫向同一相位。记录的 DAS 数据质量高，能量最高可达 180Hz。

此次 DAS VSP 的勘探目标包括：①时深速度和地震响应；②目标储层周围的高分辨率成像；③地质数据井和生产井的测试场地结构表征。用于水合物研究的第一个 DAS 3DVSP 记录的质量很好。从 VIVSP 中得到的时深函数与声波测井曲线非常吻合。测井-VSP 地面地震之间的地震匹配性良好，初步的 3DVSP 处理结果揭示了一些结构特征。其中资料未详细介绍，但 DAS VSP 数据的初始处理显示了巨大的潜力，为之后的水合物研究提供了模板（Lim et al., 2020）。

我国 2020 年首次将 DAS 系统应用于南海某产气井，对整个井筒进行原位监测，并获得了整个井筒的分布声信号，这些信号可以清楚地区分垂直截面、曲线段和水平生产段（He at al., 2022）。该高清分布式声学传感（HD-DAS）系统是一种高密度、高精度、高保真、全时的无源声学传感系统。它可以实时监测井内工程事件或流体运移引起的声信号的位置、时差、相位和能量，以识别和判断井筒内的工程效果、流体类型和流动状态。生产井的井筒结构为水平井，用于监测的传感光缆用夹子紧紧地固定在生产井上。图 7.44 显示了 HD-DAS 系统获得的全井筒声学信号的二维时域瀑布图，其中横轴为时间，纵轴为实测深度，不同颜色表示信号幅值。可以看出，信号主要分为三个部分：海水段、曲线段和水平生产段。图 7.45 显示了海水部分声学信号的 2D 时域瀑布图和功率谱密度（PSD）。众所周知，声波在不同的介质中具有不同的传播速度，例如在金属中为 4000m/s，在水中为 1400m/s，在空气中为 340m/s。HD-DAS 系统可以恢复所有具有不同传播速度的信号，因此可以根据传播速度区分井筒中的流体类型。

将光纤分布式声传感器系统应用于海洋产气井原位声学监测，获得了整个井筒的声学信号，这些信号可以清楚地恢复冲击、产气量、连续油管运动等，以上表明，DAS 系统可以跟踪井筒中井下工具的轨迹，通过对典型信号的速度分析，可以区分井筒中的流体类型。该系统的成功应用为海洋天然气水合物生产提供了有前景的全井筒声学监测工具，具有良好的应用前景。

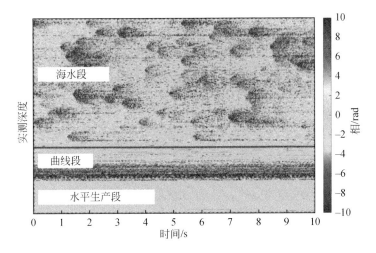

图 7.44　整个井筒的声学信号（He et al., 2022）

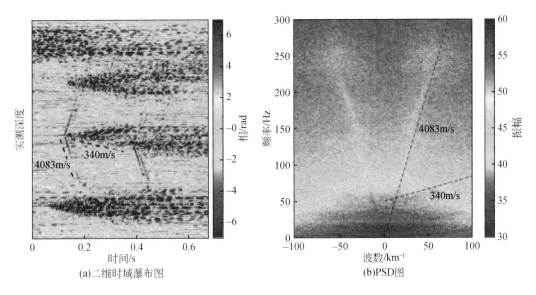

(a)二维时域瀑布图　　　　　　　　　　　(b)PSD图

图 7.45　海水部分的声学信号（He et al., 2022）

# 第五节　本章小结

　　本章主要介绍了海洋天然气水合物岩石物理模型的实际应用。包括我国南海天然气水合物饱和度的估算与填充类型评价，国际典型海域新西兰 Hikurangi 大陆边缘水合物饱和度估算。水合物分解过程中声学特征及微观分布预测，开采过程中气体对水合物储层的声学影响。以及展望了光纤声学技术在水合物研究中的应用。

　　将第六章提到的水合物类型识别方法，在中国第二次天然气水合物钻探航次（GMGS2）16 井的数据中进行应用，获得较好的效果，从验证结果来看，理论计算结果基本与野外观测结果一致。在新西兰海域 Hikurangi 边缘，依据 LWD 和取心数据，通过 STPE 和 BGTL 模型计算出了 U1517 站位的水合物饱和度，并比较分析两种模型在饱和水地层的预测与实测纵波速度表明 BGTL 拟合度高于 STPE。计算结果与航次科学家估算的饱和度相比，平均饱和度相近，三种方法计算的水合物饱和度值随深度变化相似，表明计算结果合理。

通过含气和水合物两相沉积物微观观测与声学探测装置，获取不同气–水合物两相沉积物的声波速度和沉积物中水合物与气甲烷水体积占比数据，并对含气声学模型进行验证与改进。基于孔隙中气水均匀分布的 EMT-B 模型计算结果在水合物饱和度为 20%～60% 时，与实验结果拟合程度高，而基于孔隙中气水非均匀分布的 EMT-B 模型在水合物饱和度为 10%～45% 时，预测结果较好。对 STPE 模型进行验证，计算结果大于实测值，当将甲烷气体对声波速度的影响考虑入 STPE 模型时，模型预测的声波速度在水合物饱和度为 0～60% 时效果更为精准。

DAS 是一种无源光纤传感技术，能够探测沿光纤长度任何位置的声场，具有非常紧凑的空间分辨率、高频率响应和不断提高的信噪比（SNR）。DAS 测量可以在无需干预的情况下进行，目前光纤声学技术在水合物的研究中应用较少。

# 参 考 文 献

卜庆涛，胡高伟，业渝光，等.2017. 含水合物沉积物二维声学特性实验研究. 中国石油大学学报（自然科学版），41（2）：70-79.

胡高伟，业渝光，张剑等.2012. 基于弯曲元技术的含水合物松散沉积物声学特性研究. 地球物理学报，55（11）：3762-3773.

胡高伟，李承峰，业渝光，等.2014. 沉积物孔隙空间天然气水合物微观分布观测. 地球物理学报，57（5）：1675-1682.

李承峰，胡高伟，业渝光，等.2013. X 射线计算机断层扫描测定沉积物中水合物微观分布. 光电子·激光，24（3）：551-557.

梁劲，王明君，王宏斌，等.2009. 南海神狐海域天然气水合物声波测井速度与饱和度关系分析. 现代地质，23（2）：217-223.

梁劲，王明君，陆敬安，等.2010. 南海神狐海域含水合物地层测井响应特征. 现代地质，24（3）：506-514.

梁劲，王明君，陆敬安，等.2013. 南海北部神狐海域含天然气水合物沉积层的速度特征. 天然气工业，33（7）：29-35.

林霖，梁劲，郭依群，等.2014. 利用声波速度测井估算海域天然气水合物饱和度. 测井技术，38（2）：234-238.

马庆芳，方荣生，项立成，等.1986. 实用热物理性质手册. 北京：农业机械出版社.

王秀娟，钱进，Lee M.2017. 天然气水合物和游离气饱和度评价方法及其在南海北部的应用. 海洋地质与第四纪地质，37（5）：39-51.

业渝光，张剑，胡高伟，等.2008. 天然气水合物饱和度与声学参数响应关系的实验研究. 地球物理学报，51（4）：1156-1164.

张丽娜，任亚玲，林融冰，等.2020. 分布式光纤声波传感器及其在天然地震学研究中的应用. 地球物理学进展，35（1）：65-71.

Archie G E. 1942. The electrical resistivity log as an aid in determining some reservoir characteristics. Transact AIME, 146 (1): 55-62.

Bai Z H, Li W X, Luo B H, et al. 2006. A method to calculate the elastic modulus of composites. Journal of Central South University, 3: 28-33.

Barnes P M, Pecher I A, LeVay L J, et al. 2019. Proceedings of the International Ocean Discovery Program. Texas: College Station, TX (International Ocean Discovery Program).

Brie A, Schlumberger K K, Pampuri F, et al. 1995. Shear sonic interpretation in gas-bearing sands. SPE Annual Technical Conference and Exhibition. Dallas, U. S. A, 22-25 October, 1995.

Bu Q T. 2017. Experimental study on acoustic responses of gas hydrate in vertical gas migration systems. Wuhan: China University of Geosciences.

Bu Q T, Hu G W, Ye Y G, et al. 2017. The elastic wave velocity response of methane gas hydrate formation in vertical gas migration systems. Journal of Geophysics and Engineering, 14 (3): 555-569.

Chen J, Hu G, Bu Q, et al. 2021. Elastic wave velocities of hydrate-bearing sands containing methane gas bubbles: insights from CT-acoustic observation and theoretical analysis. Journal of Natural Gas Science and Engineering, 88 (1): 103844.

Crutchley G J, Pecher I A, Gorman A R, et al. 2010. Seismic imaging of gas conduits beneath seafloor seep sites in a shallow marine gas hydrate province, Hikurangi Margin, New Zealand. Marine Geology, 272 (1-4): 114-126.

Crutchley G J, Kroeger K F, Pecher I A, et al. 2017. Gas hydrate formation amid submarine canyon incision: investigations from New Zealand's hikurangi subduction margin. Geochemistry, Geophysics, Geosystems, 18 (12): 4299-4316.

Davis J L, Chudobiak W J. 1975. In situ meter for measuring relative permittivity of soils. Geol Surv Can, 75 (1): 75-79.

Diz J, Humbert M, 2010. Practical aspects of calculating the elastic properties of polycrystals from the texture according to different models. J Appl Crystallogr, 25: 756-760.

Domenico S N, 1977. Elastic properties of unconsolidated porous sand reservoirs. Geophysics, 42: 1339-1368.

Dong L, Li Y L, Liao H L, et al. 2019. Strength estimation for hydrate-bearing sediments based on triaxial shearing tests. Journal of Petroleum science and Engineering, 184: 106478.

Dvorkin J, Prasad M, Sakai A, et al. 1999. Elasticity of marine sediments: rock physics modeling. Geophysical Research Letters, 26 (12): 1781-1784.

Eeker C. 2001. Seismic characterization of methane hydrate structures. Stanford: Stanford University.

Faure K, Greinert J, Pecher I A, et al. 2006. Methane seepage and its relation to slumping and gas hydrate at the Hikurangi margin, New Zealand. New Zealand Journal of Geology and Geophysics, 49 (4): 503-516.

Fraser D R A, Gorman A R, Pecher I A, et al. 2016. Gas hydrate accumulations related to focused fluid flow in the Pegasus Basin, southern Hikurangi Margin, New Zealand. Marine and Petroleum Geology, 77: 399-408.

Gareth J, Karsten F, Ingo A, et al. 2018. How tectonic folding influences gas hydrate formation: New Zealand's Hikurangi subduction margin. Geology, 47 (1): 39-42.

Gorman A R, Fletcher P, Baker D, et al. 2018. Characterisation of focused gas hydrate accumulations from the Pegasus Basin, New Zealand, using high-resolution and conventional seismic data. ASEG Extended Abstracts, (1): 1.

Greinert J, Faure K, Bialas J, et al. 2008. An overview of the latest results of cold seep research along the Hikurangi Margin, New Zealand//Agu Fall Meeting. doi: Greinert, Jens, Faure, K. Bialas, Jörg, Linke,

Peter, Peche.

Greinert J, Lewis K B, Bialas J, et al. 2010. Methane seepage along the Hikurangi Margin, New Zealand: overview of studies in 2006 and 2007 and new evidence from visual, bathymetric and hydroacoustic investigations. Marine Geology, 272 (1-4): 6-25.

Gross F, Mountjoy J J, Crutchley G J, et al. 2018. Free gas distribution and basal shear zone development in a subaqueous landslide-Insight from 3D seismic imaging of the Tuaheni Landslide Complex, New Zealand. Earth and Planetary Science Letters, 502: 231-243.

Han D, Nur A, Morgan D. 1986. Effects of porosity and clay content on wave velocities in sandstones. Geophysics, 51 (11): 2093-2107.

He X G, Wu X M, Wang L, et al. 2022. Distributed optical fiber acoustic sensor for in situ monitoring of marine natural gas hydrates production for the first time in the Shenhu Area, China. China Geology, 5: 322-329.

Helgerud M B, Dvorkin J, Nur A, et al. 1999. Elastic-wave velocity in marine sediments with gas hydrates: effective medium modeling. Geophysical Research Letters, 26 (13): 2021-2024.

Henrys, Stuart A. 2003. Conductive heat flow variations from bottom-simulating reflectors on the Hikurangi margin, New Zealand. Geophysical Research Letters, 30 (2): 1065.

Hu G W, Ye Y G, Zhang J, et al. 2010. Acoustic properties of gas hydrate-bearing consolidated sediments and experimental testing of elastic velocity models. Journal of Geophysical Research, 115: B02102.

Hu G W, Ye Y G, Zhang J, et al. 2012a. Acoustic properties of hydrate-bearing unconsolidated sediments measured by the bender element technique. Chinese Journal of Geophysics, 55 (6): 635-647.

Hu G W, Ye Y G, Zhang J, et al. 2012b. Acoustic properties of hydrate-bearing unconsolidated sediments based on bender element technique. Chinese Journal of Geophysics (in Chinese), 5 (11): 3762-3773.

Hu G W, Li C F, Ye Y G, et al. 2014a. Observation of gas hydrate distribution in sediment porepace. Chinese Journal of Geophysics (in Chinese), 57 (5): 1675-1682.

Hu G W, Ye Y G, Zhang J, et al. 2014b. Acoustic response of gas hydrate formation in sediments from South China Sea. Marine and Petroleum Geology, 52 (2): 1-8.

Jiang M J, Zhu F Y, Liu F, et al. 2014. A bond contact model for methane hydrate-bearing sediments with interparticle cementation. International Journal for Numerical and Analytical Methods in Geomechanics, 38: 1823-1854.

Jin S, Nagao J, Takeya S, et al. 2006. Structural investigation of methane hydrate sediments by microfocus X-ray computed tomography technique under high-pressure conditions. Japanese Journal of Applied Physics, 45 (24-28): L714-L716.

Lee M W. 2002. Modified Biot-Gassmann theory for calculating elastic velocities for unconsolidated and consolidated sediments. Marine Geophysical Researches, 23 (5-6): 403-412.

Lee M W. 2005. Proposed moduli of dry rock and their application to predicting elastic velocities of sandstones. Washington: U S geological Survey.

Lee M W. 2008. Models for gas hydrate-bearing sediments inferred from hydraulic permeability and elastic velocities. Scientific Investigations Report 2008-5219. Washington: U S Geological Survey.

Lee M W, Collett T S. 2005. Gas hydrate and free gas saturations estimated from velocity logs on hydrate ridge, offshore Oregon, USA. Oregon: Proceedings of the Ocean Drilling Program entific Results.

Lee M W, Waite W F. 2008. Estimating pore-space gas hydrate saturations from well log acoustic data. Geochemistry, Geophysics, Geosystems, 9 (7): 1-8.

Lee M W, Collett T S. 2013. Scale-dependent gas hydrate saturation estimates in sand reservoirs in the Ulleung

Basin, East Sea of Korea. Marine and Petroleum Geology, 47 (Complete): 195-203.

Lee M W, Hutchinson D R, Collett I S, et al. 1996. Seismic velocities for hydrate- bearing sediments using weighted equation. Journal of Geophysical Research, 101 (B9): 20347-20358.

Li C F, Hu G W, Ye Y G, et al. 2013. Microscopic distribution of gas hydrate in sediment determined by X- ray computerized tomography. Journal of Optoelectronics Laster, (3): 551-557 (in Chinese with English abstract).

Li Y L, Liu C L, Liu L L, et al. 2017. Triaxial shear test and strain analysis of unconsolidated hydrate- bearing sediments. Natural Gas Geoence, 28: 383-390.

Liang J, Wang M J, Wang H B, et al. 2009. Relationship between the sonic logging velocity and saturation of gas hydrate in Shenhu area, Northern Slope of South China Sea. Geoscience, 23 (2): 217-223 (in Chinese with English abstract).

Liang J, Wang M J, Lu J G, et al. 2010. Logging response characteristics of gas hydrate formation in Shenhu Area of the South China Sea. Geoscience, 24 (3): 506-514 (in Chinese with English abstract).

Liang J, Wang M J, Lu J G, et al. 2013. Characteristcs of sonic and seismic velocities of gas hydrate bearing sediments in the Shenhu area, northern South China Sea. Natural Gas Industry, 33 (7): 29-35 (in Chinese with English abstract).

Lim T K, Fujimoto A, Kobayashi T, et al. 2020. DAS-3DVSP data acquisition at 2018 hydrate-01 stratigraphic test well. 5.

Lin L, Liang J, Guo Y Q, et al. 2014. Estimating saturation of gas hydrates within marine sediments using sonic log data. Well Logging Technology, 38 (2): 234-238 (in Chinese with English abstract).

Liu L L, Zhang X H, Liu C L, Ye Y G. 2016. Triaxial shear tests and statistical analyses of damage for methane hydrate- bearing sediments. Chinese Journal of Theoretical and Applied Mechanics, 48: 720-729.

Liu T, Liu X W. 2018. Identifying the morphologies of gas hydrate distribution using P- wave velocity and density: a test from the GMGS2 expedition in the South China Sea. Journal of Geophysics and Engineering, 15 (3): 1008-1022.

Marion D, Nur A, Yin H, 1990. Wave velocities in sediments. Mrs Proceedings, 195: 131-140.

Masoudi A, Newson T P. 2016. Contributed review: distributed optical fibre dynamic strain sensing. Review of Scientific Instruments, 87 (1): 011501.

Mateeva A, Lopez J, Potters H, et al. 2013. Distributed acoustic sensing for reservoir monitoring with vertical seismic profiling. Geophysical Prospecting, 62 (4): 679-692.

Mavko G, Mukerji T. 1998. Bounds on low- frequency seismic velocities in partially saturated rocks. Geophysics, 63: 918-924.

Mavko G, Mukerji T, Dvorkin J. 2009. The rock physics handbook (tools for seismic analysis of porous media). Cambridge: Cambridge University Press.

Mestayer J J, Wills P B. 2013. Detecting broadside and directional acoustic signals with a fiber optical distributed acoustic sensing (das) assembly. US20130211726A1.

Mindlin R D. 1949. Compliance of elastic bodies in contact. Journal of Applied Mechanics, 16 (3): 259-268.

Miyazaki K, Tenma N, Aoki K, Sakamoto Y, Yamaguchi T. 2011. Effects of confining pressure on mechanical properties of artificial methane- hydrate- bearing Sediment in triaxial compression test. International Journal of Offshore & Polar Engineering, 21: 148-154.

Montaron B. 2009. Connectivity theory d a new approach to modeling nonArchie rocks. Petrophysics, 50 (2): 102-110.

Mountjoy J J, Pecher I, Henrys S, et al. 2014. Shallow methane hydrate system controls ongoing, downslope sediment transport in a low-velocity active submarine landslide complex, Hikurangi Margin, New Zealand. Geochemistry, Geophysics, Geosystems, 15 (11): 4137-4156.

Myers M T, Hathon L A. 2012. Staged differential effective medium (SDEM) models for the acoustic velocity in carbonates. Chicago: 46th U S Rock Mechanics/Geomechanics Symposium.

Naudts L, Greinert J, Poort J, et al. 2010. Active venting sites on the gas-hydrate-bearing Hikurangi Margin, off New Zealand: diffusive-versus bubble-released methane. Marine Geology, 272 (1-4): 233-250.

Navalpakam R S, Pecher I A, Stern T. 2012. Weak and segmented bottom simulating reflections on the Hikurangi Margin, New Zealand—Implications for gas hydrate reservoir rocks. Journal of Petroleum Science and Engineering, 88-89: 29-40.

Nur A, Mavko G, Dvorkin J, et al. 1998. Critical porosity: a key to relating physical properties to porosity in rocks. The Leading Edge, 17: 357-362.

Pandey L, Sain K, Joshi A K. 2018. Estimate of gas hydrate saturations in the Krishna-Godavari basin, eastern continental margin of India, results of expedition NGHP-02. Marine and Petroleum Geology, 108: 581-594.

Pecher I A, Henrys S A, Zhu H. 2004. Seismic images of gas conduits beneath vents and gas hydrates on Ritchie Ridge, Hikurangi margin, New Zealand. New Zealand Journal of Geology and Geophysics, 47 (2): 275-279.

Pecher I A, Barnes P M, Levay L J, et al. 2018. International ocean discovery program expedition 372 preliminary report creeping gas hydrate slides and Hikurangi LWD. Integrated Ocean Drilling Program: Preliminary Reports, (372): 1-35.

Priest J A, Best A I, Clayton C R I. 2005. A laboratory investigation into the seismic velocities of methane gas hydrate-bearing sand. Journal of Geophysical Research Solid Earth, 2005, 110 (B4): 371.

Priest J A, Rees E V L, Clayton C R I. 2009. Influence of gas hydrate morphology on the seismic velocities of sands. Journal of Geophysical Research Solid Earth, 114 (B11): B11205.

Reuss A. 1929. Berechnung der fließgrenze von mischkristallen auf grund der plastizitätsbedingung für einkristalle. Zamm Journal of Applied Mathematics and Mechanics, 9: 49-58.

Schwalenberg K, Haeckel M, Poort J, et al. 2010a. Evaluation of gas hydrate deposits in an active seep area using marine controlled source electromagnetics: results from opouawe bank, Hikurangi Margin, New Zealand. Marine Geology, 272 (1-4): 79-88.

Schwalenberg K, Wood W, Pecher I, et al. 2010b. Preliminary interpretation of electromagnetic, heat flow, seismic, and geochemical data for gas hydrate distribution across the porangahau ridge, New Zealand. Marine Geology, 272 (1-4): 89-98.

Schwalenberg K, Rippe D, Koch S, et al. 2017. Marine controlled source electromagnetic study of methane seeps and gas hydrates at opouawe bank, Hikurangi Margin, New Zealand. Journal of Geophysical Research: Solid Earth, 122 (5): 3334-3350.

Scudino S, Surreddi K B, Sager S, et al. 2008. Production and mechanical properties of metallic glass-reinforced Al-based metal matrix composites. Journal of Matorial Science, 43: 4518-4526.

Sha Z, Liang J, Zhang G, et al. 2015. A seepage gas hydrate system in northern South China Sea: seismic and well log interpretations. Marine Geology, 366: 69-78.

Sultaniya A K, Priest J A, Clayton C R I. 2015. Measurements of the changing wave velocities of sand during the formation and dissociation of disseminated methane hydrate. Journal of Geophysical Research: Solid Earth, 120 (2): 778-789.

Sun X J, Cheng Y F, Li L D, et al. 2012. Triaxial compression test on synthetic core sample with simulated hydrate-bearing sediment. Petroleum Drilling Techniques, 40: 52-57.

Tiab D, Donaldson E C. 2012. Petrophysics: theory and practice of measuring reservoir rock and fluid transport properties. Boston: Gulf Professional Publishing.

Topp G C, Davis J L, Annan A P. 1980. Electromagnetic determination of soil water content: measurements in coaxial transmission lines. Water Resources Research, 16 (3): 574-582.

Townend J. 1997. Estimates of conductive heat flow through bottom-simulating reflectors on the Hikurangi and southwest fiordland continental margins, New Zealand. Marine Geology, 141 (1-4): 209-220.

Tuhin B, Per A, Martin L, 2016. Sensitivity analysis of effective fluid and rock bulk modulus due to changes in pore pressure, temperature and saturation. Journal of Applied Geophys, 135: 77-89.

Waite W F, Santamarina J C, Cortes D D, et al. 2009. Physical properties of hydrate-bearing sediments. Reviews of Geophysics, 47 (4): 465-484.

Wang C C, Myers M T, Zhou D. 1982. Competition of rotational effects in the band oscillator strength of oh. Applied Physics B Photophysics and Laser Chemistry, 28: 116.

Wang X J, Lee M, Collett T, et al. 2014. Gas hydrate identified in sand-rich inferred sedimentary section using downhole logging and seismic data in Shenhu area, South China Sea. Marine and Petroleum Geology, 51 (Complete): 298-306.

White J E, 1975. Computed seismic speeds and attenuation in rocks with partial gas saturation. Geophysics, 40: 224.

Woodside W, Messmer J H. 1961. Thermal conductivity of porous media—Unconsolidated Sands. Journal of Applied Physics, 32 (9): 1688-1699.

Wright J F, Nixon F M, Dallimore S R, et al. 2002. A method for direct measurement of gas hydrate amounts based on the bulk dielectric properties of laboratory test media. Yokohama: Fourth International Conference on Gas Hydrate.

Yang L, Falenty A, Chaouachi M, et al. 2016. Synchrotron X-ray computed microtomography study on gas hydrate decomposition in a sedimentary matrix. Geochemistry Geophysics Geosystems, 17 (9) 3717-3732.

Zhang J Q, Ma Z G, Qu S L, et al. 2012. Calculation of bulk modulus for mixed-phase fluid in fluid substitution for carbonate reservoir. Geophys Prospect Pet, 51: 133-137.